浙江智库
ZHEJIANG
THINK TANK

绿水青山
就是金山银山

试点与理念

代琳 刘克勤 等 著

中国社会科学出版社

图书在版编目（CIP）数据

绿水青山就是金山银山 ：试点与理念 / 代琳等著.
北京 ：中国社会科学出版社，2024. 9. -- ISBN 978-7
-5227-3953-3

Ⅰ. X321.2

中国国家版本馆 CIP 数据核字第 2024KZ3843 号

出 版 人	赵剑英
责任编辑	喻　苗
责任校对	胡新芳
责任印制	王　超

出　　版	中国社会科学出版社
社　　址	北京鼓楼西大街甲 158 号
邮　　编	100720
网　　址	http://www.csspw.cn
发 行 部	010 – 84083685
门 市 部	010 – 84029450
经　　销	新华书店及其他书店

印　　刷	北京君升印刷有限公司
装　　订	廊坊市广阳区广增装订厂
版　　次	2024 年 9 月第 1 版
印　　次	2024 年 9 月第 1 次印刷

开　　本	710×1000　1/16
印　　张	18
字　　数	278 千字
定　　价	95.00 元

编委会名单

序　言

丽水地处浙西南，全域面积1.73万平方公里，是浙江省陆域面积最大的地级市。森林覆盖率达到81.7%，是浙江乃至华东地区重要的生态屏障；空气质量常年居全国前十，生态环境状况指数已连续20年居全省第一。同时也是首批国家生态文明先行示范区、首批国家生态保护和建设示范区、全国水生态文明城市，入选首批国家气候适应型城市建设试点。据中科院核算，丽水生态系统生产总值（GEP）从2006年的2096亿元增加到2020年的5314亿元。丽水被誉为"江南最后的秘境"，是首批中国民间艺术之乡，拥有3项联合国人类非物质文化遗产，18项国家级非物质文化遗产，"丽水三宝"龙泉青瓷、龙泉宝剑、青田石雕蜚声中外。截至目前，全市共有国家级传统村落268个（松阳县78个，景宁县56个，龙泉市50个，遂昌县24个，庆元县17个，缙云县16个，莲都区13个，云和县10个，青田县4个），占全省总数的38.3%，数量位居华东地区第一、全国第三；省级传统村落198个，数量居全省第一；市级传统村落48个，国家级、省级、市级三级保护体系基本形成。

丽水也是浙江省唯一所有县（市、区）都是革命老根据地县的地级市，周恩来、刘英、粟裕等曾在丽水留下战斗足迹。目前，全市革命遗址数量就有近430处。70年砥砺奋进，丽水经济社会发展实现了历史性跨越。全市地区生产总值从1949年的0.79亿元跃升到2023年的1964.4亿元，经济总量迈上千亿元台阶；人均GDP从1949年的68元跃升到2023年的77908元，达到中高收入水平；城乡居民人均可支配收入分别从1978年的302元、131元增至2023年的58583元、30811元；城乡收入比缩小到 1.90∶1。

2021 年 5 月 25 日至 26 日，国家发改委在丽水市召开全国生态产品价值实现机制试点示范现场会，来自国家发改委、长江经济带沿线各省（市）发改委、部分重点地区政府、央企，浙江省政府及省内设区市发改委等共 200 多名嘉宾齐聚丽水，总结交流生态产品价值实现机制探索的典型经验做法，研究部署下一阶段生态产品价值实现机制试点示范工作，加快走出一条生态优先、绿色发展的新路子。

在生态产品价值实现机制试点示范现场会上国家发改委副主任胡祖才表示，建立生态产品价值实现机制，是践行"绿水青山就是金山银山"理念的关键路径。建立生态产品价值评价体系就是要构建一套价值核算办法，形成一套各方认可的共同话语体系，给绿水青山贴上价值标签，否则价值实现就成了无本之木、无源之水。下一步，要树牢理念，坚定走生态优先、绿色发展之路；要久久为功，一张蓝图绘到底；要大胆探索，突破"绿水青山就是金山银山"转化的"瓶颈"障碍。

要深入学习贯彻习近平生态文明思想，积极践行绿水青山就是金山银山理念，加大改革创新力度，准确把握生态产品价值实现机制探索的重点方向。牢牢把握和深刻领会中共中央办公厅、国务院办公厅《关于建立健全生态产品价值实现机制的意见》（以下简称《意见》）精神，围绕《意见》提出的六大机制，结合实际扎实有效谋划好各项任务举措，加快建立生态产品价值评价体系，科学合理推动生态产品市场化经营开发，健全生态产品保护补偿和合理回报机制，创新金融支撑生态产品价值实现方式。要扎实推动建立健全生态产品价值实现机制取得新成效。切实增强责任感、使命感和紧迫感，围绕《意见》明确的重点任务，强化工作措施、加大工作力度，树牢绿水青山就是金山银山理念、强化重点突破、坚持守住底线、注重取得实效，凝聚形成推动建立健全生态产品价值实现机制的整体合力，确保高效率推进、高质量完成各项工作。

建立健全生态产品价值实现机制尚处于起步探索阶段，仍有一些"瓶颈"问题亟待解决，要切实聚焦"度量难、交易难、变现难、抵押难""四难"问题，予以重点突破。一是针对生态产品价值实现不同路径，在建立核算体系、制定核算规范、推动核算结果应用等方面加大创新力度，有效破解"度量难"问题。二是围绕推进供需精准对接、拓展价值实现模式、促进价值增值、推动生态资源权益交易等方面加强探索，有效解决"交易难"问题。三是着力在健全保护补偿机制、完善损害赔偿制度、建立考核机制等方面深化研究，有效解决"变现难"问题。四是探索引导金融机构开展绿色信贷，创新绿色金融，开辟绿色金融新领域，有效解决"抵押难"问题。

目前，丽水市已编制发布国内首个地级市生态产品价值实现"十四五"规划，重点聚焦健全生态产品价值产业化、市场化实现机制，出台生态产品政府采购和市场交易管理办法、林业碳汇开发及交易管理暂行办法，加快建设国家级生态产品交易中心。生态产品价值实现机制改革已经成为丽水改革的头号"金名片"。试点阶段的浙江丽水市在生态产品直供方面有许多值得总结的案例和经验，进入示范阶段，需要进一步总结"标准创设、功能拓展、路径拓宽、机制创新"方面的经验并努力上升为可复制可推广的"丽水模式"。基于以上考虑，中国（丽水）两山学院的同人对"绿水青山就是金山银山"发展理念中的核心问题"生态产品价值实现"，浙江丽水市的做法、创新、探索，进行初步的总结，不一定准确，权当抛砖引玉，供参考。

C目录
Contents

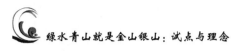

生态文明新时代：共建美丽中国

在中国的传统文化中蕴藏着丰富的生态道德和伦理文化，生态才智和道德文化始终贯穿着古今华夏文明进程中各个阶段，以儒、释、道为代表的思想文明体系中都体现了"天人合一"的精髓，并将其作为面对自然和处理人与自然和谐统一共生的指导思想和至高精神境界。

一　中国传统文化中的生态文明智慧

人类作为自然界生态系统的重要组成部分，繁衍与生存发展始终脱离不开自然环境所提供的重要物质和环境基础，同时思想文明的衍生更得益于环境的影响。早期的生态文明观和生态思想即来源于先人对遥远未知宇宙和星象等自然现象的探索和认知，出于对自然的崇敬和崇拜从而衍生出博大精深的优秀传统文化思想，以图腾崇拜、天人合一、众生平等、顺天说等为代表的古代生态文明哲学思想和生态世界观，都将人与自然视为统一的有机整体，充分体现了在自然生态环境进程中要尊重自然、保护自然。从源远流长的传统中华优秀文化中不断总结和提炼人与自然的生态辩证逻辑关系和思想，对于汲取先人思想智慧和推动新时代生态文明建设进程，既能以史为鉴知兴替，又关乎未来长远民族文明的升华和生态理念的传承。

中国地大物博，幅员辽阔。自古以来，中国的传统文化和独特的中华民族气质的形成同地理环境之间有着密切的关联。华夏文明发祥地的中部黄河流域创造了我们独具特色的农耕文明，东部是茫茫的大海，西部是恶劣的高原环境，北部是无法开垦的大荒草原之地，南部是原始的生态森林，在不断适应自然和改造自然的过程中，进而造就和形成了顺天说的自然观和顺应自然的思想，通过长期的不断积累对自然规律的周期性变化，逐渐形成了中庸和对称的内秀型典雅气质与和谐文化风格。《论语》和《老子》是中国儒家和道家思想的元典，是了解中国文化的初阶。在《论语》中提出"智者乐水，仁者乐山"，《老子》中提出"万物平等"的生态伦理、"道法自然"的生态秩序、"返璞归真"的生命态度三个和谐生态理论，《孟子》中提出"亲亲而仁民，仁民而爱物"，中国传统文化积淀的生态思想和认识均讲究在不断变化的生态环境中，如何正确地融入自然、亲近自然，中国人的哲学观念中也都渗透着"天人合一""知行合一""情景合一"等思想，实现人与自然间的和谐共生。

陈寅恪先生指出："中国之思想，可以儒、释、道三教代表之。"中国儒家和道家的内核中都有符合自己生态文明的观念，三种思想和精神内涵既有比肩而立的个性之处和独特优势，又有相伴而行的共性之处。其中，儒家的"天人合一"的生态自然观，强调人对于"天"也就是大自然，要有敬畏之心。道家主张无为，不是说无所事事，而是要求节制欲念，不做违背自然规律的事情。这些都成为"天人合一"思想的重要阐述和中国传统生态世界观的经典表述。

（一）儒家：顺应自然，和谐共存

儒家主见"赞天地之化育"，其"仁"之内核不仅体现在对于人与人之间的互动交流与交往，也包括对于自然万物的友爱和尊敬，能够帮助天地进而化育万物，实现"天人合一"之境界。中国最早的诗歌总结《诗经》中，便有许多描述人类顺应自然规律的劳动场面，如《七月》一篇中的"四月秀葽，五月鸣蜩。八月其获，十月陨萚"；《鹤鸣》一篇中的"鹤鸣于九皋，声闻于天。鱼在于渚，或潜在渊。乐彼之园，爰有树檀，其下维谷。它山之石，可以攻玉"等都描写了人类顺应自然、享受自然的和谐生活。

孔子作为儒家学派创始人，具有效法天地而感化万物的优秀品质，

《论语》中也有许多地方描述顺应自然，和谐共存的思想，如《述而》中的"子钓而不纲，弋不射宿"，将人类社会的伦理道德和观念推及自然界；与孔子并称的孟子，其"仁民爱物"便依据自然季节的周期性变化和不同进而开展相应的生产和生活，在《梁惠王》中说"不违农时，谷不可胜食也；数罟不入洿池，鱼鳖不可胜食也；斧斤以时入山林，材木不可胜用也。谷与鱼鳖不可胜食，材木不可胜用"，这些思想文化之大成便是对自然的顺应和早期传统的生态世界观；而荀子在《天论》中说"天行有常，不为尧存，不为桀亡""万物各得其和以生，各得其养以成"，再一次阐述了人类要顺应自然，才能和谐共存的思想。

（二）道家：动合无形，知止知足

道家道教始祖老子说："道生一，一生二，二生三，三生万物"，还说"人法地，地法天，天法道，道法自然"，强调道的本质就是自然，而遵从自然的法则就是"无为"，讲究精神专一，动合无形。道教早期的经典文化《太平经》中便指出世间万物皆可以一分为三，其中"天、地、人本为同一元气，分为三体"，三者合而为一即可造就世间万物的物我合一的思想。庄子强调"天地与我并生，而万物与我合一"。其认为"卫事逆之则败，顺之则成""无以人灭天，无以故灭命，无以得殉命"，告诉我们要尊重自然规律，否则会得到大自然的报复。同时，老子还提倡"去甚、去奢、去泰"，知止知足，拒绝奢侈浪费，这都是生态文明思想最直接的反映。体现了人与自然之间和谐共生紧密的关系。

（三）佛家：互为一体，相互依存

佛家主见于"众生平等"和"依正不二"等思想，强调世间万物均为公平，与"天人合一"的生态世界观均有异曲同工之意。同时，佛家中有些经典著作本身就来源于道教，如《古尊宿语录》中就说："天地与我同根，万物与我一体"，强调世间万物，人与自然均为一体，人类要以"无我"的姿态面对自然万物；同时，以因果报应为主张强调万物规律的天道伦常，草木皆有生命，爱护自然即为爱护自己，更体现和反映了佛家对生

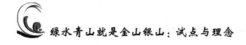

命的珍视，起到了保护自然资源、维护生态平衡的作用。

由此可见，作为中国传统文化中影响比较大的儒、道、佛三个文化流派，虽然在很多观点上都有各自不同的看法，但都很重视维护人与自然的平衡，并且三者间都有相互借鉴和相互影响和渗透的，并将处理人与自然的和谐关系作为思想的最好境界，并作为自己坚持、守护、努力的最高目标去实现。中国古代传统生态文明思想要求人们把从自然中获得的平常心、安全感应用到人际关系中去，以关爱、诚恳、谦虚、信任的态度来对待其他社会成员，从而实现人类社会自身的协调。生态文明建设作为"五位一体"的重要组成部分，在市场经济和历史不断发展变化的今天，被各家流派均认同的"天人合一"生态世界观对中国当今生态文明建设和美丽中国建设有着重要的指导意义，对丰富人们的精神文化生活，转变社会风气，转变人们价值观也会起到重要作用，从某种意义和程度上来说，新时代的生态文明思想是传统生态世界观在当代的进一步延伸和发展。

二 马克思主义的人与自然生态观

早在 100 多年以前，马克思和恩格斯即提出了人类对于自然的过度开发和利用提出警醒，并深刻地指出："我们不要过分陶醉于我们人类对自然界的胜利。对于每一次这样的胜利，自然界都对我们进行了报复。"随着历史车轮和工业革命的不断深入和前进，在改造自然和利用自然的进程中，人们对于享受工业文明带来的成果外，同时更加深刻地认识到对于生态环境的破坏和过度开发利用而受到的大自然对于人类的报复。基于此背景，马克思和恩格斯通过对工业革命、工业文明、人与自然关系的深刻剖析，以及对人类社会发展不同阶段的深度观察和对资本主义制度的解剖，进而逐步形成了马克思主义的人与自然生态观。

关于人与自然辩证关系的论述，在马克思和恩格斯的《自然辩证法》《资本论》等多部著作中均有阐述和提及，马克思主义的人与自然生态观，作为研究人类、社会、自然的三者间辩证关系和发展规律的重要理论体系，其从人与自然的物质交换、自然资源的循环利用、人与自然的和谐共生发展等多个角度和维度论述了人与自然的共生统一。

马克思主义认为，"人是自然界的产物，是在他们的环境中并且和这个环境一起发展起来的"，"是自然界的一部分"。在本体论的角度阐述了人与自然的统一和辩证关系，强调与人类作为自然界的产物和一分子，对于自然生态环境的依附是不以人的意志为转移，不因主观能动性和理论精神而摆脱于对自然环境的客观依赖和需求。将人与自然合二为一于整体考量，人与自然是和谐共生而非可以凌驾于上。

马克思主义揭示了人与自然实现统一的物质形式和社会历史形式，归纳了人与自然和谐统一的人类文明演进规律。马克思主义认为，"没有自然界，没有感性的外部世界，工人什么也不能创造"。实践社会活动是人类与自然界的中介桥梁，在改造和利用自然过程中进而获得了生产资料和生活资源，通过生产社会实践的一系列活动，人类对于自然界的认识以及关系进行了重新认识和根本性的变化，为了进一步提升对资源的获取和占有开发，而没有充分考虑自然的修复和保护，长期积累后的生产社会实践最后引发出自然界与人类的矛盾。马克思主义的生态自然观强调要改造客观世界，同时也强调要尊重、顺应客观规律，实现人与自然的协同进化、和谐发展。但是资本无法改变其贪婪性和掠夺性的本性，从而在早期对资源的开发占有也就形成了过度的和无休止的掠夺。要改变这一关系需要通过社会的相关制度加以制约和引导，不断规范和提高人类生产生活对于自然界的开发和利用，最终构建和形成以人与自然和谐发展为基本原则的社会制度。

马克思分析指出："劳动生产率也是和自然条件联系在一起的，这些自然条件所能提供的东西往往随着由社会条件决定的生产率的提高而相应地减少，我们只要想一想决定大部分原料数量的季节的影响，森林、煤矿、铁矿的枯竭等等，就明白了。"对于自然资源的开发和利用表明有些资源的使用是限制性的，技术革命的变革和劳动生产率是可以随着社会的发展不断提升，但有些自然资源是具有不可再生的，不能用"无限"的生产率和欲望对于"有限"的资源进行过度使用，不加以重视和节制势必会导致人类社会和经济发展的不可持续性。

在马克思看来，人类要化解资源需求与短缺的矛盾，保障社会的持续发展，必须放弃传统资源开发中过度开发的理念，要以适度、珍惜和保护开发不可再生资源。值得注意的是，马克思主义的人与自然生态观，是以客观实践过程中的认识和积累进行系统化的阐述，在这一过程中不仅深刻阐述和诠释了人与自然的辩证关系，同时提出了人与自然和谐共生的过程中所需关注的重点环节，并提出了相应的具体措施和办法。那就是在尊重自然规律的基础上进行生产社会实践活动，才能够更好地持续开发和利用，深刻理解马克思主义的人与自然生态观和这些思想的实践意义，对于推进当代中国生态文明建设和人与自然和谐共生具有重要启示和指导借鉴意义。

三　生态文明制度建设与实践

（一）生态文明建设写入《党章》明确战略地位

随着经济社会的全面高速发展，因传统工业文明发展方式和模式所引起的诸如能源危机、环境危机、经济危机等现象凸显被逐渐得到高度的关注和证实。面对经济发展方式的转型和反思过往经济形态的背景下，急需探索出一种新的文明模式是全人类的共同责任和紧迫任务。而在这一探索和创新过程中，中国共产党人走在了世界前列，作为一个不断自我更新和保持前进的党，在对过往人类经济社会发展取得的成就和存在的问题的基础上，始终以饱满的激情和人类命运共同体的责任担当不断进行着理论创新和实践创新，并且将其转化为国家战略全面贯彻落实。

自党的十八大以来，中国特色社会主义建设总体布局由"四位一体"拓展到"五位一体"，进一步将生态文明建设的必要性和重要性提升到战略地位，并强调指出："要把生态文明建设放在突出地位，融入经济建设、政治建设、文化建设、社会建设各方面和全过程。"同时，党的十八大还把领导人民建设社会主义生态文明作为党的行动纲领写入《党章》。以习近平同志为核心的党中央始终把生态文明建设和生态环境保护放在党和国家工作的重要位置，一以贯之大力推进，成为治国理政的重要方略。十八届五中全会，把绿色纳入新发展理念（创新、协调、绿色、开放、共享）。

党的十九大为中国特色社会主义新时代树立起了生态文明建设的里程碑，并为建设社会主义现代化的美丽中国和打造人与自然和谐发展的现代化新格局提供了根本遵循和行动指南。在党的十九大报告中提出了"美丽中国"的发展目标，一是将"建设美丽中国"提升到人类命运共同体理念的高度，把"美丽中国"从单纯对自然环境的关注，提升到人类命运共同体理念的高度。二是将建设生态文明提升为"千年大计"。绿水青山和诗画中国的美好场景在全面铺开，关于广大人民群众对美好生活和生态环境的向往开启了新的变革征程。三是牢固树立社会主义生态文明观。从时间维度、空间维度等层面全方位地阐述和树立生态文明建设的必要性和价值性。四是将"美丽"纳入国家现代化目标之中。"美丽中国"作为伟大中国梦的重要组成部分和中华民族伟大复兴的新时代展现内容之一，以美丽中国为基础进一步将生态文明建设细致刻画，同时将"生态文明建设"的目标提到一个新的高度。五是对"美丽中国"的强国目标制定了明晰的时间表。到21世纪中叶，把中国建成富强民主文明和谐美丽的社会主义现代化强国，物质文明、政治文明、精神文明、社会文明、生态文明将全面提升。

党的二十大提出，推动绿色发展，促进人与自然和谐共生。大自然是人类赖以生存和发展的基本条件和重要基础，在传统的地球系统观中，人类是"中心"，但人类既是地球环境系统的享用者、依赖者，更是这个系统变化最强有力的驱动者，"人类对大自然的每一次胜利，都会换来大自然无情的报复"。尊重自然、顺应自然、保护自然，是全面建设社会主义现代化国家的内在要求。必须牢固树立和践行绿水青山就是金山银山的理念，站在人与自然和谐共生的高度谋划发展。坚持山水林田湖草沙一体化保护和系统治理，提升生态系统效能。推进中国式现代化进程，建设美丽中国由"浅绿"转"深绿"，绿色转型迈向纵深。绿色转型是中国走高质量发展道路的必由之路，是涉及生产和生活系统性变革的重大工程。通过绿色科技革命、低碳能源革命，实现生产方式和消费方式的绿色低碳转

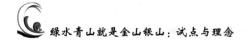

型，这将是生态文明建设向纵深推进的重要标志。

（二）生态文明建设对人类发展的意义

1. 破题新时代人与自然关系的"指挥棒"

生态文明建设理论的基础是马克思主义人与自然观，马克思关于人与自然密切联系、相互制约、融为一体的基本观点和思想，构成了生态文明建设理论的基础和指导思想。生态文明建设理论的核心命题是如何科学理解和正确处理人与自然的关系，生态文明不是单纯地体现在理论层面，更是在提升全人类对于生态和环境保护的高度认识，以全方位的共识践行和保护我们赖以生存的地球家园，并将以绿色、低碳、节约、友好、和谐、共生为代表共建生态文明，是在新时代背景下推动现代文明建设理念和认识的进一步升华和提升，是对传统生产方式和经济社会发展的一项重要变革。通过立体化地推进和发挥"指挥棒"的作用检验执政能力，进一步引起各级领导干部和广大群众对此项工作的重视，增强生态意识。在生态文明时代，人类活动将逐步由以经济活动为主转到以文化活动为主，科学、教育、信仰、道德、健康、娱乐等方面的活动日益成为社会活动的主导内容，人们对美好社会和良好生态的向往得到逐步实现，生态文明将使人类以整体的价值观共同建设和保护人类命运同体，以树立破坏生态环境就是破坏生产力、保护生态环境就是保护生产力、改善生态环境就是发展生产力的观念，从而促进现代文明建设全面、健康、协调、有序发展。

2. 推动人类命运共同体建设现实路径

生态文明的建设不是单一地区和某个国家的任务，而是全球所有国家和地区的共同事业和使命，同时在中国推动和建设生态文明具有重大现实意义和深远战略意义。在新时代背景和新发展理念下，通过推进生态文明建设对于破解中国在面对复杂世界格局和国情各种难题背景下具有重要作用。自中国改革开放以来，经济社会得到全面的高速发展，经济实力、综合国力、人民群众的市场消费力等都得到了全面的提升，并且创造了举世瞩目的辉煌成就和成绩，但是我们也清醒地认识到在发展经济的同时，所呈现的社会矛盾、城乡差别、区域差别，以及收入、民生、生态等不平衡和不充分的现象逐渐在增加，各种问题的凸显是当前急需解决和制约今后现代化强国能否顺利实现的重要桎梏，问题和矛盾的产生并非"一日之寒"，而是在长期传统的工业化思维中逐渐形成的，若继续以传统工业文明思维和理念应对新形势、新时代、新问题、新矛盾，不仅无法做到有的放矢，同时对于破解发展中的矛盾和问题会起到适得其反的作用。唯有以生态文明超越传统工业文明，以新理念和新方式应对"瓶颈"制约问题，才能在新的起点上不断实现经济社会的全面协调持续发展。

同时，生态文明建设不仅对提升群众生态环保素质和生态道德文化素养起到积极的推动作用，同时对于民族生态凝聚力起到团结效应。随着中国经济社会和教育理念的逐步提升和深入，以及相应法律法规的逐渐建立健全，城乡居民对于环保理念、生态保护、生态意识也在显著改变，以政府为主导，企业和社会群众参与生态治理和监督的积极性和良好氛围也在逐渐形成。但在道德生态文化的培育和根植于内心的绿色低碳消费理念还有待于进一步提升，追求过度消费、高碳消费、挥霍浪费的现象还普遍存在。所以，推动生态文明建设在广大群众中形成良好自律的道德生态素养，以及在全社会形成良好的生产、生活、生态氛围极为迫切和重要。

3. 全面建成小康社会的客观迫切需要

总体来说，在推动经济发展，城乡人民收入及生活品质提升方面中国取得了显著的成绩，社会主义的基本矛盾也从人民日益增长的物质文化需要同落后的社会生产之间的矛盾，转化为人民日益增长的美好生活需要和不平衡不充分的发展之间的矛盾。在全面推进小康社会建设的进程中，生态文明建设作为重要组成部分需要与其他任务和目标协同推进。生态文明建设需要长期培养和塑造，而非单一简单、传统意义上生态修复和污染治理，而是在经济发展方式和产业结构变革过程中逐步从理念和方式进行革新，探索出新的资源节约型、环境友好型、绿色低碳型发展道路的过程。

目前，还处于发展中国家的我们，面对新的环境约束、基本国情、大国责任和使命，在总结和借鉴吸收其他国家进程中的经验和有效做法，进而探索和突破出符合中国社会主义现代化建设的道路，不仅开辟了党治国

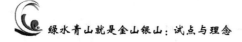

理政的新境界，同时把生态文明建设提升为我们党的执政纲领，为不断提升中国综合国力和世界影响力，丰富中国特色社会主义的理论和实践内涵，也为整个人类的可持续发展做出了新的巨大贡献。

新时代生态文明建设的核心理念是生态价值观、绿色发展观、价值取舍观。习近平生态文明思想作为一个系统全面的理论体系，其内涵丰富且意义深远。习近平生态文明思想深刻回答了为什么建设生态文明、建设什么样的生态文明、怎样建设生态文明的重大理论和实践问题，是我们党的重大理论和实践创新成果，是新时代推动生态文明建设的根本遵循。习近平总书记指出，"生态文明建设是关系中华民族永续发展的根本大计"。"建设生态文明，关系人民福祉，关乎民族未来。"当前，全球生态环境问题面临严峻挑战，人类正站在可持续发展的十字路口，生态文明是人类文明发展的历史趋势。以"绿水青山就是金山银山"理念为代表的生态文明思想已成为全社会的共识。

国内外研究动态

一 国外研究进展

（一）生态产品概念的理解

国外生态产品在概念上对应的是"生态服务"或"环境服务"，更多的是使用"生态服务"一词。对于生态服务的认识和阐释国外最早可以追溯到柏拉图。

生态学家 Gretchen Daily 博士和她的同事在 1997 年的一本《大自然的服务：社会对自然生态系统的依赖》的书中提出"生态系统服务"。他们将生态系统服务定义为："自然生态系统和构成生态系统的物种在维持和满足人类生活的条件和过程。"它们维持生物多样性和生态系统产品的生产，比如海产品、饲料、木材、生物质燃料、天然纤维以及许多医药、工业产品及其初始状态。这些商品的获取和贸易代表了人类经济中一个重要并被大家熟悉的部分。除了生产这些物质产品外，生态系统服务还有实际的生命维持功能，如清洁、循环和更新，它们还被赋予许多无形的美学和文化利益。同时也提出观点"人们从生态系统中获得的利益"，并确定了四类服务：供应服务、调节服务、文化服务和支持服务。

Costanza（1997）对生态系统功能和生态系统服务做了定义：生态系统功能指的是生态系统的栖息地、生物学性质或系统性质或过程。生态系统商品如食物和生态系统服务如水的净化代表了人类直接或间接从生态系统功能中获得的利益，生态系统商品和生态系统服务这些统称为生态系统服务。

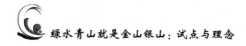

MA（Millennium Ecosystem Assessment，千年生态系统评估，2005）认为生态系统服务是人们从生态系统中获得的利益，它们维持并满足人类的生活，并在生态系统与生态过程中所形成。生态系统服务的性质和价值主要是通过其破坏和损失来阐明的，比如森林的砍伐显示了森林在水循环中的关键作用，特别是在减轻洪水、干旱、风和雨的侵蚀力以及水坝和灌溉渠的淤积方面的作用。

Potschin 等（2018）认为生态系统服务是指生态系统对人类福祉的贡献，并构建模型解释理解人与自然之间的关系。

（二）生态系统重要性研究

生态系统服务不仅对人类福利和经济发展具有重要影响，而且对生态系统保护和恢复具有重要意义。

Daily（2008）就生态系统服务功能的识别、生物物理和经济表征以及保护等方面的问题进行了综述。人们直接或间接对生态系统服务、自然对人类的重要性的理解，有着相对悠久的历史。生物地球化学家、水文学家、生态学家、经济学家、政治学家、流行病学家、人类学家和其他社会科学家在理解人类行为如何影响生态系统提供和这些服务的价值方面面临着科学挑战，将这种理解纳入决策过程中所涉及的社会和政治问题同样苛刻，还需要设计有效和持久的机构来管理、监测和提供反映生态系统服务的社会价值的激励措施。

Daily（2008）指出，对如何将生态系统是提供具有巨大价值的生命支持服务的自然资本资产这样的意识转化为激励措施和机构，用以指导对自然资本的明智投资做了研究探讨，对已有的相关实践框架和案例做了介绍，并提出要在三个关键方面取得进展，生态系统生产功能和服务科学规划；合理的财政政策和治理系统设计；以及在不同的生物和社会背景下实施相关技术的技巧。

Smithers（2019）提出了自然对人类的贡献的全球模型，研究发现生态服务至少有以下几个方面的贡献：水质调控、沿海风险降低和作物授粉。研究同时发现，在人们对自然需求最大的地方，自然满足这些需求的能力正在下降。在未来的土地利用和气候变化情景下，特别是在非洲和南亚，多达 50 亿人面临更高的水污染和授粉不足引起的营养缺乏。在非洲、欧亚大陆和美洲，数以亿计的人面临着越来越大的沿海风险。自然资源的持续损失构成了严重的威胁，但在可持续发展情景下，这些威胁可以减少3—10 倍。了解谁影响生态系统服务的产生（称为供应商）以及谁从生态系统服务中受益（受益者或消费者），就可以评估给定政策的成本和效益，包括受影响各方的分配后果。

（三）生态系统分类

按照 MA（Millennium Ecosystem Assessment，千年生态系统评估）的分类生态系统主要提供四类服务：供应服务，包括食品、水、木材和纤维等产品的生产；调节稳定气候、降低洪水和疾病风险、保护或改善水质的服务；提供娱乐、审美、教育、社区和精神机会的文化服务；支持服务是提供其他三类利益的基础，包括土壤形成、光合作用、养分循环和保存选择。

（四）生态产品价值评估

Daily 等（2008，2017）提出，如果可以帮助个人和机构认识到自然的价值，将会大大增加对保护的投资，并促进人类福祉。现在还没有建立科学基础，也没有政策和金融机制将自然资本大规模纳入资源和土地使用决策。所以他们提出了一个概念框架，并根据夏威夷的案例，勾勒出实现生态系统服务承诺的战略计划。建议必须设计有效和持久的机构来管理、监测和提供反映生态系统服务社会价值的激励措施。其也对生态系统服务的概念、类型、评估方法和保护措施做了介绍，强调了生态系统服务对人类福利和经济发展的重要性，并提出了生态系统服务保护和恢复的策略和实践。

Costanza 等（1997）认为生态系统的服务和产生生态系统的自然资本存量对于地球生命支持系统的功能至关重要。它们直接和间接地为人类福利做出贡献，通过对全球生态系统服务的评估，得到整个生物圈的最小估值为每年约 33 亿美元，而全球国民生产总值约为每年 18 万亿美元。

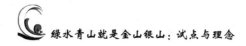

Gren 等（2010）介绍了生态系统服务的经济学理论和方法，分析了生态系统服务价值评估的应用和局限性，讨论了生态系统服务的定价和市场化，以及生态补偿机制的设计和实施。

Bateman 等（2013）探讨了生态系统服务在英国土地利用决策中的应用，介绍了生态系统服务价值评估和决策支持工具的设计和实施，强调了生态系统服务价值评估对政策制定和社会意识的重要性。

Salamanca（2022）对西班牙地中海周边的森林进行生态服务评估，指出地中海森林提供了无数的生态系统服务，但对其维护和改善的投资往往很少，特别是在市场价值商品产量较低的情况下。有必要在社会和政治层面上了解这些生态系统的好处以及维护它们的必要性；生态系统服务的评估是实现这一目标非常有用的工具。

生态系统服务价值评估和生态产品价值的重要性已经在许多研究中得到证实，生态系统服务不仅对人类福利和经济发展具有重要影响，而且对生态系统保护和恢复具有重要意义。生态系统服务价值评估和生态产品价值的研究为政策制定和实践提供了重要的参考和支持。

（五）生态产品价值实现研究

国外对生态产品价值实现主要集中在生态权益交易、生态伙伴关系、生态环境付费等方面的研究。

1. 生态权益交易研究。生态权益交易是一种市场机制，通过交易环境服务的权益证书，以实现生态产品价值的最大化。生态权益交易市场通常由政府、私人机构或两者共同建立，以鼓励环保主义者、科学家、经济学家、投资者等人士的参与。

Kaiser（2002）介绍了对水质权益交易的定义、目的和实施方法，以及美国联邦和州政府对此的法规和政策支持。随后，文章详细讨论了美国水质权益交易市场的三种基本市场结构：集中式市场、去中心化市场和混合市场，并比较了它们的优缺点。

Parry 等为碳税和排放交易系统的选择及其设计提供了指导，特别是对发展中国家而言，碳税具有显著的实际、环境和经济优势，原因是易于管理、价格确定性促进投资、有可能增加大量收入以及覆盖更广泛的排放源。然而，排放交易系统对排放水平提供了更大的确定性，可以由环境部门实施，一些免费的许可证分配可能会获得受影响企业的政治支持。

国外生态权益交易的相关研究主要集中在水质交易市场、生态权益交易机制、生物多样性抵消市场等方面，研究范围广泛，内容涉及市场运作、机制设计、成效评估、未来发展等多个方面，为生态保护和可持续发展提供了有益的经验和参考。

2. 生态伙伴关系研究。生态伙伴关系是指各种类型的组织和个人共同参与和管理生态系统，以实现其长期的可持续性和经济利益。生态伙伴关系通常包括政府、非政府组织、社区、科学家、企业和其他利益相关者。Reed 等（2010）探讨了社会学习的概念和实践，提出了一种基于生态伙伴关系的社会学习模型。文章认为，生态伙伴关系可以提供一个多元化的、协作的学习环境，从而促进社会学习的发展和应用。

Kremen 等（2012）介绍了美国加州的一项农业项目——中央海岸生态种植系统，该项目基于生态伙伴关系的理念，通过农民、环保组织和政府合作，建立起一种可持续的、多样化的种植系统，以改善生态系统服务和增加农民收入。

3. 生态环境付费研究。生态环境付费（Payments for Environmental Services, PES）是一种自愿交易，其中要有一种定义明确的生态环境服务（Environmental Services, ES）或一种可能确保该服务的土地使用被（最少一个）服务购买者从（最少一个）服务提供者中购买，并且环境服务提供者要确保提供持续的服务（Wunder, 2005）。PES 项目通常用于激励土地所有石米取保护措施或保护重要的栖息地免受开发。例如，PES 项目可以向农民支付费用，让他们实施减少土壤侵蚀和改善水质的可持续农业实践。通过这种方式，PES 项目可以为保护工作提供财政支持，同时还可以促进可持续的土地利用实践。PES 机制是为了防止自然资源枯竭而开发的环境政策工具之一，同时改善人类福祉（Constanza 等，1997）。生态环境服务付费反映了服务提供者和受益人（或代表他们的政府）之间订立合同的承诺。尽管 PES 的理论相对简单，但实践起来却困难得多，尤其是在发展中国家，这些国家面临着过多的制度设计和治理挑战。Engel（2000）认为生态服务付费包括环境服务、自愿交易、至少一个买家和至少一个卖家以及服务保障等要素。

Pagiola 等从减贫的角度对 PES 进行了探讨，并提出了 PES 的定义，即"政府、私人部门或个人向那些提供环境服务的人支付补偿，以便鼓励他们保护或增强这些服务"。

Jack 等（2008）回顾了以往的奖励机制经验，并从中总结了设计生态系统服务支付的教训。文章指出，生态环境付费需要考虑清楚目标、效果评估、奖励机制等因素，同时也需要考虑到实施难度和成本等问题。Muradian 等（2010）提出了一种用于理解生态环境服务付费的替代性概念框架，并探讨了该框架在实践中的应用。文章认为，生态环境服务付费需要考虑多方利益相关者的需求和利益，通过制定合适的政策和机制来促进生态系统保护和恢复。Wunder（2015）重新审视了生态环境服务付费的概念，并分析了其实施的挑战和机遇。文章指出，PES 机制可以通过为生态系统服务提供经济奖励来促进生态系统保护和恢复，但需要解决社会公正性、生态效果评估、监管和执行等问题。

4. 各国在生态系统服务中的实践。在南非，生态系统服务规划与发展规划联系在一起，为水管理和分配过程、减轻贫穷、灾害管理和土地使用规划方面的决定提供信息。英国对生态系统、服务和影响的现状和趋势进行了全国范围的评估。英国随后成立了一个自然资本委员会，向英国政府经济事务委员会报告，该评估报告提供了有关英国各种不同生态系统类型和服务的详细信息，包括土地、森林、淡水、海洋、海岸、草原、河流、湖泊、湿地、山区等，同时也对这些生态系统的健康状况、价值、面临的威胁以及政策和管理方面的挑战进行了分析。该报告指出，自然资本为英国经济做出的贡献至少为每年 200 亿英镑。葡萄牙的 Gulbenkian 基金会创建了海洋生态系统服务伙伴关系，旨在促进海洋生态系统服务的保护和可持续利用。该计划包括与各种组织和利益相关者的合作，以建立和共享知识与信息，以支持决策和管理过程，从而实现海洋生态系统服务的价值。

在瑞典，生态系统服务已纳入城市规划和绿地管理。在瑞典，生态系统服务已被纳入城市规划和绿地管理的实践可以追溯到20世纪90年代，当时瑞典开始采用"绿色结构"（Green Structure）的理念来设计和管理城市绿地系统。这一理念强调城市生态系统对于城市可持续性的重要性，并将城市绿地系统视为一种生态基础设施，提供了多种生态系统服务，如洪水控制、生物多样性保护、空气质量改善等。随着时间的推移，瑞典的城市规划和绿地管理越来越多地关注生态系统服务的重要性，不断尝试将生态系统服务纳入城市规划和管理决策中，例如制订城市绿地管理计划时会优先考虑生态系统服务的提供情况和需求。瑞典政府还推出了一些生态补偿和生态系统服务的项目，例如为农民提供经济激励，以保留自然林地并提供森林生态系统服务。这些措施都为瑞典城市可持续性的发展提供了重要支持。

在整个拉丁美洲，人们都在使用支付方式来保障城市用水。自2006年以来，已经建立或正在开发40多个水基金，自2006年以来，已经有超过40个水基金项目在整个拉丁美洲建立或正在开发，旨在解决城市用水的问题。通过向水消费者收取费用并将其用于改善上游生态系统来保障城市用水。这种机制通常被称为"水源保护支付"或"水资源税"，通过下游水消费者向上游社区支付的系统，以改变土地管理，改善水质和数量，旨在促进上游社区采取措施改善土地管理和保护水源，从而保障下游城市用水的可持续性。

二　国内研究进展

（一）理论研究综述

1. 生态产品价值概念

欧阳志云（1999）对生态系统、服务功能、价值评价做了介绍，对生态系统服务功能及可持续发展研究的关系做了探讨。2010年发布的《全国主体功能区规划》指出，生态产品是指维系生态安全、保障生态调节功能、提供良好人居环境的自然要素，包括清新的空气、清洁的水源和宜人的气候等。欧阳志云对中国生态功能进行区划，分为生态区、生态亚区和生态功能区。最后确定了48个对全国生态安全具有重要作用的生态功能区域：生物多样性保护区18个，水源涵养区15个，土壤保持区5个，沙漠化和沙尘暴控制区6个，洪水调蓄区4个，都要重点进行生态保护。

2. 生态产品价值实现内涵研究

王勇（2020）对生态产品价值实现的规律路径和发生条件进行阐述，指出可以商品化的生态产品其价值实现表现为"生态资源—生态资产—生态资本—生态产品—价值实现"的过程，其中有三个价值增值的关键环节，即生态资源资本化、生态资本产品化、生态产品货币化。

刘伯恩（2020）对生态产品和生态产品价值实现机制的内涵进行界定，指出坚持"绿水青山就是金山银山"和"山水林田湖草沙是生命共同体"的意识，以供给侧结构性改革为主线，尊重自然、保护自然等手段，构建高质量、效率、公平及可持续发展的产业链、生态链、价值链来不断满足人民群众日益增长的优美生态环境需要。

黄克谦等（2019）、靳乐山等（2020）认为生态产品价值实现通过运用市场化的手段解决生态环境保护的体制机制问题，使生态产品得到市场消费者的认可而得以实现价值。

黎祖交（2021）认为生态产品价值实现是把生态优势转变为经济优势，把生态效益转变为经济效益和社会效益，使生态产品价值在市场上得到实现，将生态产品价值转换为经济价值。包括供给服务，主要是指自然界为人类生产生活提供的原材料资源等进行物质生产和市场交换；文化服务价值的实现，主要是指自然界为人类提供的阳光、空气、景观、适宜气候、优质土壤和水源等生态优势发展生态旅游、康养、娱乐、生态文艺、生态教育、生态科普等生态文化产业，以实现经济效益和社会效益；调节服务和支持服务价值的实现，建立科学的生态产品价值核算体系及交换机制，并在此基础上通过建立健全各类生态补偿和市场化运作机制，使生态产品的生态价值得到社会认可并转换为经济价值。张林波等（2021）认为生态产品价值实现的实质就是生态产品的使用价值转化为交换价值的过程。并对生态产品价值实现实践与模式进行总结，提出生态保护补偿、生态权益交易、资源产权流转、资源配额交易、生态载体溢价、生态产业开发、区域协同发展和生态资本收益 8 大类、22 小类生态产品价值实现的实践模式。

3. 生态产品价值评估与核算研究

梁龙妮等以绿色 GDP 核算理论方法对珠三角地区开展经济生态生产总值（GEEP），提出在 GEEP 核算的基础上，可借鉴国内生态产品价值实现路径，实施"生态＋产业"行动计划，推动生态产业化。

易小燕等从生产功能的经济价值和服务功能的生态服务价值两大类对福建省农业资源价值进行测算，同时阐明了农业资源价值的实现过程和路径，就福建省农业资源价值提升提出政策建议。

4. 生态产品价值实现路径研究

生态产品价值交易工具主要有生态认证、排放许可权交易、设立自然保护地、生态系统服务付费、生态工程等。臧振华等对国家公园生态产品价值实现进行研究。国家公园拥有最宝贵的自然资源，是我国自然生态系统中最重要的组成部分，要通过设立公益岗位、非国有自然资源统一管理、发展生态旅游、打造优质品牌等途径，来推动生态产品价值的实现。

高晓龙、欧阳志云等对生态产品价值实现的政策工具进行研究，研究梳理了国内外已有政策工具，并将其分为市场化工具及非市场化工具。研究引入收益及产权矩阵，以收益分配及产权义务为纲，对现有政策工具（市场化及非市场化工具）的合法性进行详细阐述并进行分布研究。对生态产品价值实现研究进展进行梳理，对生态产品价值供给不足原因进行分析，介绍了生态产品价值实现的模式及其特点、适用范围、优点、局限等；对国内外试点案例进行路径及成效分析。

蔡文博、徐卫华、欧阳志云等对生态文明高质量发展标准体系问题及实施路径进行研究。生态文明高质量发展建设设立相应标准体系，重点体现了以下 4 个方面的需求：健全生态产品价值核算与转化标准；强化生态保护的整体性标准；强调生态修复的系统性标准；提升环境治理标准化水平。研究凝练了标准体系构建和实施中存在重点领域标准缺失、实施率不高等问题。同时建议构建生态产品价值实现标准体系，支撑生态经济发展；优化生态和环境质量标准体系，保障国家生态安全；完善陆地和海洋标准体系，支撑国土空间布局；建立绿色生活标准体系，规范生态文化建设。

何金祥等（2019）提出生态产品可分为公益型生态产品和非公益型生态产品两大基本类型，并就在推进生态产品建立、生态价值实现和生态战略实施过程提出对策建议。李忠对长江经济带生态产品价值实现路径进行研究，提出保护绿水青山、完善生态补偿机制；盘活绿水青山、建立市场化运作机制；依托绿水青山，促进生态资源向生态经济转化的路径。

李肸等介绍了国外支持生态产品价值实现模式，主要有绿色信贷担保及补贴制度、森林生态补偿制度、水资源社会支付模式、耕地金融扶持模式等，对我国的生态产品价值实现提出了对策建议。

（二）生态产品顶层设计

目前，中国已初步完成了生态产品的顶层设计，定义了“生态产品”这一新概念，从满足人民需求的角度提升了生态产品的重要性，从理念上打破了把发展和保护对立起来的思想束缚。《国务院关于印发〈全国主体功能区规划〉的通知》（国发〔2010〕46 号）中，将生态产品定义为：“维系生态安全、保障生态调节功能、提供良好的人居环境的自然要素，包括清新的空气、清洁的水源、茂盛的森林、宜人的气候等；生态产品同农产品、工业品和服务产品一样，都是人类生存发展所必需的”。

2015 年《生态文明体制改革总体方案》提出：“树立自然价值和自然资本的理念，自然生态是有价值的，保护自然就是增值自然价值和自然资本的过程，就是保护和发展生产力，就应得到合理回报和经济补偿。”党的十八大报告集中论述了大力推进生态文明建设，其中在提到加大自然生态系统和环境保护力度时强调，要“增强生态产品生产能力”。党的十九大报告指出，必须树立和践行“绿水青山就是金山银山”的生态环保理念。"两山"理念是习近平总书记新时代生态文明思想的标志性观点和代表性论断，是当代中国马克思主义发展理论的重要创新成果，是全面建成小康社会的重要指引。"两山"理念的核心是推动生态产品价值转化为经济价值，实现生态经济化和经济生态化。

生态产品价值实现：脉络兴起

一　生态产品的概念辨析

（一）生态产品概念的提出

2001 年 6 月 5 日（世界环境日），由世界银行、全球环境基金会、世界卫生组织等机构组织开展的千年生态系统评估（The Millennium Ecosystem Assessment）国际合作项目，是首次对全球生态系统进行的多层次、大尺度、全球性的综合性科学评估。该合作研究项目旨在通过对生态系统服务的功能与变化进行科学评估和探索生态系统与人类活动之间的关联性，项目自启动至结束之日共邀请来自 100 余个国家、近 1400 位知名学者共同研究探索，该项目的研究为推动全球生态环境综合整治和联动治理奠定了坚实的科学理论和实践探索基础。

自 2001 年项目启动经过 4 年的研究，联合国于 2005 年正式向全世界发布了《千年生态系统评估报告》，并首次公布了我们赖以生存的地球家园的生态环境状况，以及对于资源的开发利用和生物多样性情况。《千年生态系统评估报告》的公布引起了世界各国和相关 NGO（非政府组织）的高度重视和关注，同时报告中提出的生态系统服务也为相关学者针对生态产品的界定提供了新的视野和思路。

生态系统服务的功能主要包括供给类服务、调节类服务、文化类服务、支持类服务四个大项。其中，供给类服务主要指生态系统为人类的生产生活所提供的相关食物、水源、树木等物质类的产品；调节类服务主要指生态系统在气候涵养、空气净化、物质循环等方面提供的外部周期性调节服务；文化类服务指生态系统所提供的生态景观、自然美景、陶冶情操、视觉美学等相关的生态文化类产品；支持类服务主要指生态系统为推动物质循环再生、水体净化、光合作用的养分生成等方面的生态系统机理性提供的支持服务。

　　生态产品的完整性界定首次出现在 2010 年发布的《全国主体功能区规划》中，文件指出："生态产品是指维系生态安全、保障生态调节功能、提供良好人居环境的自然要素，包括清新的空气、清洁的水源、宜人的气候、优美的环境等。"随着中国经济社会的高速发展，生态产品同农产品和工业产品一样，也是人类社会发展和生活所必需的产品。同时，对于生态产品的重要性进一步明确，即生态产品的提供和生产能力提升是推动科学发展和高质量发展的重要内容和重要任务。党的十八大报告将生态文明纳入中国经济社会发展的"五位一体"的总体布局，并明确提出要"增强生态产品生产能力"。"生态产品"作为推进生态文明建设的重要核心理念，是贯彻落实习近平总书记"绿水青山就是金山银山"和加强生态保护构筑山水林田湖草沙生命共同体的重要理念。生态产品的提供基于山水林田湖草沙，作为其结晶产物在推动生态文明建设和生态系统化保护，以及推动生态补偿等相关制度的制定过程中，实现了由单一要素向系统化思维转变。

（二）生态产品概念的演变

　　中国自改革开放以来，随着经济社会的高速发展和对外开放，以粮食、木材等为代表的物质产品和文旅、景观、影像等为代表的文化产品匮乏的时代全面结束。伴随着生态系统产品供给与承载力同区域社会发展的双重要求，良性可持续的生态产品生产和循环供给能力是当前乃至今后一段时期所需重点关注和解决的问题，既体现了党和国家在新的时代背景下对于促进人与自然和谐共生的高度重视，又是对构筑山水林田湖草沙生命共同体和可持续发展理念的进一步延伸。目前世界各地通过政府财政进行一些重点生态功能区修复和治理，其实质即通过转移支付拨款进行该地区所提供的生态产品的购买。依据生态功能属性和使用价值属性可以将生态

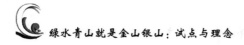

产品划分为物质产品、准物质产品、半生态产品、生态产品。健康的生态系统是支撑国家、企业、个人、动植物赖以生存的必要基础和重要保障，在满足和提供必要的食物、水源等直接产品外，同时还兼具着调节区域内生物生存所需的气候、氧气、植物光合作用所需的氧气，以及推动物质循环和预防水土流失、景观文化等服务功能。

生态产品的提出早期目的在于合理控制和优化国土空间格局，伴随着"五位一体"总体战略布局的不断深入和强化，生态产品作为中国生态文明建设的重要组成部分之一，对于其内涵要义和不断强化供给能力的要求也随之逐渐提升，由一个概念理念逐步转化为可实施操作的具体行动路径，同时也由最初的单一要素逐步转变成贯彻生态文明理念和践行绿水青山就是金山银山的重要载体。总体而言，清新的空气、清洁的水源、优美的环境、宜人的气候等生态产品，是人类生存与发展以及对于美好生活向往的基本条件，不断增强生态产品的有效供给和高质服务，是推动经济社会全面可持续发展以及促进人与自然和谐共生的重要条件。（见表3-1）

表3-1　　　　　　**生态产品价值实现重要事件和内容**

时间	重要事件和文件	内容
2010年12月	《全国主体功能区规划》	首次从国家顶层设计层面提出生态产品的权威概念
2012年11月	党的十八大报告	提出"增强生态产品生产能力"的任务
2013年11月	关于《中共中央关于全面深化改革若干重大问题的决定》的说明	提出"山水林田湖"生命共同体理念
2015年5月	《关于加快推进生态文明建设的意见》	"绿水青山就是金山银山"首次被写入中央文件
2015年9月	《生态文明体制改革总体方案》	提出"自然生态是有价值的"
2016年5月	《关于健全生态保护补偿机制的意见》	将生态补偿作为生态产品价值实现的重要方式
2016年8月	《国家生态文明试验区（福建）实施方案》	首次提出生态产品价值实现的理念
2017年8月	《关于完善主体功能区战略和制度的若干意见》	开始探索将生态产品价值理念转化为实际行动
2017年10月	党的十九大报告党章修改	将"增强绿水青山就是金山银山的意识"写入了党章

续表

时间	重要事件和文件	内容
2018 年 4 月	习近平总书记在深入推动长江经济带发展座谈会上的讲话	为生态产品价值实现指明了发展方向和具体要求
2018 年 5 月	第八次全国生态环境保护大会	进一步强调"良好生态环境是最普惠的民生福祉"理念
2018 年 12 月	《建立市场化、多元化生态保护补偿机制行动计划》	提出用市场化、多元化的生态补偿方式实现生态产品价值
2019 年 1 月	《关于支持浙江丽水开展生态产品价值实现机制试点的意见》	丽水为全国首个生态产品价值实现机制试点市
2021 年 4 月	《关于建立健全生态产品价值实现机制的意见》	提出"加快完善政府主导、企业和社会各界参与、市场化运作、可持续的生态产品价值实现路径"
2022 年 10 月	党的二十大报告	提出"建立生态产品价值实现机制，完善生态保护补偿制度"

（三）生态产品概念的阐释

"生态产品"作为一个相对较为新兴的概念，与其关联同时涉及和交叉于生态学、环境学、土壤学、气候气象学等多个学科领域，因此目前对生态产品的理解存在着不同的视角和相关解读，针对生态产品概念的相关阐述也有着不同的版本。一种表述是，生态产品是指"自然生态系统产生的生态系统服务"，即我们过去常说的生态效益，包括物质产品和生态系统服务。另一种表述是，生态产品是指"生态系统为了维系生态安全、保障生态调节功能、提供人类所需的良好的生态环境所提供的相关系列产品"，其特点在于节约能源、无公害、可再生，主要包括清新的空气、清洁的水源、宜人的气候、优美的环境等。通过对已有生态产品的定义分析发现，生态产品概念的根本差异在于生态产品是通过生物生产的纯自然的相关产品和服务，还是在生产过程中附加和凝结了人类的一般性社会劳动而产出的相关产品。无论是由生物生产还是由自然生态系统和人类一般性社会劳动共同生产的生态产品，都是随着经济社会的不断发展与生态、资源等矛盾的日益凸显，以及随着人类社会在不同时期阶段对于美好生活的诉求升级和不断向往中应运而生的，两者是可以并存不悖的。

目前学术界被普遍认可的是美国科学院院士、美国艺术与科学院院士、斯坦福大学教授格雷琴·戴莉（Gretchen Daily）所提出的"生态系统服务功能"概念，即自然生态系统及其物种所提供的能够满足和维持人类生活需要的条件和过程。中国的一些学者针对生态系统服务及其相关内涵也进行了大量和广泛的研究，目前来讲，对于生态产品的内涵总体上大致可以分为四大类：一是供给服务类产品，如木材、水（海）产品、林产品、草料、中草药、植物的果实种子等；二是调节服务类产品，如水源涵养、水质净化、固碳释氧、水土保持、气候调节等；三是文化服务类产品，如休闲旅游、提供艺术美景和休闲景观价值等；四类支持服务价值，如初级产品、维持一系列流域功能、土壤形成、循环养分以及维持生物多样性等，需要利用遥感数据等新技术进行核算。

（四）生态产品概念的界定

生态产品是指生态系统中生物所生产的一系列相关产品和服务，是支撑人类经济社会文化发展所需的必备品。综观学术界目前对于生态产品的相关研究，相关专家和学者们对于生态产品的认识可以简要概括为 3 个方面：一是把生态产品认为是生态系统服务，包括清新的空气、清洁的水源、宜人的气候、优美的环境等自然产品供给、调节服务、支持服务及文化服务，是自然生产作用所提供给人类的相关福祉；二是认为生态产品除此之外还包括农林产品的作用供给，即基于自然生态系统本底叠加人类的相关生产生活性一般劳动，是人类与自然共同生产所得到的相关产品；三是认为生态产品，其还包括生态标签产品，包括通过采用清洁生产、废弃物循环再利用、节能降耗减排等途径和方式方法，减少对生态资源的消耗所生产出来的相关有机食品、绿色农产品、生态工业品等一系列物质产品。

狭义上理解生态产品，其是自然的产物或自然产品，其天然具有生态价值和使用价值，基于需求视角进而产生和具有产品属性。广义上理解生态产品，其不仅包括纯自然生产的生态系统服务和终端产品产出，同时还应包括人类在生态系统中的劳动和服务所产出的农林产品供给和延伸服务。生态产品同物质产品和自然产品的根本区别在于，物质产品具有使用价值不具备生态价值，生态产品包括生态价值但又不局限于自然产品的天然属性，终端产品的产出过程可以涵盖人类生产活动。

综上所述，生态产品的内涵突出强调三方面的属性：一是能够进入市场开展交易的产品，通过市场交换关系而体现，市场化交易的产品要具备和凝聚劳动价值，生态产品包含人类生产、经营、保护以及修复的结果；二是能够满足人类消费和需求使用的产品，使用价值是产品的核心属性，生态产品的最终目的在于满足和提供人类生产生活和文化美学需求的作用；三是终端产品和服务，是由生态系统生产过程和功能产生的结果，具备显著的具象性和量化性特征，其不需要通过其他生态功能和过程而直接影响人类收益，可以说，生态功能和生产过程是产生人类福祉的中间过程和自然组成部分，价值体现已包含在终端组分中。

根据人类生产参与程度、生物生产过程中以及产品产出的服务类型和属性，可进一步将生态产品分为公共性生态产品和经营性生态产品两大类。其中，公共性生态产品包括自然环境产品（比如清新的空气、清洁的水源、安全的土壤、宜人的气候、清洁的海洋等）和生态安全产品（物种保育、气候变化调节、生态系统减灾调控等）。经营性的生态产品包括文旅产品、休闲康养、农林牧渔等产品，其产出过程包含着人类的生产活动与生物自身生产的共同作用的结果，是以自然资源基础为依托而生产的凝结人类社会生产活动的相关产品。（见图3-1）

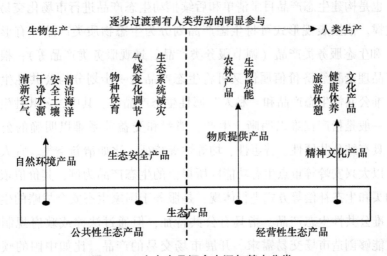

图3-1 生态产品概念内涵与基本分类

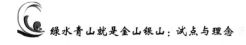

1. 生态产品的本质特征

生态产品具有四个本质特征，包括公共性、联动性、整体性和可再生性，生态产品的四个本质特性也为区分识别筛选生态产品奠定了坚实的理论基础。一是公共性。生态产品首先具有显著的非排他性，消费者或者受益者在享受生态产品时既不影响他人同时享受，也不拒绝和阻止他人消费，即明显的公共性和开放性。二是联动性。生态产品的存在及提升与外部生产生活及生态具有联动影响。以流域上下游为例，通过对上游进行生态保护和修复（比如修建水库、水土保持、植树造景等），区域性生态系统稳定性的提升和改善进而影响周边及下游的相关生产和生活，在调节水源、水质供应等方面改善下游生产和生活等相应成本。三是整体性。生态产品具有显著的整体复合特性，是多要素多因子构成的复合型系统产出品。比如区域性林木除固碳释氧功能外，同时还包含调节气候和防风固沙、预防水土流失等功能。四是可再生性。生态产品具有循环再生功能，在消费和使用的过程中不超过生态承载力的极限，不以"竭泽而渔"的消费使用原则便可持续地为人类提供产品和服务。

2. 生态产品的类型分类

探索研究生态产品运行机制的前提基础是对生态产品进行系统化的分类，也是构建生态产品目录清单和后续推动生态产品进行市场化交易的重要支撑。依据表现形式可将生态产品划分为生态物质类产品（有形产品等）和生态服务类产品（调节服务类产品、景观服务类产品等）；根据公共产品理论和经济价值属性又可将生态产品进一步划分为公共性生态产品、准公共性生态产品和"私人"属性生态产品等。其中，公共性生态产品，一般是指产权难以明晰，生产、消费和受益关系难以明确的公共物品，具有纯公共属性、普惠性、均等性等特征。比如清新空气、宜人气候等，以大兴安岭等重点生态功能区所提供的生态产品为例，其价值依靠财政购买和生态补偿等方式进行体现，是服务于国家生态安全战略的生态产品。准公共性生态产品，指具有公共特征，但通过法律或政府规制的管控，能够创造市场交易需求、开展市场交易的产品。比如中国的碳排放权、排污权和碳汇产品，就属于采取政府与市场相结合路径，通过市场经济制度和交易体系的逐步建立和完善，政府通过法律或行政管控等方式创造出生态产品的交易需求，市场通过自由交易实现其价值。"私人"属性生态产品，指依据产权理论和界定进而形成产权主体清晰和权利归属明确的生态产品，通过市场交易实现供给和需求的内在价值转化和实现，促使生态效益转化为经济效益。

二　生态产品的价值辨识

（一）生态产品价值的主体辨识

在生产力水平很低或比较低的情况下，人类对物质生活的追求总是占第一位的，所谓"物质中心"的观念也是很自然的。然而，随着生产力的巨大发展和不断迭代升级，以及人类物质生活水平的逐步提高，特别是在工业文明和进程中所造成的环境污染、资源破坏、沙漠化、"城市病"等全球性问题的产生和发展，人类也越来越深刻地认识到物质生活和经济社会的发展提升是必要的，但在发展生产力的过程中需要保护好生态系统，维持良好的生态平衡和环境。进而以人与自然、人与社会和谐共生、良性循环、持续繁荣为基本宗旨的生态文明社会形态逐步形成，其本质是人类活动对绿色生态和良好生存环境的美好向往和不断需求。

中共中央办公厅、国务院办公厅印发的《关于建立健全生态产品价值实现机制的意见》中，明确提出了生态产品的保护者、使用者、破坏者三个原则性的主体。生态产品作为复合型生态系统的产出物，与工业产品的生产者、消费者、经营者、服务者等主体具有明显不同。在实际推动生态产品价值实现实践过程中，生态产品价值的主体还可细分为有责者、保护者、获利者、享益者、贡献者、损害者等主体。

（二）生态产品价值的客体辨识

生态系统作为提供人类经济社会发展和文化艺术创造的基础保障供应系统，其不仅提供了人类赖以生存的环境系统和必要条件基础，同时在系统内还提供了人类生产和生活所必需的物质原料。生态系统作为支撑人类发展的"生态地基"和"服务供应商"，其服务功能总体包括供给功能、调节功能、文化提供功能、循环支持功能四大类。其中，供给功能是生态系统通过自身生产以及叠加人类社会劳动所产出和提供的产品，比如农林牧渔、水果、粮食等产品；调节功能是基于生态系统自身及相互协作调节人类及动植物生存环境的功能，比如水土保持、空气净化、阻挡紫外线、固碳释氧等功能；文化提供功能是基于生态系统本底，从人类视觉、触觉、精神感知以及改造提升后从生态系统中获得的非实物性产品和享受，比如大江大河、冰雪山川、景观景色等；循环支持功能指在不超出生态系统生态承载力和自我修复能力前提下，生态系统内部满足和提供生物多样性，以及维持养分循环、物质循环等功能。

（三）生态产品的复合价值辨识

绿水青山就是金山银山，从生态学角度看，"绿水青山"是高质量的森林、草地、湿地、湖泊、河流、海洋等自然生态系统的统称。生态系统提供丰富生态产品，生态产品具有巨大经济价值和生态价值，生态价值通常也可以带来经济效益。生态产品的价值作为一种外部经济，往往不能通过市场交易直接体现和变现，需要通过一定的机制设计使得生态产品价值在市场上得到显现。能够在市场显现的生态产品价值一般是消费性直接使用价值，除此以外的生态产品价值（如附载价值、激励价值、潜在蕴含价值等）往往难以通过市场交易体现，非使用价值尤其难以得到市场的识别和认可。因此，需要通过一定的机制设计，使得生态产品价值在市场上得到全面显现。生态产品价值在市场上得到了显现和认可，意味着生态产品（或生态系统服务）改善了消费者的福利（以及效用水平），因而人们愿意为生态产品带来的福利改善支付相应的价款，这一价款是反映生态产品价值大小的主要依据，包括了生态产品的正外部性，以及为了保持和维护这一正外部性不至于下降而支出的相应一系列成本投入。

在现实世界中，纯天然、原生态的自然资本并不能实现消费者福利的改善，自然资本只有与相应的生态基础设施建设、生态产品经营管理结合起来，才能收到因改善消费者福利而得到相应匹配价值回报的效果。通过以生态基础设施为载体，包括道路桥梁等景区旅游设施、住宿餐饮等配套服务设施等，其建设投入往往以人造资本形式与自然资本相结合，并在生态资产中不断地累积，其中生态产品经营管理能力往往取决于相关的人力资本水平。因此，生态产品价值实现的过程不单单仅依靠自然资本，而是需要资源环境、人造资本、人力劳动、技术应用、市场营销、品牌推广等多种要素的高度融合和集成实现有机结合，进而激发和把绿水青山蕴含的生态产品价值转化为金山银山，其价值是一种多要素复合叠加和有机融合，在维度和产业链条体系中是供应链、产业链、价值链、生态链"四链协同"的生态产品大发展格局。

同时，生态资源其本身就有价值属性，是最普惠、最高级的生态福祉，通过不断挖掘其价值实现过程、路径和举措，将其蕴含的诸如调节功能价值、文化服务价值等转化出来。良好的生态环境，比如绿水青山（包括生态屏障区的几种类型，大江大河、冰天雪地、戈壁沙漠、草原湿地、碧海蓝天）都是有经济价值的。但生态最初呈现形式是生态资源，进行权属界定，清晰产权归属后成为生态资产。生态资产有金融的投入，进行开发利用，生态资产可能变成生态资本。在绿色技术等先进技术的加持下，生态资本能够生产出生态产品进入消费领域，就能产生生态产品的市场价值。

从存在价值到使用价值还不是市场经济意义上的可交换价值，只是认识到了使用价值。四种生态产品价值在有人、财、物、技等相关要素的投入后，就成为要素价值，生态要素价值经过生产加工，就能生产出具有市场交换价值的产品，成为有价值可交易的商品。通过复合价值的循环，实现价值传递。实现人与自然的物质变换和能量流动的过程，就是生态产品复合价值体现出来的过程。在这个过程中，四类价值的实现，需要综合考虑"环境、资源、资金、劳动、技术、品牌、偏好"等要素的不同作用。比如消费偏好对生态文化服务的美学价值有迥异的选择。品牌也是生态产品价值实现的重要内容。

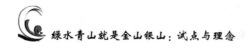

三 生态产品价值实现的理论逻辑

（一）生态产品价值实现的形式逻辑

生态产品的价值在实现的过程中，类似于马克思所著的《资本论》当中对于商品价值的实现描述一般复杂且惊险，需要面临诸多的挑战。就经济学的分析而言，大部分生态产品都属于纯公共性物品以及准公共性物品的范围当中，为了能够减少"搭便车"的现象，提供更多更优质的生态产品，市场与政府便应当充分地发挥自身的作用。政府在补贴、税收以及产权等方面的政策干预能够在一定程度上有效地解决外部的问题，经由外部的内部化从而完成社会和私人收益以及成本之间的平衡。现阶段中国生态产品的价值交易所用工具当中主要包括生态认证、排放许可权、自然保护地的设立以及生态工程等。

1. 奠定交易基础，形成一级市场

由政府为主导、以市场为主体，构建生态产品由资源、资产以及资本之间运营的转化体系。构建三级市场，确定各级市场基础任务以及发挥作用的主体，还有生态产品的定价主体等，经由市场运营从而将生态产品的价值从抽象转变为具象。为了能够便于统一化的管理与控制，生态产品的价值实现应当由县级的行政区域当作基础单位划分，确保其和主体的功能区所划分出的单元保持统一。用自然资源区域的规划，在国家、省、市以及县等区域的传导体系、自然资源区域中空间的规划和专项规划之间进行协调，在各个层面上实现自然资源区域规划和其他区域规划之间的有机衔接。充分地考虑到"两个一百年"的建设目标，实现空间规划和发展规划之间的协调，确保发展源的需求规模与消费意愿成为生态产品划分的主要方向。用概念内涵当作划分的标准，实现县域范围当中生态产品的详细调查，明确数量、权限以及布局等。在获得调查结果之后，由县级政府作为主导，根据生态产品的基础价值初次完成生态产品定价，根据政策把产品合理地入股到户。此外，县级政府应当充分地发挥自身的职能，县域中的股权人应当参与到市场交易过程中，统筹管理与监控、评估、引导市场的

交易。

2. 引入社会资金，构建二级市场

由政策的支持导向、责任主体的权威以及股权的处置与利益的合理分配，还有建立健全基础设施等各个方面鼓励以及引导社会资金加入二级市场当中。社会资金经由股权购买的形式建立生态产品的经营主体，经由市场行为实现生态产品的交易，在获得利益之后根据股权占比返还给持股人，完成生态产品的增值。生态产品的相关持股人应当根据经营的主体确保生态产品的良好供给。而各个对口的国家银行应当提供给经营主体相应的支持贷款，保证生态产品实现增值。对于生态产品的定价应当通过政府和市场共同完成。

3. 扩展融资渠道，组建三级市场

不仅应当建立健全利益的分配机制及产品质量的追责机制，不断优化政府的管理机制等，此外，还应当实施社会的信用度，进行生态产品的经营主体的科学评估，构建具备产品的连续保障以及产品的持续交易的稳定且长效的交易市场。提升金融的开放程度，引导社会资金的加入，根据实际情况可以安排上市，引入股票、债券与基金等各种金融手段不断地扩大市场交易体量。在这个阶段中，生态产品的定价主要是由市场完成的。在实施规划的时候，应当确保空间配置的长效发展，对于国土空间的发展规划与自然资源的规划等不同规划目标与任务应当及时调整。

（二）生态产品价值实现的实质逻辑

生态产品价值的实现实质逻辑，即首先对特定区域的生态产品进行价值核算与评估，这是生态产品价值实现的前提与基础。其次对区域内生态产品进行有效转化，将生态价值转化为经济价值，"绿水青山"向"金山银山"转变的过程，这是生态产品价值实现的关键和举措。针对生态产品价值转化途径，主要包括生态产品的政府主导路径、市场开发途径、"政府＋市场"路径。

1. 生态产品价值实现：政府主导路径

政府主导的生态产品转化和开发多以生态补偿为主，生态补偿主要有

横向和纵向两种补偿方式，其中纵向生态补偿方式为政府通过财政转移支付和购买等方式，实现生态产品价值的产品和服务有效补偿。其中，一种是针对诸如重点生态保护区域、生态功能区等相关区域因保护生态环境和维护生态系统稳定性而无法或放弃发展产业经济的权利，进而通过转移支付等形式予以体现，比如对于作为"中华水塔"的三江源地区，每年国家会安排相关的专项资金用于其补偿，该种方式即是中央财政转移支付向该地区购买生态产品。数据显示，2008—2022年，国家重点生态功能区转移支付重点县扩大到810个，累计下达资金7900亿元，年度资金规模由61亿元逐步增加到992亿元，年均增长22%，中央财政转移支付范围、规模快速扩大。

另一种即通过政府赎买形式，诸如中国近20年来通过中央财政累计投入资金3000多亿元开展天然林保护工程，将所有国有天然林都纳入了停止商业性采伐补助的范围，使中国森林资源得到有效保护与恢复。数据显示，10年累计投入资金超1500亿元，1200多万户农牧民受益，草原、森林等生态补偿积极推进。安排130亿元支持长江十年禁渔。同时，针对横向性生态补偿主要包括跨区域之间补偿、企业同地方间补偿、流域上下游之间的生态价值补偿等。此外，还有通过用能权和排放权交易，如出售或购买用水权和排污权等、生态保护基金支付等来实现价值补偿。

2. 生态产品价值实现：市场开发途径

在拓展生态产品市场化开发路径中，空间维度包括但不局限于生态产品国内市场的开发，要进一步开拓思路和范围，按照产业化、市场化、数字化、国际化的视野进一步激发生态价值的释放，针对有能力和有潜力的相关市场主体，要全力支持其参与国际市场的交易。同时，在不损害和影响本国生态利益和生态系统安全的前提下，也可积极引入国际资本进行生态产业的开发。

一是公共性生态产品交易。良好的生态环境具有显著的公共属性，在不断保护和提升优化生态系统服务功能属性的基础上，通过政府宏观调控和市场化运作的主、辅协同推动，进而逐渐探索和建立公共属性的生态产品市场化交易体系和良性持续交易机制。推进生态产品外部性的内部化，在于构建完备产权明晰、定价标准的市场化交易体系。诸如在推进排污权、用能权、碳汇交易等过程中，要不断丰富和提升相关权益主体的积极性，同时在标准化市场定价方面和社会认知层面形成使用者付费、损害者赔偿、保护者收益的社会氛围和认知，进而助推形成良好的生态产品市场需求和交易体系。数据显示，2021年中国排污权交易总金额达到18.72亿元，市场化、多元化的生态保护补偿机制正在建立。

二是生态产品产业化经营。产业化经营是生态产品价值实现的重要载体和现实举措，针对生态资源禀赋要进一步激发和梳理生态利用型产业、生态赋能型产业、生态影响型产业，通过发挥比较优势实现生态价值向经济价值的有效转化。充分发挥和利用好山、水、林、田、湖、草、沙、气、光、景等生态要素资源，针对产业特征构建生态农业、生态工业、生态服务业融合协同发展的生态产业化新格局和新模式。

三是生态资源产品资本化。生态产品的市场化开发和做强做大脱离不开资本的进入，针对不同功能和类型属性的生态产品开发其逻辑路径是生态资源产品的梳理—生态资源产品的确权（生态资产）—生态资本的引入和开发—生态资源资产的市场化交易。在生态领域中将资源管理进行梳理、确权、包装、开发、交易、投资和市场化运营的开发增值过程，生态资源资本化实现路径本质上是践行"绿水青山就是金山银山"理念的重要举措和市场化推进路径。在推动生态资源资本化路径模式上可以将其分为直接转化路径和间接转化路径，总体上可以概括为生态产品的市场化直接交易、生态产权的权能分置、生态资产的优化和整合配置，以及生态资产的市场化投资和开发运营。在推进生态资源价值实现形式的不同阶段，其形态表现也具有不同的展现形式，整个过程中要不断经历生态资源资产化→资本化→可交易化等阶段。

3. 生态产品价值实现："政府 + 市场"路径

在山、水、林、田、湖、草、沙、气、光、景等整体保护、修复、开发的框架下，积极探索和构建政府主导、企业和社会各界全面参与的可持续化"政府 + 市场"开发路径，结合 PPP 等市场融资手段，释放政府资金活力和效率、提高生态保护效益。以完善相应法律法规和制度体系为主，同时加快构建各类市场化交易平台，设立生态资源资产交易所（机构、平台），撬动更多社会资本设立各类生态投资子基金，全面推行市场化生态产品价值实现的投融资模式，确保相关重要生态产品及项目开发得到融资保障。引导企业等社会主体逐步参与到市场化生态产品开发中，并逐渐实现市场化生态产品开发和保护机制从重点行业到全行业覆盖，由单领域向多领域拓展，提高社会资本参与生态产品价值实现的热度和力度，进而形成保护与发展、开发与利用的生态资源优势和高质量绿色发展经济优势双向循环与反哺协同推进的良好氛围模式。政府在对市场化生态产品开发过程中，实行一致、连贯、全面监管的同时，对国家战略性生态资源的保护中起主导作用。（见图3－2）

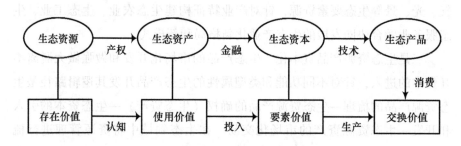

图3－2　人与自然能量流动与价值转换闭环

（三）生态产品价值实现的逻辑旨归

生态系统生产总值（GEP）核算与生态资产评估，不仅可以用来认识和了解一定区域的生态效益和生态价值本底，同时还可以量化一个县、市、省和国家的生态系统对经济社会发展的支撑作用和对人类福祉的贡献程度，评估生态保护的成效，尤其可以作为以提供生态系统产品与服务为主体功能和作用的重点生态功能区保护成效的评估，进而引领重点生态功能区的建设与发展方向。可以说，生态系统生产总值（GEP）的出现填补了评估生态系统为人类福祉和经济社会发展所提供的总价值的空白，将无形的"绿水青山"价值进行有形的具体量化和科学评估。目前，GDP仍然是衡量和比较各国（地区）地经济发展水平的重要指标，经济基础牢固是一个国家（地区）更高质量发展的重要前提基础和必备条件。经济发展与生态保护二者的辩证关系可以说是："离开经济发展讲生态，那是缘木求鱼；离开生态谈发展经济，那是竭泽而渔。"在经济发展与生态保护间找到一个动平衡，统筹做好生态环境保护与经济社会发展协同推进，以生态系统生产总值（GEP）核算为"指挥棒"和"保险栓"，有利于推动GDP、GEP双增长，并促进 GEP 向 GDP 有效转化。通过 GDP 和 GEP 的"双轮驱动"，既重视经济发展，又关注生态保护，努力保证 GDP 和 GEP 双增长，才是有质量的增长，才能真正实现可持续的发展。（见图 3 - 3）

1. 以 GEP 和 GDP 为"双擎混合"动力推动高质量绿色发展

GEP 向 GDP 转化过程中，通过资源变资产、资产变资本，围绕绿水青山蕴含的生态产品实现生态经济化，以生态产品价值实现六大机制为基础，实现产业化推进路径中人才、资本、技术、信息等关键要素的集成和协同高效应用，进而挖掘产业新兴增长极；在产业创新、融合、关联促转化中，构建产业的创新链、产业链、资本链、人才链"四链"协同机制；不断完善生态产品培训和交易机制中，加速推进市场化交易制度、产权、金融、科技、文化等要素支撑辅助作用。GDP 向 GEP 输出过程中，通过建立保护增值机制、完善核算评估和认证体系、构建支撑转化体系，围绕生态的投入、保护、修复、开发与建设，实现经济生态化。通过双循环双转化实现绿水青山向金山银山的转化、增值和变现，金山银山向绿水青山的投入、保护和修复，最终实现良性互动和交替上升。

2. 以 GDP 为"推进器"助力美丽中国点"金"成绿

GEP 概念和理论体系的提出，不仅丰富和提升了对自然生态系统提供服务的核算指标，同时把生态效益纳入经济社会发展评价体系，对于完善和补充评价区域经济社会发展质量具有辅助作用。但是，生态产品价值实现，同时受生态规律和经济规律的影响。绿水青山蕴含丰富的生态产品价值，需要通过产权制度、产业政策、市场建设等多种因素催化，是一项实现资源—资产—资本的转化系统工程。而绿水青山生态资源的资源资产化、资产资本化、资本产品化和产品市场化过程，离不开 GDP 力量的协同支持，生态环境保护的成败归根到底取决于经济结构和经济发展方式。目前，GDP 仍然是衡量和比较各地经济发展水平的重要指标，GDP 核算在国

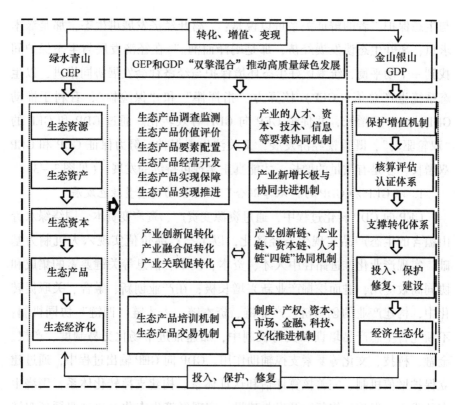

图3-3 GEP与GDP双循环双转化路径

家核算体系中仍然普遍居核心地位，只有经济基础这一地基牢固稳定，才有条件追求更高质量的生态绿色发展。经济发展和生态环境保护作为辩证统一的逻辑关系，二者不可割裂更不能对立，既不能唯GDP论英雄，同时又不能忽略GEP核算的地位与辅助支撑作用，GEP核算为生态系统的服务功能和地位提供了一种新的视角，提供了对GDP核算进行补充、校正、完善的新方法。形象地概括就是，GDP核算的是"金山银山"，而GEP核算的是"绿水青山"，"绿水青山就是金山银山"是不可或缺和相辅相成的。

3. 以GEP为"指挥棒"引导高质量发展点"绿"成金

通过研究GEP和GDP双转化指标体系，将生态系统提供的物质产品、调节服务、文化服务逐一对应到GDP核算中的各个产业中，测算出"绿水青山"贡献的GDP；同时利用财政、投资等数据测算出"金山银山"对

GEP 的反哺。以 GEP 核算为"指挥棒"和"保险栓"，有利于推动 GDP、GEP 双增长，并促进 GEP 向 GDP 有效转化。通过 GDP 和 GEP 的"双引擎"转化驱动，实现经济生态双提升协调运行，进而确保 GDP 和 GEP 双增长，才是有质量的增长，才能真正实现可持续的高质量绿色发展。同时，还可以根据 GDP 与 GEP 两者的增长趋势和关系评估生态文明建设进展，以及人与自然和谐共生的状态与趋势。比如，某个区域或地区的 GDP 指标在逐年增长，但是其区域内的 GEP 指标呈现下降趋势，那么刨除重大生态自然灾害等外力不可控因素影响，在一定程度上可以表明该地区在发展经济的同时对于生态环境具有一定的破坏作用。如果某个区域或地区的 GEP 指标在逐年增长，但是 GDP 指标增长趋缓或呈下降趋势，那么在一定程度上可以表明生态保护限制或影响了当地的经济发展。在生态文明建设新时代背景下，更期望是 GDP 与 GEP 指标"双增长"，即区域内经济社会与生态环境保护实现协同、有机、循环发展，二者是相互促进和共融共生的状态，这也可以作为生态文明建设和绿水青山就是金山银山的评价标准指标之一。

（四）生态产品价值实现的实践遵循

生态产品价值实现的标准模型，我们用"123456"概括，即一个理念、两条路径、三大步骤、四项举措、五种力量、六类机制。

"1"：一个理念，即"绿水青山就是金山银山"理念，即高质量绿色发展理念。

"2"：两条路径，即生态产品价值评估和生态产品价值转化基础上的生态经济化、经济生态化，也可以是"产业生态化，生态产业化"。

"3"：三大步骤，即 GEP 核算出来、生态产品转化出去、生态产品价值可持续可循环的管理。简单说就是，"算出来、转出去、管起来"。

"4"：四项举措，即"政府、企业、公益、公众"四轮驱动。也可理解为 GEP 核算的四方面作用，即为绿水青山定价，为绿色发展定向，为生态补偿定调，为生态产业定位。

"5"：五种力量，即发挥好"制度、产权、资本、科技、文化"五种

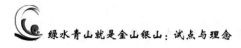

力量。

　　"6"：六类机制，即完善生态产品调查监测机制、完善生态产品价值评价机制、健全生态产品经营开发机制、健全生态产品保护补偿机制、健全生态产品价值实现保障机制、建立生态产品价值实现推进机制。

生态系统生产总值（GEP）核算体系应用

一 定义与内涵

生态系统是指一定空间范围内植物、动物和微生物群落及其非生物环境相互作用形成的功能整体，包括森林、草地、农田、湿地、荒漠、城市、海洋等生态系统类型。而生态系统服务则是人类从生态系统中得到的惠益，包括生态系统物质产品、调节服务、文化服务及支持服务。

生态产品是指在不损害生态系统稳定性和完整性的前提下，生态系统为人类提供的物质和服务产品，如粮食、蔬菜、水果、林产品等物质资源；水源涵养、水土保持、污染物降解、固碳、气候调节等调节服务；以及源于生态系统结构和过程的文学艺术灵感、知识、教育和景观美学等文化服务。

生态系统生产总值（也称生态产品总值，GEP）定义为一定行政区域内各类生态系统在核算期内生态系统为人类福祉和经济社会可持续发展提供的所有产品与货币价值的总和。

二 核算原则

（一）全面性原则

应统筹考虑生态物质产品、生态调节服务和生态文化服务等综合价

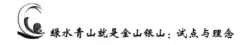

值，反映生态系统为本地以及其他地区的人提供的实际惠益。

（二）整体性原则

应系统核算生态产品价值中环境质量、资源禀赋、生态技术、生态文化等要素的贡献度，确保能够反映各类生态系统的整体功能。

（三）科学性原则

应准确反映生态产品的真实价值，基于人类生态认知、生态消费和科学技术水平合理界定纳入核算的生态产品范围和边界。

（四）统一性原则

同一类型的生态产品应当采用统一的计价标准。不同类型的生态产品之间价值转换时应采用统一的价值核算当量。

（五）可比性原则

同一核算单元同一年度的核算结果应可定量、可重复、可检验，不同年度的核算结果可进行比较分析。同一年度不同核算单元的核算结果可进行对比分析。

三 核算对象

列入核算对象的生态产品应当是进入经济社会领域的最终形态的实际产品，以可交易、可消费、可体验为判断标准。以下产品不应纳入核算范围：

（1）未进入社会经济领域的生态系统服务；

（2）未形成最终形态的过程性产品；

（3）未产生实际收益的潜在产品；

（4）不具有经济稀缺性的产品；

（5）没有可获得性数据的产品；

（6）破坏生态环境或非法利用生态资源生产的产品；

（7）有毒有害以及禁用的产品。

四 核算流程

GEP核算流程包括确定生态评估和核算地域范围，明确生态系统类型、生态产品清单及指导价格，在此基础上对生态产品实物量与价值量进行核算，步骤如下（见图4-1）。

（1）类型确定：通过调查确定核算地域内的生态系统类型（如农田生态系统、草地生态系统、湿地生态系统、森林生态系统等）；通过分析确定不同生态系统的分布状况与面积大小，进而绘制相关生态系统分布状况图。

（2）清单编制：在确定生态系统类型的基础上，开展生态产品种类的调查，对生态产品名录清单编制。生态产品分为物质供给、调节服务和文化服务三大类。生态产品清单见附录1。

（3）价格确定：运用市场价值法、土地租金法、替代市场价值法、旅行费用法等价值评估方法，确定生态产品指导价格，然后对其进行价值量核算。

（4）实物量核算：根据核算时间，选择符合该核算区域特点的实物量核算方法和技术参数，进而核算生态产品的实物量。

（5）价值量核算：在生态产品实物量的基础上，运用市场价值法、土地租金法、替代成本法、旅行费用法等方法核算各类生态产品的货币价值。

（6）根据不同的评估和考核目的，可以核算不同类型的生态产品价值。当评估核算各级行政单元的生态系统对福祉和经济社会发展支撑作用时，可以核算所有三个类型的生态产品价值。

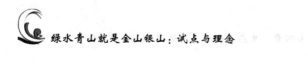

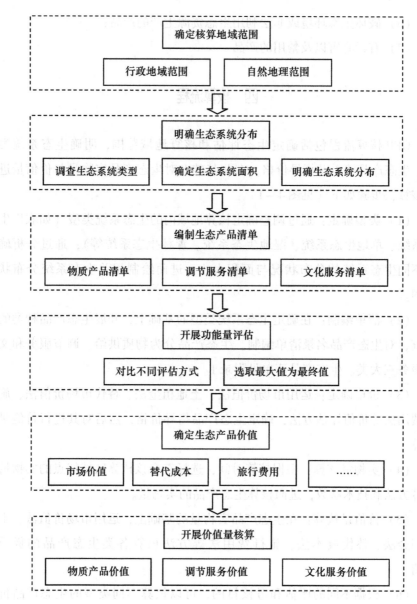

图4-1 生态系统生产总值（GEP）核算流程

五　核算指标

生态系统生产总值核算指标由一级、二级、功能量及价值量指标组成。一级指标由三项构成，具体为物质供给、调节服务、文化服务。

物质供给：态系统为人类提供并被使用的物质产品，如野生食品、纤维、淡水、燃料、中草药、农业产品、林业产品、渔业产品、畜牧业产品、各类生态能源及各种原材料等生物质产品。

调节服务：生态系统为维持或改善人类生存环境提供的惠益，如水源涵养、土壤保持、防风固沙、海岸带防护、洪水调蓄、空气净化、水质净化、固碳、局部气候调节、噪声消减等。

文化服务：主要包括旅游休憩和景观价值等。比如，民宿的改造、旅游业中的自然教育、美学生活体验等。

六　核算数据

（1）生态产品价值核算的数据包括统计数据、调查数据和测量数据。

（2）统计数据来自相关行业主管部门的日常业务监测数据和资源清查数据。

（3）调查数据来自对核算区域的实地调查。

（4）测量数据来自对核算区域的实际测量。

七　核算内容及方法

（一）物质产品核算

物质产品是指在不损坏自然生态系统稳定性和完整性的前提下，人类通过直接利用或转化利用等方式从自然生态系统获得的食物、药材、木材、水电等各种物质资源。

物质产品的实物量的核算采用统计、调查的方法。直接利用的物质产

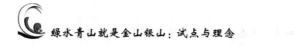

品实物量用产量作为评估指标，首先统计从自然生态系统获取的各类物质产品的产量，然后进行加总。转化利用的物质产品实物量用可再生能源产量或使用量作为评估指标，首先分别统计各类可再生能源产量或使用量，然后进行加总。

物质产品价值量为各类物质产品的货币价值量之和，运用市场价值法确定生态产品指导价格，然后对其进行价值量核算。可再生能源数据来源于省电力公司，为当年县域范围内水电发电量。（具体核算方法和公式详见 GEP 核算标准，具体数据来源详见附件 2。）

（二）调节服务核算

1. 水源涵养

（1）水源涵养核算内容

水源涵养是指在一定时空范围内，生态系统通过林冠层、枯落物层和土壤层、湖泊、水库水体等对降水进行截留、下渗以及贮存等过程，将水分充分保持在系统中的过程和能力，不仅满足系统内部对水源的需求，并且可以向外部及中下游地区提供水资源。从表现形式来看，水源涵养主要有水源供给、调节径流、拦蓄洪水、净化水质、水土保持和调节局地气温等。

水源涵养的能力因生态系统类型不同而不同（如森林、灌丛、草地等不同生态系统类型水源涵养能力均不同），水源涵养服务功能（它同时满足生态系统外部和内部对水源的需求）在生态系统服务功能中占有至关重要的地位。通过对不同区域水源涵养功能的研究，可以准确地认识该区域的生态系统类型与该区域水源涵养的关系，进而可以确定水源涵养重要保护区域，通过进一步研究探索该区域生态系统水源涵养变化的驱动因素，可为下一步促进该区域的生态系统管理与保护提供理论依据。

（2）水源涵养核算方法和数据来源

水源涵养通过水量平衡法来进行核算，是遵循质量守恒的定律即降水输入量等于输出水量和系统内蓄水量，与水源涵养内涵最为匹配，时空尺度适用性较强，是目前应用最广的方法。更好地刻画水源涵养空间分布格局，并为后续相关部门维持并提升水源涵养服务提供更翔实的数据支撑，该部分核算重点采用空间数据。其中，所用降雨量和蒸发量数据从省气象局获取；地表径流量数据采用径流系数法计算，所用参数来自中国科学院；各类生态系统（包括森林、灌丛、草地、农田等）的空间分布数据是通过省自然资源厅提供的土地利用数据进行相应转换获得。

2. 土壤保持

（1）土壤保持核算内容

土壤保持作为一项重要的生态系统调节服务，是防止区域土地退化、降低洪涝灾害风险的重要保障，是生态系统一项重要的调节服务功能，对防止区域水土流失与防风固沙有重要意义。生态系统通过根系、枯落物层、林冠层等各层次来减少雨水对土壤的侵蚀，提升土壤的抗蚀性，使土壤流失减少、起到保持土壤的作用；进而减少河流、湖泊和水库的泥沙淤积，降低洪灾、干旱的风险。

（2）土壤保持核算方法和数据来源

土壤保持量即没有地表植被覆盖情形下可能发生的土壤侵蚀量与当前地表植被覆盖情形下的土壤侵蚀量的差值，将其作为评估指标。采用水土流失方程进行评价，该水土流失方程包含了 5 个相关因子（土壤可蚀性、坡长因子、降雨侵蚀力、坡度和植被覆盖因子）等。该指标的实物量是采用替代成本法进行评估，用水库清淤工程费来评价对土壤保持的价值。

其中，土壤可蚀性因子、降雨侵蚀力因子、坡长因子、坡度因子由省水利厅提供；植被覆盖因了参数参考中国科学院和生态环境部联合发布的《全国生态环境十年变化（2000—2010）遥感调查与评估》，植被覆盖度的计算采用 MODIS 遥感影像，通过包括滤波、合成等一系列影像处理分析运算获得。

3. 洪水调蓄

（1）洪水调蓄核算内容

自然生态系统能吸纳大量降水和过境水，消减并滞后洪峰，对缓解汛期洪峰造成的威胁和损失起到重要作用。塘坝、湖泊、水库等湿地生态系统也具有泄洪、削减洪峰、蓄洪的作用，对预防与减轻洪水的危害也有重要作用。

（2）洪水调蓄核算方法和数据来源

年降雨量大于400毫米的湿润区和亚湿润区是中国洪水多发地区，而干旱区、亚干旱区和极干旱区由于降雨量少，基本没有洪水威胁，故仅评估位于湿润区和半湿润区自然生态系统的洪水调蓄量。浙江所有市县年降雨量都大于400毫米，均在评估范围内。具体而言，用洪水调蓄量（森林、灌丛、草地和湖泊）和洪水滞水量（沼泽）表征生态系统的洪水调蓄实物量，并作为生态系统洪水调蓄功能的评价指标。其中，森林、灌丛、草地的洪水调蓄量利用暴雨降雨量等数据计算得到；湖泊的洪水调蓄量根据《中国湖泊志》中东部平原湖区的经验公式计算得出，水库洪水调蓄量（即防洪库容）由省水利厅提供；洪水调蓄量是通过沼泽地表滞水量和沼泽土壤蓄水量计算求得。价值核算则是核算减少洪水威胁的经济价值，采用影子工程法来核算洪水调蓄价值。

其中，所用气象数据由省气象局提供；暴雨径流量数据采用径流系数法计算；水库洪水调蓄量由省水利厅提供；各类生态系统（包括森林、灌丛、草地、湖泊等）的空间分布数据是通过省自然资源厅提供的土地利用数据进行相应转换获得。

4. 水环境净化

（1）水环境净化核算内容

水环境净化核算内容主要为进入该系统中的各类污染物（如COD、氨氮、总磷等）。水环境净化功能是湿地生态系统通过生化和物理等一系列过程，对进入该系统中的各类污染物进行生物吸收、转化和吸附等作用，使进入该系统污染物浓度降低，进而使得该区域的生态系统服务功能完全或部分恢复到原始状态的功能。水环境净化价值指使该区域污染物质浓度降低进而产生的生态效应价值。

（2）水环境净化核算方法和数据来源

选用水体污染物净化量作为评估指标。在价值核算方面，采用市场价值法，通过排污权交易价格来评估水体污染物净化价值。

水环境净化实物量的核算需区分污染物排放量是否超过环境容量。首先，根据GEP核算标准，确定采用饮用水源地最低标准即Ⅲ类水标准作为水环境容量。当该区域的污染物排放量小于环境容量，净化量＝排放量－随水输送出境的污染物量，即认为排放的污染物均被该水域生态系统吸收净化。而污染物排放量大于环境容量，则采用生态系统自净能力的方法来评估。其次，根据 GEP 核算标准，选取 COD、氨氮、总磷共 3 类指标进行定量化评估。根据县生态环境部门监测数据，2019 年莲都区出境断面水质优于Ⅲ类水标准，即水环境污染物排放量不超过环境容量，因此采用水环境污染物排放量作为水环境净化量。COD、氨氮、总磷的年度排放量数据由省生态环境厅提供。

5. 空气净化

（1）空气净化核算内容

空气净化功能是指自然生态系统中绿色植物通过吸收空气中的有害物质，在体内通过一系列过程转化为无毒物质；同时利用自身特殊的生理结构，可以对空气粉尘起到吸附、阻滞和过滤作用，进而使空气净化，大气环境改善。核算的内容主要为生态系统过滤、阻隔、吸收和分解空气中工业粉尘、氮氧化物和二氧化硫实物量。

（2）空气净化核算方法和数据来源

选用大气污染物净化量作为评估指标。在价值核算方面，采用市场价值法，通过排污权交易价格来评估水体污染物净化价值。

空气净化的核算需要区分污染物排放量是否超过环境容量。首先，根据 GEP 核算标准，确定大气环境容量标准为国家二级标准。当大气环境中的污染物排放量超过该区域的环境容量时，采用生态系统自净能力来评估；当大气环境中的污染物排放量没超过该区域的环境容量时，则采用大气污染物实际排放量进行评估，即排放到大气环境中的污染物均被该区域的生态系统吸收净化。其次，生态系统空气净化服务功能，是以生态系统吸收工业粉尘、氮氧化物、二氧化硫 3 个指标核算生态系统大气净化的能力。工业粉尘、二氧化硫、氮氧化物的年度排放量数据由省生态环境厅提供。

6. 固碳

（1）固碳核算内容

生态系统中的绿色植物通过光合和呼吸作用与大气交换 O_2 和 CO_2，对

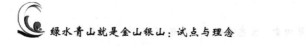

大气中 O_2 和 CO_2 的动态平衡起着重要的作用。固碳功能指生态系统中的绿色植物通过吸收二氧化碳，合成碳水化合物，以有机碳的形式固定在土壤中或植物体内，对平衡和维护大气中二氧化碳和氧气的稳定意义重大；固碳功能能有效减缓大气中 CO_2 浓度升高，减弱温室效应，改善空气环境，对全球气候的平衡也意义重大。植物固碳采用生态系统净生产力（NEP）方法计算，从 NEP 物质量可以测出固碳量，以 NPP（净初级生产力）为基础，根据光合作用方程式，每生产千克干物质能固定 1.63 千克 CO_2。

（2）固碳核算方法和数据来源

选用二氧化碳固定量作为生态系统固碳功能的评估指标。具体可采用净生态系统生产力（NEP）方法进行核算。NEP 是定量分析生态系统碳源/汇的重要科学指标，NEP 可由净初级生产力（NPP）减去异氧呼吸消耗得到，或根据 NPP 与 NEP 的相关转换系数换算得到，然后测算出陆地生态系统固定二氧化碳的质量。核算中，通过采用 NPP 与 NEP 的相关转换系数，最终计算得到二氧化碳固定量。在价值核算方面，核算采用市场价值法（碳交易市场价格）来核算生态系统固碳的经济价值。

其中，NPP 数据采用 MODIS 遥感影像，通过合成等一系列影像处理分析运算获得；NPP 与 NEP 转换系数来自中国科学院；各类生态系统（包括森林、灌丛、草地等）的空间分布数据是通过省自然资源厅提供的土地利用数据进行相应转换获得。

7. 释氧

（1）释氧核算内容

生态系统的释氧功能指植物在光合作用过程中，释放出氧气的功能。这种功能对于维护大气中氧气的稳定，改善人居环境具有重要意义。选用释氧量作为生态系统释氧功能的评价指标。

（2）释氧核算方法和数据来源

根据光合作用化学方程式可知，植物每生产吸收 1 摩尔 CO_2，就会释放 1 摩尔氧气。释氧实物量可以根据生态系统固碳量来核算，NEP 可由净初级生产力（NPP）减去异氧呼吸消耗得到，或根据 NPP 与 NEP 的相关转换系数获得，然后测算出生态系统释放氧气的质量。核算中，通过采用 NPP

与 NEP 的相关转换系数，最终计算得到氧气释放量。在价值核算方面，核算采用市场价值法（即医用氧气价格）核算生态系统提供氧气的价值。

所用数据与固碳相同，即 NPP 数据采用 MODIS 遥感影像，通过合成等一系列影像处理分析运算获得；NPP 与 NEP 转换系数来自中国科学院；各类生态系统（包括森林、灌丛、草地等）的空间分布数据是通过省自然资源厅提供的土地利用数据进行相应转换获得。

8. 气候调节

（1）气候核算内容

气候调节指在生态系统通过水面蒸发、植被蒸腾吸热，降低该区域气温、增加该区域的湿度，进而改善该区域的生态环境和人们环境舒适度。自然生态系统对区域性气候有直接调节作用，主要通过植物根系吸收水分，再通过蒸腾作用将水分散失到空气中；大面积的蒸腾作用，可导致降雨，又返还给大地，补充了该区域损失的水分，同时该区域的气温也得以降低。

（2）气候核算方法和数据来源

生态系统气候调节功能是植被通过蒸腾作用和水面蒸发过程使大气温度降低、湿度增加产生的经济效益，核算中主要核算森林、灌丛、草地蒸腾消耗的能量和水面蒸发降温增湿消耗的能量。关于植被蒸腾消耗能量，据测算，1 公顷绿地夏季在周围环境中可吸收 81.1×10^3 千焦的热量，全县绿地面积按森林和草地面积之和计算，根据达到同样效果用电量和电价可计算相应的价值量。关于水面蒸发消耗能量，根据县域全年平均蒸发量、全县水面面积和蒸发相同的水量所需的电量计算水汽蒸发产生的价值。

选用生态系统蒸腾蒸发消耗的能量作为评估指标。在价值核算方面，运用替代成本法（即人工降温增湿所需要的耗电量）来核算森林、草地蒸腾降温增湿和水面蒸发降温增湿的经济价值。

其中，所用气象数据由省气象局提供，各类生态系统（包括森林、灌丛、草地、湿地）的空间分布数据是通过省自然资源厅提供的土地利用数据进行相应转换获得，相关参数来自中国科学院。

（三）文化服务核算

1. 文化服务核算内容

文化服务核算内容主要为生态旅游，即自然生态系统以及与其共生的历史文化遗存能对人类知识获取、休闲娱乐等方面带来非物质惠益。

2. 文化服务核算方法和数据来源

生态系统文化服务价值量核算主要采用 A 级以上生态景区旅游人次、人均旅游消费水平等数据，数据均来自省文化和旅游厅。

八　核算目的

（一）为绿水青山定价

通过对不同区域生态产品总值（GEP）的核算，可以评估森林、荒漠、草原、海洋、湿地、农田等生态系统的生产总值，从而反映生态系统的运行状况。GEP 客观地反映该区域生态系统的运行状况，GEP 核算有助于增加对特殊生态屏障区的生态系统在气候调节、水源涵养、大气净化、土壤保持、释氧固碳、生物多样性保护等调节服务方面的巨大价值和贡献的认识。

（二）为绿色发展定向

传统的 GDP 统计没有把自然资源消耗枯竭和生态环境质量下降等问题带来的治污和生态恢复费用计入其中。习近平总书记提出了"绿水青山就是金山银山"的科学论断，不能简单地"以 GDP 增长率来论英雄"，也强调了把改善民生、社会进步、生态效益等作为考核干部政绩和考虑干部升迁的重要指标。生态产品总值（GEP）核算有助于引领正确的发展导向，树立正确的政绩观和科学的发展观，坚持绿色发展观，做到经济与生态共赢，"金山银山"与"绿水青山"共存。

（三）为生态补偿定调

生态补偿是为了更好地保护生态环境，更好地促进人与自然的和谐共存，更好地促进不同区域之间及上下游之间协同发展。依据生态环境保护成本及生态系统服务价值等因素，运用行政、法律和市场等综合手段，让保护生态环境者得到收益、让受益者付费、破坏者赔偿。进而实现生态保护外部性的内部化。中国目前生态补偿主要以政府补偿为主，市场补偿较少；纵向补偿为主，横向补偿（流域上下游之间、区域之间补偿）较少；补偿单一，且没有统一补偿标准等问题。GEP 核算将有助于对各地区的生态系统服务价值进行科学合理评估，有助于为海洋、湿地、草原、森林等不同生态系统类型进行生态补偿实施提供细则，为纵横向生态补偿提供理论支撑，为进一步实行生态补偿的市场化机制、构建环境资源产权交易平台、实现生态资产价值的最大化提供科学依据。

（四）为生态产业定位

自然资源禀赋和经济发展现状因不同地域而不同，加强各区域 GEP 的核算，有助于根据各区域的资源禀赋、生态环境承载力，因地制宜、因时制宜、科学地制定发展政策，选择适合该区域发展的路径和模式，发展特色产业，坚决摒弃"先污染后治理"的老路，推进共享发展。真正走出一条"生态美、百姓富"的道路。

九　核算应用

核算结果可应用于生态系统功能评估、生态环境保护、生态资源管理、绿色产业发展和生态市场监管等领域。

核算应用包括但不限于以下范围：

（1）生态补偿标准制定；

（2）公共生态产品政府采购；

（3）环境权益配额交易；

（4）生态资源资产产权交易；

（5）领导干部自然资源资产离任审计；

（6）生态文明绩效考核。

第五章

生态产品价值实现：丽水探索实践

一 生态产品价值实现试点概况

（一）丽水市基本概况

丽水市地处浙江省西南部，古称处州。据明代《名胜志》记载，"隋开皇九年，处士星见于分野，因置处州"。丽水市域面积1.73万平方公里，是浙江省内陆域面积最大的地级市（约占全国的1/600，浙江省的1/6），下辖9个县（市、区）（莲都区、龙泉市、青田、云和、庆元、缙云、遂昌、松阳、景宁县），总人口270万左右。丽水和杭州的高铁车程为1.5小时，和上海的高铁车程为2.5小时。

2022年，丽水市生产总值（GDP）为1830.87亿元，按可比价格计算，比上年同期增长4.0%，增速比前三季度提高0.3个百分点，高于全国（3.0%）、全省（3.1%）。分产业看，第一产业增加值117.71亿元，增长4.4%，拉动GDP增长0.3个百分点；第二产业增加值705.91亿元，增长4.3%，拉动GDP增长1.6个百分点；第三产业增加值1007.25亿元，增长3.9%，拉动GDP增长2.1个百分点。三次产业增加值占GDP的比重分别为6.4%、38.6%和55.0%。

2022年，丽水市全体居民人均可支配收入达到44450元，比全国（36883元）高出20.52%。其中，农民年人均可支配收入达到28470元，同比增长7.9%，比全国（20133元）高出41.41%，增幅位居浙江省第一，顺利实现全省"十四连冠"。丽水市城乡居民收入倍差持续缩小，由

2000 年的 3.07：1 减少为 2022 年的 1.96：1，由高出全国城乡收入倍差 0.33，转变为连续 8 年比全国城乡收入倍差低 0.48 以上。与此同时，环境质量持续领先，跨行政区域河流交接断面水质、市控以上地表水断面水质、县级以上集中式饮用水水源地水质达标率均为 100%。市区空气质量优良率（AQI）为 98.9%，较 2021 年同期上升 0.8 个百分点，排名全省第一，环境空气质量在全国 168 个城市中排名第七。

1. 自然资源环境

丽水市位于东经 118°41′—120°26′，北纬 27°25′—28°57′之间，其东南与温州市接壤，西南与福建省南平市、宁德市毗邻，西北与衢州市相接，北部与金华市交界，东北与台州市相连，全市 90% 以上的辖区面积是山地，素有"九山半水半分田"之称。地貌以丘陵、中山为主，峡谷众多，间以狭长的山间盆地为基本特征。地势上大致由西南向东北倾斜，西南部以中山为主，有低山、丘陵和山间谷地；东北部以低山为主，间有中山及河谷盆地。境内海拔 1000 米以上的山峰有 3573 座，1500 米以上的山峰 244 座，素有"浙江绿谷""华东生态屏障""中国生态第一市""中国长寿之乡"等美誉。

丽水市属中亚热带季风气候，四季分明，温暖湿润，雨量充沛，无霜期长，具有典型的山地气候。年平均气温 18.2—19.6 摄氏度，无霜期有 246—274 天，年雨日 154—186 天，年降雨量 1309.9—1970.5 毫米，年日照时数 1102.3—1759.6 小时，年总辐射量 102.1—110.0 光照度。全市常年主导风向为东北偏东风，年平均风速在 0.8—2.2 米/秒。丽水市为气象灾害频发区，灾害种类多，易发生洪涝、山体滑坡、森林火灾等次生或衍生灾害。

丽水市区域内有瓯江、钱塘江、飞云江、椒江、闽江、赛江，被称为"六江之源"。溪流与山脉走向平行。仙霞岭山脉是瓯江水系与钱塘江水系的分水岭，洞宫山山脉是瓯江水系与闽江、飞云江和赛江的分水岭，括苍山山脉是瓯江水系与椒江水系的分水岭。两岸地形陡峻，江、溪源短流急，河床割切较深，水位受雨水影响暴涨暴落，属山溪性河流。瓯江发源于庆元县、龙泉市交界的洞宫山锅帽尖西北麓，自西向东蜿蜒过境，干流长 388 千米，境内长 316 千米，流域面积 12985.47 平方公里，占全市总面积的 78%，是全市第一大江。

2. 市情市貌简况

浙江丽水市的市情可以用"老、少、洋、富"四个字来进行简要概况。

"老"——丽水是历经革命洗礼的红色热土。丽水是浙江省唯一所有县（市、区）都是革命老根据地的地级市。1927 年 1 月建立了中国共产党在浙西南的第一个组织——中共遂昌支部。1935 年中国工农红军挺进师在丽水创建浙江省第一块革命根据地——浙西南革命根据地。抗战时期，丽水一度是中共浙江省委机关驻地。解放战争时期，丽水是浙江三大革命根据地之一。周恩来、刘英、粟裕等革命领导人都在丽水留下战斗足迹。长期的革命斗争在丽水留下了 465 处党史胜迹。

"少"——丽水拥有全国唯一的畲族自治县和华东地区唯一的民族自治县。"七普"数据显示，2020 年全市现有少数民族 44 个，少数民族人口共 10.87 万人，其中畲族 72214 人；景宁少数民族自治县，畲族人口达 14254 人，占该县总人口的 12.84%。景宁是别具风情的中国畲乡，畲族歌舞、服饰、语言、习俗、医药等传统文化传承和发展良好，畲族民歌、畲族三月三、畲族婚俗被列入国家非遗，"中国畲乡三月三"被评为"最具特色民族节庆"。景宁是忠勇担当的红色畲乡，"忠勇王"的故事激励着一代又一代的畲家儿女，曾志等老同志对畲族群众的革命贡献给予高度评价。习近平总书记曾说：畲族有很好的革命传统，在整个大革命时期，畲族没有出过一个叛徒，这是很了不起的事情。

"洋"——丽水是东海岸时尚浪漫侨乡。丽水是全国重点侨乡，有 41.5 万华侨华人遍布世界 130 多个国家和地区。全市外汇结算资金 80% 为侨资，外汇结汇每年达 20 亿美元。其中，青田县被誉为离欧洲最近的县城，建成有"世界红酒中心"，拥有进口红酒品牌近千个、葡萄酒种类 2 万余款。建成了"中国咖啡文化小镇"，据统计，青田人每日需要消费 10000 杯咖啡，大约消耗咖啡豆 150 千克，青田年人均咖啡消费量超 70 杯（平均每周一杯咖啡），远远高于全国年人均 4 杯的平均水平。

"富"——丽水是生态资源富集、文化遗存丰富、人民生活富裕、精神富有的文明之城。一是生态资源富集，丽水不仅是"浙江绿谷"，也是华东地区重要生态屏障，有着无与伦比的生态优势，全市森林覆盖率高达81.7%，素有"中国生态第一市"的美誉。水和空气质量常年居浙江省前列，是全国空气质量十佳城市中唯一的非沿海、低海拔城市。生态环境状况指数连续19年位列浙江省第一，生态环境公众满意度连续15年位居全省前列，是首批国家生态文明先行示范区、国家森林城市、中国气候养生之乡、中国天然氧吧城市。丽水是华东地区重要的生态屏障，名副其实的动植物摇篮、绿色基因库。目前已知的植物有3546种，其中国家重点保护野生植物有378种，比如全球仅存3棵的被称为"植物活化石"（第四纪冰川时期）的——百山祖冷杉。现有野生动物2618种，总数约占浙江省的2/3。同时，还是世界人工栽培香菇的发祥地。全市共有旅游资源单体2365个，其中优良级353个，已创成22家4A级景区，缙云仙都景区成功创建国家5A级旅游景区。2002年11月，习近平总书记第一次来到丽水，由衷赞叹"秀山丽水、天生丽质"。

文化遗存丰富：丽水是浙江省历史文化名城、中国地级市第一个民间艺术之乡，历史文化遗存丰富。蜚声中外的龙泉青瓷、龙泉宝剑、青田石雕被誉为"丽水三宝"。拥有龙泉青瓷、丽水木拱廊桥、遂昌班春劝农三项联合国人类非物质文化遗产，18项国家级非物质文化遗产；全世界最古老拱形水坝、世界排灌工程遗产——通济堰、华东地区古村落数量最多、风貌最完整的地区均坐落在丽水市内，被国家地理杂志评为"江南的最后秘境"。丽水历代名人辈出，有宋代著名诗人叶绍翁、明代开国功臣刘基、近代救国会"七君子"之一的章乃器、国民党政要陈诚、新中国第二位女副总理陈慕华等。明代汤显祖曾任遂昌县令，在此期间创作了中国文学史上脍炙人口的《牡丹亭》，被誉为"东方的莎士比亚"。

人民生活富裕、精神富有：2021年，丽水市城镇和农村居民收入分别为53259元、26386元，城乡居民人均可支配收入比值为2.02。城乡居民收入均跻身全国地级市前40位，在20个革命老区重点城市中均位居第一。农村居民收入增幅连续13年位居浙江省第一，低收入农户收入增幅连续6

年位居浙江省第一。其中，青田是浙江人均存款最多县（浙江人均存款十强县排名：青田、义乌、永康、海宁、文成、桐乡、东阳、慈溪、嘉善、海盐），人均存款高达15.27万元，是浙江唯一人均存款突破15万元的县（比第二名的义乌高1.76万元）。同时，"忠诚使命、求是挺进、植根人民"的伟大浙西南革命精神深深融入丽水大地，流淌在广大丽水人民的血脉中，使丽水不仅有绿色生态环境的"接天莲叶无穷碧"，更有红色革命精神的"映日荷花别样红"。

（二）丽水市生态文明建设进程

2003年，明确提出以"生态立市、工业强市、绿色兴市"为发展战略。

2008年，在全国率先发布《丽水市生态文明建设纲要》，提出要把丽水建设成为"全国生态文明建设先行区和示范区"。

2009年，研究并制定《丽水市生态文明指标体系及考核办法》，要求各县（市、区）对辖区内的生态文明发展指标负总责，"天蓝不蓝""水清不清"，成为在发展的同时首先考虑的大事。

2012年，提出"绿色崛起、科学跨越"战略总要求。

2013年，丽水市委三届六次全会提出坚定不移走"绿水青山就是金山银山"的绿色生态发展之路，打造全国生态保护和生态经济发展"双示范区"。至此"绿水青山就是金山银山"被确定为全市唯一的战略指导思想。

2014年，丽水成为首批国家生态文明先行示范区、第二批全国水生态文明城市建设试点市。

2016年，丽水市委三届十一次全会做出了《中共丽水市委关于补短板、增后劲，推动"绿色发展、科学赶超、生态惠民"的决定》，推动丽水生态文明建设站上了一个新的起点。

（三）试点背景及由来

丽水是习近平总书记"绿水青山就是金山银山"理念的重要萌发地和先行实践地。习近平总书记在浙江工作期间，曾8次深入丽水调研，每次都特别强调生态文明建设，特别是在2006年7月29日，总书记特别嘱托丽水："绿水青山就是金山银山，对丽水来说尤为如此。"建立生态产品价值实现机制，是践行"绿水青山就是金山银山"发展理念的关键路径。自此之后，丽水始终坚持"绿水青山就是金山银山"的施政理念，并以"八八战略"为统领，持续推进"绿水青山就是金山银山"理念的探索与实践，充分发挥生态优势，在绿色发展道路上取得了显著的成绩。

2016年1月，习近平总书记在重庆第一次长江经济带座谈会发表讲话，提出要将生态环境保护摆在"压倒性"位置。

2017年，中共中央、国务院印发了《关于完善主体功能区战略和制度的若干意见》（中发〔2017〕27号），在浙江、江西、贵州、青海四个省开展生态产品价值实现机制试点，丽水抓住了这个机遇。

2018年4月26日，习近平总书记在深入推动长江经济带发展座谈会上做出"丽水之赞"：浙江丽水市多年来坚持走绿色发展道路，坚定不移保护绿水青山这个"金饭碗"，努力把绿水青山蕴含的生态产品价值转化为金山银山，生态环境质量、发展进程指数、农民收入增幅多年位居全省第一，实现了生态文明建设、脱贫攻坚、乡村振兴协同推进。

2019年1月12日，推动长江经济带发展领导小组办公室正式印发《关于支持浙江丽水开展生态产品价值实现机制试点的意见》，批复丽水为全国首个生态产品价值实现机制试点市。

2019年2月13日，全市"绿水青山就是金山银山"发展大会召开，全面奏响"丽水之干"最强音，加快高质量绿色发展，科学谋划和奋力书写践行"绿水青山就是金山银山"理念的时代答卷。

2019年3月15日，浙江省政府办公厅印发了《浙江（丽水）生态产品价值实现机制试点方案》，丽水试点建设工作就正式步入全面实施阶段。这是丽水实现高质量绿色发展的重大历史使命和机遇，既是一项极富创性的工作，也是一项极具挑战性的工作。

2020年，丽水出台全国首个山区市《生态产品价值核算指南》地方标准，印发《关于促进GEP核算成果应用的实施意见》。

2021年5月25日，全国生态产品价值实现机制试点示范现场会在丽水召开，总结推广"丽水经验"，丽水阶段性完成了国家试点任务。成果和经验在中央深改委第十八次会议上得到全面肯定，被中办、国办《关于建立健全生态产品价值实现机制的意见》充分吸收。国家发改委在现场会上推广"丽水经验"，并明确支持丽水建设生态产品价值实现机制示范区。

2021年7月30日，市委四届十次全体（扩大）会议做出《中共丽水市委关于全面推进生态产品价值实现机制示范区建设的决定》，推动生态产品价值实现机制改革从先行试点迈向先验示范。

国家大力推进生态产品价值实现机制试点，主要有三个方面的考虑。

一是生态产品价值实现机制改革是破解社会主要矛盾发展变化的需要。党的十九大报告提出，现阶段中国社会的主要矛盾是人民日益增长的美好生活需要和不平衡不充分的发展之间的矛盾。可以说，经过改革开放40多年来的深刻变革，社会矛盾发生了深刻变化。一方面，人民对良好生态环境的诉求不断升级，良好生态环境日益成了"稀缺产品"。另一方面，中国不少地方既是贫困地区，又是重点生态功能区或自然保护区，还是少数民族群众聚居区。有着清新的空气、清洁的水源、宜人的气候、安全的食品等稀缺的生态产品。我们要通过生态产品价值实现机制改革，提供更多优质生态产品以满足人民日益增长的优美生态环境需要。

二是生态产品价值实现机制改革是贯彻落实"绿水青山就是金山银山"发展理念内涵的需要。"绿水青山就是金山银山"的内涵丰富、思想深刻、生动形象、意境深远，是习近平生态文明思想的核心内容。2005年8月15日，时任浙江省委书记习近平来到浙江余村进行调研，明确提出既要绿水青山，也要金山银山，实际上绿水青山就是金山银山的理念。到2006年3月23日，习近平在《浙江日报》头版"之江新语"专栏刊发《从"两座山"看生态环境》一文中指出，在实践中对绿水青山与金山银山这"两座山"之间关系的认识经过了三个阶段（第一个阶段是用绿水青山去换金山银山。第二个阶段是既要金山银山，也要保住绿水青山。第三个阶段是绿水青山就是金山银山）。

三是生态产品价值实现机制是协同落实生态文明建设、脱贫攻坚、乡村振兴战略的关键举措。总书记的丽水之赞，重点强调了3个指标：生态环境质量、发展进程指数和农民收入增幅，这说明总书记希望通过生态产品价值实现机制改革，实现生态文明、脱贫攻坚和乡村振兴的协同推进。目前，绿色发展地区往往都是山区，也是欠发达地区，是提供生态产品为主体功能区的地区，既要保护好绿水青山，又要打好脱贫攻坚战，深入实施乡村振兴战略，这些地方面临环境保护和经济发展的双重压力。所以，我们需要通过生态产品价值实现机制改革，加大财政转移支付的力度，把这些地区的生态优势转化为经济优势，增强自我"造血"功能和自身发展能力，这既是生态文明建设、脱贫攻坚、乡村振兴战略的结合点、转换点，也是大家普遍的共识和深切感受。

为什么是在长江经济带上专门提出并点赞丽水？长江是中华民族的母亲河，是中华民族发展的重要支撑，如果没有这条江就没有中华民族。而长江经济带经济涉及整条流域的 11 个省市，2019 年地区生产总值 45.7 万亿元，长江经济带集聚的人口和创造的地区生产总值均占全国的 40% 以上，进出口总额约占全国的 40%，是中国经济中心所在、活力所在。可见，推动长江经济带发展是党中央做出的重大决策，是关系国家发展全局的重大战略，对实现"两个一百年"奋斗目标、实现中华民族伟大复兴的中国梦具有重要意义。但这条江已经污染了，中宣部、生态环境部联合暗访拍摄的长江经济带生态环境警示片可谓触目惊心，哪里还像是条河流。所以总书记说，长江病了，而且病得还不轻。据史料记载，长江在唐朝时，还是非常清澈的，到了宋朝时，开始变浑，现在污水有 300 亿吨，远远超过了自身的净化能力。现在流域生态功能退化依然严重，长江"双肾"洞庭湖、鄱阳湖频频干旱见底，接近 30% 的重要湖库仍处于富营养状态，长江生物完整性指数到了最差的"无鱼"等级。习近平总书记忧心忡忡，为了母亲河的健康发展，前后主持召开了两次会议。

第一次会议是 2016 年 1 月，总书记在重庆召开第一次长江经济带座谈会。总书记提出要把修复长江生态环境摆在压倒性位置，共抓大保护、不搞大开发，探索出一条生态优先、绿色发展新路子。

第二次会议是 2018 年 4 月 26 日在武汉召开。总书记在讲到推动长江经济带发展需要正确把握的几个关系的第二个"要正确把握生态环境保护和经济发展的关系"时，又批评了长江经济带的一些省市，搞大开发不搞大保护，以牺牲环境为代价发展经济。总书记反复提倡"绿水青山就是金山银山"，但在很多城市得不到真正落实，有很多城市只是停留在口号上的，比如祁连山事件、秦岭别墅事件的发生其实都是对"绿水青山就是金山银山"理念的违背。在这次会议上，总书记在批评其他地方以牺牲环境为代价发展经济时，话锋一转，又点赞了丽水坚持生态优先、绿色发展之路所取得的成效，并要求积极探索推广将绿水青山转化为金山银山的路径，选择具备条件的地区开展生态产品价值实现机制试点，探索政府主导、企业和社会各界参与、市场化运作、可持续的生态产品价值实现路径，把生态产品的价值真正地发挥出来。

生态产品价值机制这件事情对丽水来说，意义太重大了，总书记现在很多地方都去讲绿水青山就是金山银山，到了黑龙江讲冰天雪地也是金山银山，到了中西部地区也讲沙漠戈壁也是金山银山，这说明了一个道理，就是大自然是蕴含丰富的生态价值的，发展经济不能对资源和生态环境竭泽而渔，生态环境保护也不是舍弃经济发展而缘木求鱼，要坚持在发展中保护、在保护中发展，实现经济社会发展与人口、资源、环境相协调，使绿水青山产生巨大生态效益、经济效益、社会效益。总书记在其他地方讲绿水青山就是金山银山，但唯独对一个地方讲"尤为如此"，习近平总书记在武汉会议上的表扬，就是对丽水坚持"绿水青山就是金山银山"发展理念，走绿色发展道路的高度肯定。

"绿水青山就是金山银山"，看似矛盾，其实是辩证统一的，两者之间可以相互转化。其中，生态产品价值实现机制就是转化的桥梁和纽带，马克思主义政治经济学是发现了剩余价值，揭示了资本家剥削工人劳动剩余价值的秘密。而"绿水青山就是金山银山"理念和生态文明思想是发现并完善了生态产品价值，揭示了自然生态系统中蕴含的生态产品价值，这一价值更是需要通过生态产品价值实现机制改革让政府、市场和社会大众充分认可并接受，从而使生态产品的价值能更多、更好、更直接地转化为经济价值。丽水的试点，更是总书记亲自谋划、亲自推动、亲自点题的试点，使命重大。

（四）主要做法及现实举措

1. **构建生态资产保护体系，厚植强化生态基础**

在生态标准方面，全力争创百山祖国家公园并成功纳入国家公园试点序列。以国家公园的理念和标准，全域创建浙江大花园最美核心区。强化规划管控，将全市 95.8% 的区域列为限制工业进入的生态保护区，其中生态红线区占比达 31.9%。在生态治理方面，把山水林田湖草生态保护、治理、修复、提升作为重大政治责任。建立实时在线、覆盖全域的"花园云"生态环境智慧监管平台，涉水、涉气、污染源排放等实现生态治理数字化协同监管。实施"大搬快聚富民安居"工程，持续推进"高、远、小、散"生态敏感区农民"挪穷窝、断穷根"和区域生态修复，2019 年新增搬迁人数 3.84 万人，全市累计搬迁 12.3 万户、42.2 万人。推进瓯江全流域生态保护、修复，组织申报瓯江流域山水林田湖草生态保护与修复工程国家试点；积极推进"智慧水电"系统平台投入试运行，基本实现了对已纳入监管的电站生态流量的实时监测与预警。开展以百山祖冷杉为重点的濒危物种拯救保护行动，冷杉从原存活的原生树 3 株、嫁接树 14 株，繁育壮大到原生树子代树（苗）约 300 株、嫁接树子代树（苗）8000 余株。大力实施林相改造和松材线虫病防治工程，累计投资 18.19 亿元，建设美丽林相 390.21 万亩，建设森林主题花园 15 个、森林廊道 10 条。

在生态机制方面，建立 GDP 和 GEP 双核算、双评估、双考核工作机制。同时，将生态产品价值实现工作纳入干部离任审计内容，进一步明确了生态产品价值实现机制审计细则，初步建立了生态产品价值实现机制试点工作的审计制度。同时，将每年 7 月 29 日定为"生态文明日"，在全社会形成共同保护生态的良好氛围。

2. **构建生态产品价值核算评估体系，创新制度设计**

基本建立价值核算评估体系，出台全国首个山区市生态产品价值核算技术办法，并发布《生态产品价值核算指南》地方标准，同步开展市、县、乡、村四级 GEP 核算体系。为浙江省和国家相关标准的出台提供了丽水经验和前期探索。

一是深化自然资源资产产权制度改革。以盘活自然资源，释放生态产品价值为导向，加快建立健全归属清晰、权责明确、监管有效的自然资源资产产权制度。与国家林草局调查规划设计院签订战略合作协议，扎实开展国家公园设立标准的试验检验，为研究完善《国家公园设立标准》提供试验检验成果。在全国率先启动国家公园集体林地设立地役权改革，补偿标准比一般公益林高 23%。深化林业综合改革，探索了林地经营权流转证抵押贷款、公益林收益 10 倍质押贷款等机制，累计发放林权抵押贷款 22.56 万笔、贷款额为 272.99 亿元、贷款余额 65.14 亿元，贷款总量和贷款余额居全国各设区市第一位。推行生态公益林质押收益权贷款模式，累计发放 482 笔，金额 7539 万元。加快农村宅基地"三权分置"改革，农房确权登记累计发证 44 万本，占全市总农户数的 81.5%。开展了"河权到户"改革，对瓯江主干道的水域、岸线等水生态空间进行确权，累计完成河道承包 312 条，每公里河道年均增收达 8000 元以上。二是创新建立生态信用体系。从生态保护、生态经营、绿色生活、生态文化和社会责任五个维度，探索建立了个人、企业和行政村三个主体的五级量化评分制度。通过设立"生态绿码"和"绿谷分"，开展生态信用、金融授信等生态守信激励应用场景设计和信用等级动态管理。2019 年，丽水在全国城市信用监测排名从 2017 年的第 207 位提升到第 13 位。

3. 构建生态产品市场化交易体系，创新价值实现机制

探索建立政府购买生态产品机制。浙江省财政厅将试点纳入新一轮绿色发展财政奖补范围，在全国率先试行与生态产品质量和价值相挂钩的财政奖补机制。推进瓯江流域上下游生态补偿，并将购买资金用于乡域智慧生态治理平台建设、水域救援等生态产业培育，实现了良性循环。云和、松阳县先后出台生态产品政府采购实施办法。其中，云和、景宁从 2020 年开始，选择部分乡镇进行试点，以试点乡镇的 GEP 核算结果为依据，依据"经济产出价值 + 生态环境增值"，设置不同的系数比例构建市场交易机制，由政府带头向试点乡镇的生态强村公司购买 GEP。

探索建立生态产品市场交易机制。以农村产权交易平台等载体，不断推动两山合作社交易平台的功能建设和服务升级，着力解决碎片化自然资

源资产进行市场化交易的主体和平台缺失问题。2019 年农村产权线上累计公开交易 747 宗，成交金额 3.12 亿元。侨乡投资项目交易中心签约项目 25 个，总投资额 63.1 亿元。出台《丽水市排污权有偿使用和交易管理办法（试行）》及实施细则、交易规则，建立市、县两级排污权储备账户制度，建成覆盖火电、制革、医药、造纸、电镀等重点行业的"一企一证一卡"刷卡排污系统，推进排污权有偿使用和交易。截至目前，丽水市累计排污权有偿使用和交易金额达 11152 万元，其中 2020 年新增 1349 万元。开展用能权有偿交易，完成了年产 4 万吨药用中性硼硅玻管项目的用能权指标交易，交易量 3.9 万吨标煤，交易额 434 万元。

完善促进生态产品价值实现的金融服务体系。丽水市出台《金融助推生态产品价值实现的指导意见》，创新推出与生态产品价值核算、生态信用评价相挂钩的"两山贷""生态贷"模式的"两山金融"服务体系，累计发放"两山贷""生态贷"1.31 万笔、13.83 亿元。与宁波市政府合作设立"两山基金"，首期规模 8 亿元，重点支持生态产业培育和生态产品价值实现重大项目建设。探索设立多种农产品收益保险，推出了全国首创的食用菌种植保险、雪梨花期气象指数保险、皇菊采摘期低温气象指数保险、茶叶低温气象指数及茶树综合保险等特色农产品保险，投保户数 1212 户，保障额度达 5593 万元。

4. 构建生态产业体系，创新产业化实现路径

围绕生态环境这一最大优势，将各种生态要素、资源、技术有机嫁接，以"生态＋"的融合式创新激活生态产品的价值。

以"生态＋互联网"提升生态农产品溢价。加强农产品品质管控，严格农药化肥管控，开展全国首个名特优新高品质农产品质量全程控制创建试点，新增农产品地理标志登记产品 5 个、国家重点农业龙头企业 2 家；新建海拔 600 米以上绿色有机农林产品基地 44.7 万亩，茶叶、稻米、香菇等大宗农产品农药化肥使用严格执行欧盟可落地标准。加大"丽水山耕"品牌培育力度，推进"丽水山耕"生态产品价值实现综合服务配套工程建设，加快形成"一核心三体系十平台"服务体系。完善产品溯源体系，强化生态产品标准体系建设和质量认证，发布《丽水山耕：食用种植产品》

等9项团体标准和18个农产品链贮运操作手册。推进标准认证工作，以第三方认证的模式推进规范化品牌管理，累计完成213家企业认证并发放"丽水山耕"品牌认证证书。推动邮政丽水分公司开展乡镇"两山邮政"服务体系建设，联动"赶街"、淘宝、供销e站等农村电商，线上线下构建高效的网络销售体系，多渠道提升"丽水山耕"等生态产品的溢价。2019年，"丽水山耕"蝉联区域农业形象品牌排行榜首位，加盟企业977家，合作基地1153个，生态农产品种类达1200个，年销售额84亿元，平均溢价30%，部分产品溢价率达到5倍以上。

以"生态＋产业"提升生态工业竞争优势。严格生态工业准入，丽水市明确了禁止准入区、限制准入区、重点准入区和优化准入区四级空间准入要求，在浙江省率先推行了工业企业进退场"验地、验水"制度。2019年，丽水市新引进生态制造业大项目53个，新增国家高新技术企业127家；高端装备制造业（含新材料）增加值同比增长9.7%、健康产业（含生物医药）增加值同比增长6.9%、数字经济核心产业制造业增加值同比增长12.8%、节能环保产业（含绿色能源产业）增加值同比增长33.4%。实施循环低碳试点工程，推进丽水市省级资源循环利用示范城市，青田县、遂昌县新入选浙江省资源循环利用示范城市。加快建设大健康产业园，引进和培育了浙江百兴食品有限公司、浙江方格药业有限公司、浙江百山祖生物科技有限公司等一批食用菌、中药材精深加工企业。

以"生态＋旅游"提升旅游康养产业品质。以"丽水山景"为主打品牌加快发展全域旅游，缙云仙都率先创成5A，创成一批4A级景区城、5A级景区镇，莲都古堰画乡被评为浙江省级特色小镇。积极打造瓯江黄金旅游带，与温州市共同发布了"瓯江山水诗之路"首批20个体验地，开通上海至丽水高铁旅游专列，2019年全域旅游产业增加值占GDP比重达9.3%。依托中国传统村落保护、省级历史文化村落保护和利用项目，大力开展"拯救老屋行动"，全力打造独具特色的"丽水山居"品牌，发布"丽水山居"放心民宿服务标准。2019年，丽水市农家乐民宿实现营业总收入37.6亿元，同比增长23.7%。加快高山气候价值化实现路径，编制完成"康养600"小镇建设规划，稳步推进康养小镇项目招商工作。积极发挥青田侨乡优势，打造侨乡农产品出口城和进口商品"世界超市"，连续两年举办华侨进口商品博览会暨进口葡萄酒交易会，发布进口葡萄酒指数，来自欧洲 20 多个国家及地区的 700 家海外酒庄参展。2019 年，农品城销售额超 2 亿元、出口贸易额达 1965 万美元；侨乡进口商品城销售额达 37.2 亿元，累计销售额突破 70 亿元。加快瓯江绿道网建设，累计建成瓯江绿道 2604 公里。依托中国摄影之乡、绿道网等优势，举办了 2019 丽水摄影节、超级马拉松赛等品牌活动与赛事。

5. 构建实现支撑体系，提升要素供给和持续支撑

提速综合交通建设。2019 年，交通投资同比增长 65.1%，增幅位居浙江省第一位。丽水机场全面开工，加快构建"1 + 4 + 4 + N"通用机场体系。杭丽铁路、衢丽铁路纳入《长江三角洲地区交通运输更高质量一体化发展规划》，衢丽铁路（松阳至丽水段）可研获批，衢宁、金台铁路建设进展顺利。景文高速、水东综合交通枢纽、瓯江航道整治项目加快推进。"四好农村路"建设加快推进，2019 年改造提升农村公路 1655.9 公里，建成公路服务站 20 个，农村港湾式停靠站 280 个。

强化人才科技支撑。出台《科技新政》《人才新政》，高规格举办科技·人才峰会。联合中科院生态环境研究中心、中国科学院大学、浙江省发展规划研究院和丽水学院组建中国（丽水）两山学院，面向市内外开展生态产品价值实现机制专题培训，举办培训班 20 期，培训学员 2000 余人。联合信息化百人会共建生态经济数字化工程（丽水）研究院，有序推进土壤数字化、生态价值交易等系列研究项目。聘请美国科学院院士、总统科技顾问委员会委员、斯坦福大学教授格蕾琴·戴利等 6 位专家担任绿色发展顾问，指导丽水市试点建设和理论研究。与清华长三角研究院签订科技合作协议，开展优质水资源调查及开发利用等。

推进开放合作交流。连续两年举办生态产品价值实现机制国际大会，主办第十六届世界低碳城市联盟大会暨城市发展论坛，先后参加第十四届中国全面小康论坛、国家生态文明试验区建设经验交流会，试点改革经验获评 2019 年度中国全面小康特别贡献奖。探索生态产品价值异地转化模式，2019 年，首个"科创飞地"杭州丽水数字大厦投入使用，稳步推进与

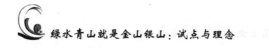

宁波合作的九龙湿地生态旅游文化产业园项目。加强与相关省市的交流合作，与四川省巴中市、广元市、吉林省梅河口市等地签订了战略合作协议，建成了昭化千亩食用菌产业园等一批产业园区。

二 生态产品价值实现试点取得的总体成效

自试点启动以来，丽水市按照试点方案总体要求，创新推动各项工作，取得了明显成效。

(一) 生态环境质量和能源利用效率进一步提高

2019 年，丽水空气质量优良天数为 362 天，空气质量指数优良率为 98.1%，同比上升 2.5 个百分点，居浙江省第一位。PM2.5 年均浓度为 25 微克/立方米，同比下降 10.7%，优于国家二级标准（35 微克/立方米）。市区空气质量在全国 168 个重点排名城市中位居第七。在 2019 年国家地表水考核断面水环境质量排名中丽水市位列第 15，国考断面 Ⅰ—Ⅲ类水比例、跨行政区域河流交接断面水质达标率、县级以上集中式饮用水水源地水质达标率实现"三个 100%"。单位 GDP 能耗同比降低 4.1%。

(二) 绿色经济发展进一步提速

2019 年，丽水市地区生产总值为 1476.61 亿元。其中，农林牧渔业增加值为 101.08 亿元，同比增长 2.9%，"丽水山耕"获评"2019 全国绿色农业十佳发展范例"。高端装备制造业（含新材料）增加值同比增长 9.7%，健康产业（含生物医药）增加值同比增长 6.9%，数字经济核心产业增加值同比增长 12.8%，节能环保产业（含绿色能源产业）增加值同比增长 33.4%，生态服务业增加值同比增长 8.7%，旅游产业增加值占 GDP 比重为 9.3%，同比增长 0.22 个百分点。

(三) 地区生产总值和生态系统生产总值实现双增长

GDP 和 GEP 实现双增长，GEP 向 GDP 转化率进一步提高。2019 年，丽水市地区生产总值比 2018 年增长 8.3%。2018 年，丽水生态系统生产总值（GEP）从 2017 年的 4672.89 亿元增长为 5024.47 亿元，增幅 7.52%，GEP 的 GDP 转化率为 29.15%。

（四）社会认可度得到显著提升

2019 年，丽水市在浙江省生态环境公众满意度调查中得分 89.1 分，位居全省第一，且下辖县市区中有 6 个县排名进入县域排名前十。随着试点工作的推进，各地对丽水的认可度进一步提升。2019 年，丽水市接待生态产品价值实现机制试点调研组 24 次，同比增长 10%。丽水居民的获得感也在增加，2019 年丽水市城乡居民人均可支配收入分别为 46437 元、21931 元，分别同比增长 9.1%、10.1%，增幅均居全省首位。低收入农户人均可支配收入 10732 元，同比增长 14.5%。

三　生态产品价值实现试点形成的基本经验

丽水市在推进生态产品价值实现机制试点中主要形成了如下四方面可复制、可推广的基本经验。

（一）积极探索生态产品价值实现的市场化路径

丽水市在试点中主要采取了如下实现生态产品价值的市场化路径。一是积极培育"两山公司""两山合作社""两山基金""两山邮政"等多种市场主体，引导企业和社会各界参与试点建设。二是以品牌为抓手，大力发展生态农业、生态工业和生态旅游康养业，打造"丽水山耕""丽水山居""丽水山景"系列区域公共品牌，提高产品的生态溢价，创新生态价值产业实现路径。三是创新推出"生态贷""两山贷"等信贷产品和农产品收益保险，探索形成生态产品的市场融资途径。

（二）建立科学合理的生态产品价值核算评估体系

丽水市出台了生态产品价值核算的技术指南和地方标准，建立了市、

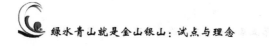

县、乡、村四级生态产品价值核算体系，使生态产品价值可测量、可比较，为生态产品价值实现奠定了基础。

（三）建立行之有效的生态产品价值实现制度体系

丽水市高度重视生态产品价值实现的制度创新，探索出了如下经验。一是高度重视自然资源资产产权制度改革，率先开展了水流和国有林地确权登记试点，为生态产品价值实现奠定基础。二是探索建立了生态产品政府采购制度和财政奖补机制，强化财政投入，明确政府提供生态产品的资金来源。三是构建了生态信用制度体系，建立了生态守信的激励机制，形成社会共治新格局。四是建立了生态产品价值实现的绩效评价考核制度和干部离任审计制度，明确了政府提供优质生态产品的职责。五是通过打造"花园云"，积极探索生态环境智慧监管平台建设。

（四）建立面向国际的开放合作平台和专家智库

丽水市创建了服务全国的中国（丽水）两山学院，建设高端智库，强化与国际一流绿色发展机构和科研团队的合作交流。连续两年举办了生态产品价值实现机制国际大会。浙江（丽水）生态产品价值实现机制试点之所以取得上述总体成效和经验，主要得益于以下三个层面的积极推进。

一是重视顶层设计。生态产品价值实现机制试点由习近平总书记亲自部署，《浙江（丽水）生态产品价值实现机制试点方案》由国家长江办批复。国家长江办将丽水纳入了长江经济带绿色发展专项支持范围，将重点铁路纳入了长三角一体化城际交通网重点工程。

二是坚持统筹协调推进。浙江省委书记和省长多次到丽水调研和指导，为丽水试点指明了方向。浙江省发展改革委、自然资源厅、财政厅、生态环境厅等部门加大了对丽水试点的政策支持力度。

三是发挥基层创新活力。丽水市成立了以书记为组长、市长为副组长的领导小组和相关市领导牵头的 10 个专项小组，瞄准重点领域关键环节的堵点难点，因地制宜、先行先试，在生态产品价值核算体系、产权制度改革、绿色金融、生态信用制度、数字化监管等领域寻求创新突破，最终形成了一批可复制推广的典型经验。

专栏一　丽水试点中具有全局性意义的创新探索

（一）探索建立生态产品价值核算评估理论和方法（GEP）以及基于 GEP 的政府购买生态产品机制

一是完善了生态产品价值核算评估理论。丽水市依托中科院生态环境研究中心技术支撑，在全国率先发布了首个山区市生态产品价值核算技术办法以及市、县、乡、村四级生态系统产品总值核算体系。如印发了《丽水市生态产品价值核算技术办法（试行）》，起草了《生态产品价值核算指南》。

二是明确了生态产品价值（GEP）实现率核算方法。生态产品价值实现率等于生态产品价值实现量与 GEP 的比值，具体计算公式如下：

$$R_{GEPre} = \frac{GEP_{re}}{GEP} * 100\% = \frac{EPV_{re} + ERV_{re} + ECV_{re}}{EPV + ERV + ECV} * 100\%$$

根据核算，2018 年丽水市生态产品总值（GEP）为 5024.47 亿元，生态产品价值实现总量为 1464.43 亿元，生态产品价值实现率等于生态产品价值实现量与 GEP 的比值，丽水市 2018 年生态产品价值实现率为 29.15%。

三是探索了基于 GEP 的政府购买生态产品机制。率先开展了政府采购生态产品试点，探索建立了根据生态产品质量和价值确定财政转移支付额度、横向生态补偿额度的体制机制。如景宁县探索基于 GEP 核算为基础的政府购买生态产品机制；松阳县整合涉农类资金建立资金蓄水池，推进政府购买与市场交易等。

（二）探索打造生态信用体系

一是不断完善顶层制度。丽水市建立了个人、企业和村三个主体 AAA—D 级不同档次量化评分制度。如在个人探索生态信用体系方面，印发了《丽水市绿谷分（个人信用积分）管理办法（试行）》；在企业探索生态信用体系方面，印发了《丽水市企业生态信用评价管理办法（试行）》；在村探索生态信用体系方面，印发

了《丽水市生态信用村评定管理办法（试行)》。

二是构建动态管理体系。丽水市对生态信用主体采取信用等级动态监测、信用修复管理、信用异议申诉等管理机制，创新构建个人、企业、村主体信用动态管理模式。

三是积极推动应用实践。丽水市建立了个人信用积分"信易游""两山兑"等生态守信激励机制。并启动了"信易游"，探索构建"生态信用＋"全域旅游应用场景，如云和县率先为生态信用守信者提供云和梯田等景区购票、住宿、用餐等打折优惠服务。

（三）探索建立"绿水青山就是金山银山"系列市场主体

一方面，成立"两山公司"。"两山公司"主要负责开展生态环境保护与修复、自然资源管理与开发等工作，是生态产品市场交易的主体。截至目前，以乡镇为单位组建了173家"生态强村公司"［创新培育乡（镇）级"生态强村公司"，作为公共生态产品的供给主体和交易主体，作为"两山合作社"的有效补充，积极破解市场主体缺失问题］作为公共生态产品供给主体、优质生态资源运营主体与环境保护主体。

另一方面，组建"两山银行"（两山合作社）。以市、县为单位组建了"1＋9"两山合作社建设模式（借鉴美国湿地银行"分散式输入、集中式输出"的合作理念，把碎片化的生态资源进行规模化的收储、专业化的整合、市场化的运作，将生态资源转化为优质的资产，从而实现"两山"优质高效转化的模式）。构建自然资源运营管理与市场交易，着力解决碎片化自然资源入市壁垒、"生态占补平衡"问题。2022年12月，我们依托丽水市本级的"两山合作社"，搭建了全市统一的生态产品交易平台。平台由浙丽收储、浙丽交易、浙丽招商、浙丽服务四大模块组成，形成了生态产品"收储—交易—开发—服务"的全流程闭环。自2023年6月30日平台正式上线以来，市县"两山合作社"收储项目32宗，收储金额12.79亿元。

（四）探索建立"山"字系列公共品牌

一是打造"丽水山耕"区域公共品牌。丽水市政府创立了全国首个覆盖全区域、全品类、全产业的地级市农业区域公用品牌。截至目前，实现了加盟的会员企业达977家，合作基地1153个，生态农产品种类达1200个，2019年销售额突破84亿元，平均溢价率30%，部分溢价率达5倍以上。

二是打造"丽水山居"区域公共品牌。2019 年 4 月，"丽水山居"民宿区域公用品牌集体商标注册成功，成为全国首个地级市注册成功的民宿区域公用品牌。2019 年，丽水市农家乐民宿累计接待游客 3609.5 万人次，同比增长 16.2%；实现营业总收入 37.6 亿元，同比增长 23.7%。2021 年全市农家乐民宿共接待游客 2660.9 万人次，同比增长 20.1%；实现营业总收入 24.6 亿元，同比增长 9.1%。2023 年春节"黄金周"丽水农家乐民宿接待游客 81 万人次，同比增长 187%；直接营业收入 5870 万元，同比增长 205%；游客购物收入 1430 万元，同比增长 145%。接待游客数量和营业收入恢复到正常年份 2019 年同期的 80%。

三是打造"丽水山景"区域公共品牌。丽水市以"丽水山景"为主打品牌，加快发展全域旅游，结合丽水特色研制《丽水乡村旅游特色业态标准》《丽水旅游服务标准》等旅游服务类地方标准。

（五）探索建设生态环境智慧监管平台

丽水市通过打造"花园云"，积极探索生态环境智慧监管平台建设。"花园云"的基本思路是"1654"。"1"是以推进生态产品价值高效实现为主攻方向、以生态文明及大花园核心区建设指标为基础，构建一套"花园云"支撑及评价体系；"6"是推进生态保护、经济运行、民生保障、城市管理、社会治理、安全应急六个领域数字化应用；"5"是建设物联感知一张网、数据共享一中心、业务协同大系统、辅助决策大系统、"互联网＋"宣传大平台五大重点通用性工程；"4"是提供生态经济、健康养生、文化旅游、未来社区四大主线综合服务。

四 生态产品价值实现试点取得的主要成果

（一）价值核算评估应用机制初步形成

可操作的生态产品价值核算评估体系初步建立。2019 年，丽水市制定了涵盖 3 大类、145 小项的丽水市生态产品目录清单，完成了遂昌县大田村的生态产品价值核算试点工作。在试点基础上，丽水市分别于 2019 年和 2020 年出台了全国首个市级《生态产品价值核算技术办法（试行）》和《生态产品价值核算指南》地方标准，为浙江省《县域生态系统生产总值

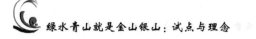

核算技术规范》提供了重要支撑。丽水市在试点中逐步建立了市、县、乡、村四级生态系统产品价值核算体系。此外，调研发现，66%的受访者认为科学核算生态产品价值是做得最好、最具新意的工作。

绿色发展财政奖补机制进一步完善。一是探索发布了首个县级生态产品政府采购目录。2020年，丽水市云和县发布了浙江省首个《生态产品政府采购试点暂行办法》，明确了生态产品政府采购目录，即水源涵养、气候调节、水土保持和洪水调蓄四类生态调节服务产品，采购量按四项品目总量（值）的0.1%—0.25%采购。二是在全国率先试行与生态产品质量和价值相挂钩的省级财政奖补机制，生态系统生产总值（GEP）绝对值、增长率指标的权重分别为40%、60%。三是健全了瓯江流域上下游生态补偿机制，每年设立横向生态补偿资金3500万元，干流7县通过水质、水量、水效综合测算指数进行合理分配。

生态产品价值实现与干部离任审计的衔接机制初步形成。一是探索建立了生态产品价值年度考核制度。2019年，丽水市委、市政府在对县（市、区）综合考核指标体系中新增了3类、15项与生态产品价值相关的指标。① 二是将生态产品价值实现工作纳入干部离任审计内容。2019年，丽水市完成了10个领导干部的自然资源资产离任审计项目。2020年，出台了《丽水市领导干部自然资源资产离任审计实施办法》，进一步明确了生态产品价值实现机制审计细则，初步建立了生态产品价值实现机制试点工作的审计制度。

（二）生态产品市场交易体系取得突破

自然资源资产产权制度不断完善。一是开展了水流等自然资源资产确权试点。丽水市青田县开展了"河权到户"改革，对瓯江主干道的水域、

---

① GEP转化为GDP考核，包含农林牧渔业增加值增长率、旅游产业增加值增长率、绿色发展财政省级奖补资金数、"丽水山耕"品牌农产品年销售额和"丽水山居"示范项目数5项二级指标GEP考核，包含自然生态系统面积、森林覆盖率、乔木林单位面积蓄积量、水资源总量、城市建成区绿地率5项指标；GDP转化为GEP考核，包含造林更新改造面积，新建市级以上美丽河湖公里数，水利、环境和公共设施管理业投资，新建绿道公里数，新建休闲农业观光区（点）个数5项指标。

岸线等水生态空间进行确权，累计完成河道承包 312 条，每公里河道年均增收达 8000 元以上。二是推进林权制度改革。丽水市进一步深化了集体林地"三权分置"、经营权流转、公益林收益权质押贷款等林权制度改革，探索了林地经营权流转证抵押贷款、公益林收益 10 倍质押贷款等机制，发放林权抵押贷款 22.4 万笔共 270.3 亿元，贷款总量和贷款余额居全国地级市第一。三是加快了农村宅基地"三权分置"改革，农房确权登记累计发证 44 万本，占丽水市农户总数的 81.5%，农村宅基地"三权分置"改革抵押融资工作也正稳步推进。四是探索了国家公园的"一园两区"模式，百山祖—凤阳山成功纳入国家公园试点范围。

生态产品市场交易机制不断健全。一是培育生态产品供给主体。丽水市引导 18 个试点乡镇成立了以生态环境保护与修复、自然资源管理与开发为主业的"两山公司"，作为公共生态产品供给主体、优质生态资源运营主体与生态环境保护主体。二是探索建设了生态产品交易平台。丽水市基本建成了覆盖市、县、乡三级的农村产权交易平台，农村林地使用权、土地承包经营权、水域养殖权、农村集体资产所有权等 12 类产权都可以交易、抵押和贷款，基本实现了农村产权抵押贷款全覆盖。目前，丽水市流转农村土地 55 万亩，累计完成农村产权交易 3697 宗，交易金额 4.99 亿元。三是开展用能权、排污权有偿交易，完成了年产 4 万吨药用中性硼硅玻管项目的用能权指标交易，交易量 3.9 万吨标煤，交易额 434 万元。出台了《丽水市排污权有偿使用和交易管理办法（试行）》及实施细则、交易规则，建立了市、县两级排污权储备账户制度和火电等重点行业的"一企一证一卡"刷卡排污系统，丽水市累计排污权有偿使用和交易金额达 11152 万元，其中 2020 年新增 1349 万元。

丽水特色的生态信用制度体系初步建立。一是探索建立了市级生态信用制度体系。2020 年，丽水市印发了《生态信用行为正负面清单（试行）》等四个生态信用顶层制度文件，从生态保护、生态经营、绿色生活、生态文化和社会责任五个维度，探索建立了个人、企业和行政村三个主体的五级量化评分制度，并实施分类评价和管理。二是建立了信用动态管理机制。丽水市对三类信用主体采取信用等级动态监测、信用修复、信用异议申诉等管理机制，形成了信用动态管理模式。三是丰富生态信用应用途径。探索建立了个人信用积分"信易游""两山兑"等生态守信激励机制，探索构建"生态信用＋"全域旅游应用场景，为生态信用守信者提供景区购票、住宿等打折优惠服务和商品信用兑换服务。

生态产品价值实现的金融产品不断创新。一是成立多个生态产品价值实现基金。2019 年，丽水市设立了区域绿色产业发展基金、生态经济产业基金等多个专项投资基金；引进了 14 家产业投资基金，投资总额 18.5 亿元；与宁波市政府、中国农业银行合作设立山海协作"绿水青山就是金山银山"转化基金，首期规模 8 亿元。遂昌县成立生态价值转化产业基金，整合资金 1 亿元，重点支持农业产业化项目、农业"互联网＋"、农旅融合等"绿水青山就是金山银山"转化项目。二是拓展企业绿色融资渠道。与浙江股权交易中心联合打造设立的"丽水生态经济板"，累计为 53 家提供生态产品的企业提供融资渠道。三是创新推出了三类信贷产品：基于 GEP 收益权的"生态贷"、基于生态信用的"两山贷"和基于区块链技术的"茶商 E 贷"。截至 2020 年 4 月，已向遂昌县大田村整体授信 6900 万元的"生态贷"额度；向雾溪乡整体授信 11 亿元的"两山贷"额度，发放"两山贷" 86 笔、2846 万元；为茶商提供了"茶商 E 贷" 250 笔、4872 万元贷款。四是探索设立了多种农产品收益保险。2019 年，丽水市推出了全国首创的食用菌种植保险、雪梨花期气象指数保险、雪梨果实种植产量保险、皇菊采摘期低温气象指数保险、茶叶低温气象指数及茶树综合保险、灰树花种植保险等特色农产品保险，投保户数 1212 户，保障额度达 5593 万元。

（三）生态价值产业实现路径不断明晰

生态农业得到快速发展。一是加强农产品品质管控。丽水市开展了全国首个名特优新高品质农产品质量全程控制创建试点，2019 年，新建海拔 600 米以上绿色有机农林产品基地 44.7 万亩，茶叶、稻米、香菇等大宗农产品农药化肥使用严格执行欧盟可落地标准。二是加快完善"丽水山耕"产品支撑体系。丽水市积极推进"丽水山耕"生态产品价值实现综合服务配套工程建设，形成了"一核心三体系十平台"，引导"景宁600""庆元800"等优质地标品牌及符合标准农业主体入驻"丽水山耕"品牌体系。三是加快推进了种质资源库建设。2019年，浙江省农业农村厅"浙江省食用菌种质资源库建设项目"落户庆元，努力打造浙江省食用菌种质资源库、菌物资源研究与利用中心、菌物资源保藏与展示中心。加快建设了华东药用植物园。

生态工业稳步推进。一是严格生态工业准入。丽水市明确了禁止准入区、限制准入区、重点准入区和优化准入区四级空间准入要求，出台了限制发展类和禁止发展类行业目录，在浙江省率先推行了工业企业进退场"验地、验水"，即土壤质量和地下水质量双检测。二是积极引进生态高科技公司。2019年，丽水市新引进生态制造业大项目53个，新增国家高新技术企业127家，引进了绿色数据中心、高科技特种纸、野生石斛等一批对生态环境质量要求高的项目。三是实施循环低碳试点工程，青田县、遂昌县入选浙江省资源循环利用示范城市。四是加快建设大健康产业园。丽水市引进和培育了浙江百兴食品有限公司、浙江方格药业有限公司、浙江百山祖生物科技有限公司等一批食用菌、中药材精深加工企业，华东药用植物园建设也在稳步推进中。

生态旅游康养产业快速发展。一是积极打造瓯江黄金旅游带。2019年，丽水和温州两市共同发布了"瓯江山水诗之路"首批20个体验地，开通上海至丽水高铁旅游专列，完成了《丽水瓯江中上游休闲养生新区总体规划》编制。二是推进了5A级景区创建和特色小镇建设。2019年，缙云仙都景区成为丽水市首个国家5A级景区，莲都古堰画乡被评为浙江省级特色小镇。三是编制完成了"康养600"小镇建设规划，稳步推进"康养600"小镇项目招商工作。四是积极发挥青田侨乡优势，培育特色产业。青田县积极打造侨乡农产品出口城和进口商品"世界超市"。2019年，农品城在售农产品超过1000种，在欧洲29城设60个海外专柜，销售额超2亿元、出口贸易额达1965万美元；侨乡进口商品城销售额达37.2亿元，累计销售额突破70亿元。青田县还连续两年举办华侨进口商品博览会暨进口葡萄酒交易会，发布进口葡萄酒指数，来自欧洲 20 多个国家及地区的 700 家海外酒庄参展。青田"咖啡小镇"三年行动计划也在稳步推进中。五是举办了多种品牌活动和赛事。2019 年，丽水市举办了摄影节，共 265 个国际国内摄影机构、16855 件摄影作品参展。此外，丽水市还依托瓯江绿道举办了全国首个 50 公里城市超级马拉松赛，来自全球 12 个国家和国内 86 个城市供给 13500 余名选手参赛。

古村复兴示范工程取得突出成效。一是加强顶层设计，丽水市出台并实施了《丽水市传统村落保护条例》，积极推广莲都下南山古村复兴模式和松阳"拯救老屋"行动经验。二是加强古村复兴宣传。丽水市"拯救老屋行动"等创新实践亮相首届联合国人居大会，一大批宜居宜业宜游的古村复兴示范村落建成，全市中国传统村落 158 个，位居华东第一、全国第三。三是创新古村复兴模式。丽水市松阳县在三都乡上田村开展试点，将强村公司作为乡村经营的重要平台和各类补助资金的"蓄水池"，将老屋、农田等资源要素折价入股，把零星、分散的资源、资金统筹起来，创新构建地方政府、村集体、村民、工商资本四方共同参与、利益共享、风险共担的生态产品价值产业化实现的"上田"模式。

"花园云"大数据工程取得初步进展。一是加快建设生态感知网络。丽水市在莲都区部署了 38 个"蓝天卫士"秸秆焚烧智能预警高清探头，基本实现主城区及周边区块、碧湖镇等重点区域的全覆盖。二是加强生态数据管理，加快推进数据中心建设和生态数据归集，已完成数据共享交换平台、资源目录平台、数据供需管理平台等子平台的建设，已归集各类生态数据 1600 万条。三是加强业务协同监管。丽水市已初步建成"监测—触发—协同—处置—信用"的全流程业务协同监管体系，初步完成"涉水污染源监管""涉气污染源监管""秸秆焚烧监管""车载（出租车）移动空气质量监测"4 个应用场景的建设。四是推进生态环境质量可视化。丽水市已初步建成"大气环境""水环境""土壤环境""污染源企业""污染源排放监控""固废危废监管""自然保护地""饮用水保护区""公益林保护区"9 张生态地图，已完成缙云仙都、丽水古堰画乡、庆元百山祖等 17 个点位的建设和实时在线展示。

（四）生态产品质量认证体系逐渐完善

以"丽水山耕""丽水山居""丽水山景"为核心的地域特色公用品牌体系初步形成。一是加快区域品牌体系建设。2019年，"丽水山耕"蝉联区域农业形象品牌排行榜首位，新增农产品地理标志登记产品5个、国家重点农业龙头企业2家。成功注册"丽水山居"集体商标，发布"丽水山居"放心民宿服务标准，实现农家乐民宿营业总收入37.6亿元、增长23.7%。以"丽水山景"为主打品牌加快发展全域旅游，创成4A级景区镇5个、3A级景区村27个。二是搭建了"丽水山耕"梦工厂公共开放平台，提供农产品先进技术和服务。丽水市加快完善农产品溯源体系，建立"四级九类"（市—县—乡—企业"四级"，蔬菜、粮油、食用菌等九大类）质量安全追溯系统监管体系，与省公共追溯平台数据互通，实现了农产品生产数据全程化记录。近60%的"丽水山耕"生产主体完成了溯源信息录入。三是明确丽水市农投公司为"山"系生态产品品牌运营机构，"丽水山耕"生态农产品种类达到1200个。

生态产品标准体系建设和质量认证进一步强化。一是推进"丽水山耕"品牌标准制定，发布《丽水山耕：食用种植产品》《丽水山耕：食用淡水产品》《丽水山耕：食用畜牧产品》《丽水山耕：加工产品》等9项团体标准和18个农产品链贮运操作手册。二是组织"丽水山耕"企业积极参加中东欧国家博览会、义乌国际商品（标准）博览会等国际标准化活动。三是推进"丽水山耕"标准认证工作，以第三方认证的模式推进规范化品牌管理，已完成213家企业认证并发放"丽水山耕"品牌认证证书。

生态产品附加值快速提升。一是与淘宝、供销e站等电商合作开发网络销售专区，创新"网络销售＋会员配送""定期直供"的销售模式，构建高效的网络销售体系。二是推动邮政丽水分公司开展乡镇"两山邮政"服务体系建设，降低生产产品运输成本。目前，"丽水山耕"加盟企业977家，合作基地1153个，2019年销售额突破84亿元，平均溢价30%，部分产品溢价率达到5倍以上。"丽水山居"民宿推出生态价。

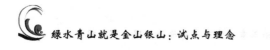

（五）生态产品价值实现支撑体系初步形成

全域生态保护修复稳步推进。一是加强生态保护红线管控，编制完成了丽水市"生态保护红线、环境质量底线、资源利用上线和生态环境准入清单"。二是开展以百山祖冷杉为重点的濒危物种拯救保护行动。冷杉从原存活的原生树 3 株、嫁接树 14 株，繁育壮大到原生树子代树（苗）约300 株、嫁接树子代树（苗）8000 余株。三是积极推进瓯江治理数字化。"智慧水电"系统平台投入试运行，加强对丽水市农村水电站基础信息的管理，基本实现了对已纳入监管的电站生态流量的实时监测与预警。四是实施林相改造工程。丽水市积极推进全域松材线虫病防治，累计投资18.19 亿元，建设美丽林相 390.21 万亩，建设森林主题花园 15 个、森林廊道 10 条，分别为 6.23 万亩和 223.8 公里。云和梯田被评为国家湿地公园。

大搬快聚富民安居工程快速推进。一是加快推进重点生态功能区居民搬迁工作，加快要素空间优化配置和地质脆弱区域生态修复，2019 年新增搬迁人数 3.84 万，累计搬迁 12.3 万户、42.2 万人。二是优化城镇化发展和产业布局优化。丽水市编制了《"一带三区"发展规划》，完成了 16.7万亩乡村土地的综合整治与生态修复，建立了全市农村垃圾"户村收集、乡镇转运、县级处理"治理体系，景宁县还开展了全国民族地区城乡融合发展试点建设。

综合交通体系进一步完善。2019 年，丽水市交通投资同比增长 65.1%，增幅位居浙江省第一位。丽水机场全面开工，加快构建"1＋4＋4＋N"通用机场体系。① 杭丽铁路、衢丽铁路纳入《长江三角洲地区交通运输更高质量一体化发展规划》，衢丽铁路（松阳至丽水段）可研获批，衢宁、金台铁路建设进展顺利。景文高速、水东综合交通枢纽、瓯江航道整治项目加快推进。"四好农村路"建设加快推进，2019 年改造提升农村公路 1655.9

---

① 1 个运输机场：丽水机场，4 个 A1 级通用机场：龙泉、松阳、缙云、庆元机场，4 个 A2级通用机场：遂昌、景宁、青田、云和机场，以及多个 A3 级通用机场和 B 类通用机场。

公里，建成公路服务站 20 个，农村港湾式停靠站 280 个。

人才科技支撑不断强化。一是聘请了美国科学院院士格雷琴·戴利等 6 位国际顶尖专家担任丽水市绿色发展顾问。二是联合中科院生态环境研究中心、中国科学院大学、浙江省发展规划研究院和丽水学院组建中国（丽水）两山学院，面向市内外开展生态产品价值实现机制专题培训，举办培训班 20 期，培训学员 2000 余人。三是与多家高端研究机构签订战略合作框架。2019 年，丽水市与浙江大学、浙江清华长三角研究院、武汉大学、浙江工业大学、之江实验室等的研究机构签订科技合作协议，与之江实验室、长三院等机构开展了 40 余次的互访交流。四是与信息化百人会合作建立生态经济数字化工程（丽水）研究院，与浙江清华长三角研究院共建院地合作协同创新服务中心，有序推进土壤数字化、生态价值交易、优质水资源调查及开发利用等系列研究项目。

开放合作交流不断加强。一是探索生态产品价值异地转化模式。2019 年，丽水市首个"科创飞地"杭州丽水数字大厦投入使用，与宁波合作的九龙湿地生态旅游文化产业园项目正稳步推进。二是连续两年举办了生态产品价值实现机制国际大会，交流研讨生态产品价值实现典型经验和路径，发布系列研究成果。三是加强与相关省市的交流合作，与四川省巴中市、广元市，吉林省梅河口市等地签订了战略合作协议，建成了昭化千亩食用菌产业园等一批产业园区。

五 生态产品价值实现推进面临的问题

自党的十八大以来，以生态产品价值实现机制改革为契机和引领的助力"绿水青山就是金山银山"转化相关探索和实践在全国各地全面铺开，作为贯彻落实新时代发展理念和践行习近平生态文明思想的重要举措，在不断丰富和完善相关政策体系和理论体系的同时，现阶段也同样面临和存在较为突出的问题亟须突破和解决。

一是社会层面对于生态文明思想的内涵及核心要义在助推经济社会转型方面的认识还有待进一步加强，同时对于生态产品价值实现机制的理解

及相关路径拓展有待深化；二是在深入推动生态产品价值实现的过程中，诸如价值评估与核算、产权制度划分与归类、生态产品有偿化使用、绿色金融及相关市场化认证等制度、法律和政策还有待进一步深化和完善；三是在推动生态产品价值实现的过程中，以政府为主导的部分生态产品价值实现的相关推动力度和相关金融工具及资金使用效率还有待进一步提升；四是社会资本和资金以及市场化和多元化为主体的生态产品价值实现的投资内生动力和积极性不足。

　　开展生态产品价值实现的线性逻辑路径，即"调查—划定—核算—应用—转化—考核—评价"，总体可以概括为"算"出来、"用"起来、"转"出去、"管"起来。其中，开展生态产品价值实现的前提是进行系统化和科学化的调查划定核算范围（类目）；开展生态产品价值实现的重要基础是科学评估和量化生态系统中山、水、林、田、湖、草、沙等生态产品；绿水青山向金山银山转化的本质和核心是如何将生态价值有效地转化为经济价值，将生态资源有效地转化为生态资产和生态资本。综合目前全国各地围绕生态产品价值实现的探索和实践，现阶段在政府层面的推动效果和成效较为明显，作用较为显著。但是市场和社会资本层面在推动和介入生态产品价值实现的积极性和效果还有待进一步深化，特别是企业和社会各界的参与度不足，基本还处于观望状态，市场化的自然资源定价、交易机制仍不完善，还有待进一步深化和健全。

（一）生态产品价值实现存在的难点

1. 产权归属及界定问题

　　自然资源资产产权边界尚不明晰，是进一步拓展和开发生态资源资产以及助推生态产品价值实现的"瓶颈"问题和亟须解决的首要问题。明确的自然资源资产产权界定是促进产权有效流转和价值转化的前提，也是充分发挥以"两山合作社"等市场化交易平台功能的重要基础。当前，自然资源资产确权登记进度不一、各类资源产权边界不清、尚未建立产权归属清晰、开发保护权责明确、监督管理有效的自然资源资产产权制度，以及在市场化的交易规则和相关平台建设等方面的滞后和不完善，进而造成收储流转难、开发经营难、市场定价和交易难。

2. 标准化市场定价问题

当前生态资产的定价未能充分体现生态环境的外部性与外溢价值，现有定价体系基本由村民、村集体与投资商协商谈判确定，标准化、科学化、规范化、市场化的生态资产价值评估体系亟须建立。探索开展 GEP 核算目前阶段还较难以成为各类生态资源资产流转、收储、开发经营收益分配的有效价值参考，在生态资产评估和 GEP 核算协同体系落地应用方面还有待进一步推进。同时，更为关键和重要的是以政府为主导，企业和社会参与的市场化良性可持续运行运营机制尚未全面建立，还有待加快构建和完善统一"大市场"的氛围和环境，进而实现"跳出去"、跨区域的市场化交易。

3. 多元化生态补偿问题

生态补偿是政府层面对于区域性公共生态产品在为维持和保护生态系统而限制开发过程中提供的相关资金、政策等补偿行为。补偿的对象主要包括生产保护者的补偿以及生态系统功能的补偿，补偿的方式主要包括财政转移支付、补贴补助、生态保护建设投资等。现阶段，在推动生态产品市场化进程中，围绕生态产品确权、定价、评估，以及小尺度、项目级的生态产品价值核算和多元化的生态补偿机制是进一步推动生态产品市场化、产业化的重要研究内容。

(二) 生态产品价值实现面临的问题

1. 调节服务类产品的价值占比和实现转化成反比

经过调研发现，目前在整个生态系统生产总值（GEP）核算中，核算出的物质类产品价值和文化服务类产品价值占比相对较小，且已较为成熟和完善，其中调节服务类产品值最高。以全国首个生态产品价值实现机制试点市——浙江省丽水市为例，2019 年 GEP 核算值分类中，物质类产品值占比在 5% 左右，调节服务类产品值占 70% 左右，文化服务类产品值占 25% 左右。显然，调节服务类产品是生态产品价值实现的重点，而作为占比最大的调节服务类产品的价值实现相对较少且转化效率较低，因其公共

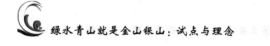

属性等原因其转化效率和价值实现及溢价也相对较低。

2. 部分生态产品价值实现方法有待进一步探索

土壤保持、洪水调蓄、空气净化、气候调节等调节服务类产品本质上是一种公共产品，具有非竞争性、非排他性的公共性特点，目前通过市场机制和途径实现价值的方法还有待进一步加强和深化。以浙江省丽水市为例，全市林地面积2199万亩，森林蓄积量超1亿立方米，全市森林覆盖率达到81.7%。受国际国内森林方法学（CCER、VCS）维度的限制，其林业碳汇效益存在一定的局限性，出现森林蓄积量全省最高，但可供交易的碳汇量有限的困局。同时，目前全国尚未建立自愿减排机制，浙江省自愿减排交易市场还处于谋划阶段，在探索建立林业碳汇交易市场方面缺乏相应制度和政策依据等问题。

3. 生态资源权益类交易等市场交易体系有待建立健全

生态环境方面的市场交易制度建设需要理论指导、顶层设计和法律支撑，但目前中国生态产权交易立法仍滞后于交易实践，明确权属、摸清底数、查清边界、发放权属证、确定经营管理模式和交易机制等方面的政策尚不完善。同时，因缺乏生态产品市场化交易的法律支撑，生态产品在收储、确权、招商运营、市场化交易、开发保护等过程中仍有许多"瓶颈"问题需要加快突破和解决。以浙江省丽水市为例，瓯江全流域上下游（丽水—温州）生态补偿机制尚未真正建立，下游水源生态受益区（温州）对上游水源生态保护地（丽水）缺乏相关实质性生态补偿。同时，因缺乏统一、规范、标准、市场化认可的全国统一的价值核算评估标准，以GEP核算为基础的生态产品跨区域进行交易探索尚未进行实质性推进，基本还处于"内循环"状态。

4. 社会资本参与生态产品价值实现的积极性有待提高

生态产品价值的实现是多维度、全方位、立体化的实现过程，在推动价值实现和转化过程中不是单一以政府为主导即可有效实现的，犹如一台机器需要通力配合，多方参与。在整体推进过程中是以政府为主导和引领示范带动，积极撬动和激发企业、社会、民间资本等主体全面参与的过程和逻辑路径。在可持续的良性市场化体系构建中，以"生态资源资产综合交易服务平台（两山合作社）"和"生态强村公司"等为代表市场化平台和服务主体的功能及发展有待进一步培育和强化，通过平台搭建交易桥梁，切实解决供给和需求之间的信息不对称和交易制度不完善等问题。同时，在相关理论研究、法律支撑、专业人才和资金引入、底层数据、技术加持以及社会氛围等支撑保障体系方面仍较为薄弱和有待进一步加强。

生态产品价值实现：丽水六大机制

习近平总书记在擘画"建设美丽中国"的战略目标时强调："绿水青山就是金山银山。"并就"两座山"的关系进行了阐述，即"金山银山和绿水青山的关系，归根到底就是正确处理经济发展和生态环境保护的关系。这是实现可持续发展的内在要求，是坚持绿色发展、推进生态文明建设必须解决的重大问题"。近年来，丽水市全力践行"绿水青山就是金山银山"理念，打造"美丽浙江"大花园最美核心区，构建梯度递延的改革体系。通过在"绿水青山"权属确定、价值估算、抵（质）押物创新、转化路径拓宽和本底厚植等方面积极探索，丽水市实现了生态环境质量、发展进程指数、农民收入增幅连续多年位居浙江省第一的不菲成绩，实现了生态文明建设、脱贫（消薄）攻坚和乡村振兴发展的协同推进，初步形成了生态产品的调查监测、评价核算、经营开发、保护补偿、制度保障、实现推进六大机制，破解了生态产品"难度量、难抵押、难交易、难变现"等一系列难题，生态优势转化为经济优势的能力持续增强。

一 生态产品价值调查监测机制：重要前提

（一）推进自然资源确权登记

2015 年 12 月，丽水市被列为浙江省编制自然资源资产负债表试点城市。此后，丽水市积极开展自然资源资产的确权登记工作。2016 年，丽水市出台《丽水市开展编制自然资源资产负债表改革试点工作方案》《丽水市自然资源资产负债表编制工作方案》等系列文件，积极探索编制自然资源功能量和价值量的核算方法，并按年度编制了市、县（市、区）土地资源、林木资源、水资源等生态资源资产实物量的负债表。同时，认真总结推广"河权到户"改革、"林权到户"改革、集体林地地役权改革等产权制度创新实践的成果和经验，不断健全自然资源确权登记制度规范，全面有序推进统一确权登记，清晰界定自然资源资产产权主体，划清所有权和使用权边界。此外，基于全国性的不动产登记信息管理平台，丽水市定期上传更新自然资源确权登记的信息，实现了不动产登记、国土调查、专项调查与自然资源确权登记等不同领域普查信息的"一网统管""一网通办"。这些工作不仅进一步梳理清楚区域范围内生态资源的现有存量、质量情况以及年度变化，而且为有效保护生态环境和永续利用自然资源提供了信息基础、监测预警与决策支持。

（二）开展生态产品信息普查

以全国通行的自然资源和生态环境调查监测体系为基准，丽水市采用网格化监测模式，开展了行政区划、自然生态系统、重要生态功能区等不同类型地理单元的生态产品基础信息调查，进一步摸清生态产品的类型、数量、质量等底数情况，并据此编制完成丽水市生态产品目录清单。2019年，丽水市完成了遂昌县大柘镇的大田村和景宁畲族自治县大均乡的生态产品信息调查。2020 年，丽水市完成生态产品价值实现机制试点市中 18 个示范乡镇 112 个村的生态产品信息调查。2021 年，丽水市完成 9 县（市、区）172 个乡（镇、街道）的生态产品信息调查。

完善监测体系，推进生态产品信息采集自动化。生态产品种类多、差异大，信息调查采集难度较大、速度较慢。丽水市依托卫星遥感、物联网等技术手段建设了"天眼（'天眼守望'卫星遥感）＋地眼（'花园云'数字化生态环境监测）＋人眼"的立体化、数字化生态环境监测网络，构建了"空、天、地"一体化的生态产品空间信息数据资源库。通过实时更新和定期更新相结合的方式，进一步健全生态产品动态监测制度，及时掌握不同空间区域的生态产品数量分布、质量等级、功能特点、权益归属、保护和开发利用情况等信息。同时，依托"花园云""天眼守望"数字化

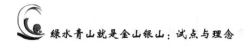

服务平台建成了 GEP 核算自动化平台，实现"绿水青山"价值的实时动态展示。

二 生态产品价值评价核算机制：关键基础

（一）制定完善生态产品价值核算规范

为了实现生态产品价值核算结果的可重复性和可比较性，丽水形成了一套符合地域特征的价值核算技术方法。一方面，根据南方丘陵山地的生态系统特征及其主要生态产品类型，丽水市率先制定并出台了全国首个山区市生态产品价值核算的技术办法；编制并发布了全国首份《DB3311/T139—2020 生态产品价值核算指南》地方标准，清晰界定了生态产品的内涵特征，明确规定了生态产品的价值构成与判断标准，明晰了生态产品价值核算的基本原则、核算方法、核算数据、核算报告编制和核算结果应用范围，为生态产品价值核算提供了理论指导和实践指南；制定《百山祖国家公园生态产品价值核算指标体系》，规范了计量数据来源、核算参数获取、样本主观性偏差修正等方法。另一方面，在总结试点经验的基础上，丽水市参与编制浙江省《DB33/T2274—2020 生态系统生产总值（GEP）核算技术规范陆域生态系统》地方标准，参与编制国家层面的《生态系统评估 生态系统生产总值（GEP）核算技术规范（征求意见稿）》，有力推进了生态产品价值核算的标准化进程。

建立常态化核算与发布机制，定期发布核算成果，推进 GEP 核算制度化。自 2019 年以来，丽水市每年常态化开展市、县、乡（镇）、村四级 GEP 核算工作，并在生态产品价值实现机制大会上发布。2020 年 5 月，浙江省发展改革委印发《浙江省生态系统生产总值（GEP）核算应用试点工作指南（试行）》，正式确立了全省生态产品价值年度核算与发布制度，明确了 GEP 核算年度报告内容、成果上报与评审流程、对外发布内容等具体要求。2019 年，丽水市完成全国首个乡镇和行政村的 GEP 核算评估试点；2020 年，丽水市完成首批 18 个示范乡镇 112 个行政村的 GEP 核算，完成全国首个国家公园的 GEP 核算评估；2021 年，丽水市完成全市 9 县（市、区）172 个乡（镇、街道）的 GEP 核算评估。根据中国科学院生态环境研究中心的测算，2018 年丽水市生态产品总值为 5024.47 亿元，其中生态系统调节服务产品总价值为 3659.42 亿元，占丽水市生态产品总值的72.83%；文化服务产品总价值是 1202.18 亿元，占比为 23.93%；物质产品总价值是 162.86 亿元，占比为 3.24%。2017 年至 2018 年，丽水市 GEP新增了 351.58 亿元，按可比价计算，增幅为 5.12%。

（二）探索建立基于 GEP 核算的成果应用机制

在推进 GEP 核算结果应用体系化方面，丽水市研究并制定《关于促进GEP 核算成果应用的实施意见》，积极推进 GEP 核算结果进规划、进考核、进政策、进项目，为本地生态产品价值实现提供了强大助力。

进规划是为了将生态产品价值实现纳入经济社会发展全局。丽水市委、市政府从经济高质量发展和共同富裕全局出发，将 GDP 和 GEP 实现"两个较快增长"写入了《丽水市国民经济和社会发展第十四个五年规划和二〇三五年远景目标纲要》和《丽水加快跨越式高质量发展建设共同富裕示范区行动方案（2021—2025 年）》，明确了 GEP 达到 5000 亿元等目标。此外，丽水市还编制了全国首个地级市《生态产品价值实现"十四五"专项规划》，明确把 GEP 核算作为生态产品价值实现的基础性制度。

考核是领导干部工作成效的"度量衡"、干事立业的"指挥棒"。进考核是为了调动领导干部积极主动参与生态产品价值实现。丽水市分别对政府部门和领导干部个人出台了考核办法。一方面，建立 GDP 和 GEP 双考核机制。2020 年出台《丽水市 GEP 综合考评办法》，将 GDP 和 GEP 双增长双转化等 5 类 91 项指标纳入市委综合考核，明确各地各部门在提供优质生态产品方面的任务。另一方面，健全领导干部自然资源资产离任审计制度。2020 年出台的《丽水市领导干部自然资源资产离任审计实施办法》中，将生态产品价值实现作为领导干部离任的审计内容之一，进一步压实了领导干部在生态产品价值实现机制方面的责任。

政策创新与落实是生态产品价值实现的重要保障。进政策是为了充分发挥政府在生态产品价值实现中的引导作用。丽水市将 GEP 核算结果用到财政金融政策中，充分发挥政府资金和金融政策的引导作用。在财政政策方面，浙江省创新推出生态产品质量和价值相挂钩的省级财政奖补机制，其中 GEP 绝对值指标的权重为 40%、增长率指标的权重为 60%，并将丽水市作为试点城市。同时，丽水市以公共生态产品政府供给为原则，建立了基于 GEP 核算的生态产品政府采购机制。如，云和县政府按照水源涵养、气候调节、水土保持和洪水调蓄四类调节服务生态产品价值的 0.1%—0.25% 进行采购。在金融政策方面，丽水市创新推出了基于 GEP 收益权的"生态贷"。例如，景宁县建立了 GEP 增量政府采购制度，将银行 GEP 增量的预期收益作为还款来源，推出基于 GEP 增量的信贷产品。青田县将确权与 GEP 相结合，探索颁发了全国首个生态产品产权证，并以生态产品的使用经营权为质押担保，推出基于 GEP 的直接信贷产品，激活 GEP 的经济价值和金融属性。

三　生态产品价值经营开发机制：实现路径

多年来，丽水市致力于培育"生态＋"产业，推进产业生态化和生态产业化发展，积极拓宽"绿水青山就是金山银山"转化通道。

（一）千方百计"鼓腰包"：生态农业增效增收

丽水市的生态环境优良、山地气候明显，但耕地资源不多、集中连片耕地较少。丽水市充分利用自身资源禀赋，在全国率先提出发展生态精品现代农业。坚守"小而特、小而精、小而美"理念，坚持"适度规模、错时错位、生态精品"原则，坚持"农旅融合、产业链延伸、价值链提升"战略，通过"四化（生态化规划、标准化生产、品牌化经营、电商化营销）"策略，探索"丽水山耕"生态有机农产品、"丽水山居"农家精品民宿、"丽水山景"乡村旅游、"丽水山泉"优质水产业等"山"字系品牌集成发展之路，积极推进生态优势向经济优势、发展优势的转化。

一是对标欧盟，农业高质量绿色发展硕果累累。近年来，丽水市实施严格的农产品质量安全要求，制定了放心农产品准入标准、农药化肥使用管理制度、农产品销售登记制度、农产品质量管控制度、农残超标的惩戒措施，从严从实推进农药化肥严格管控工作。依托"花园云"平台，建成"对标欧盟肥药双控"分平台，实时监管农药化肥销售、使用情况，实现全市域、全方位、全链条精密智控。截至 2021 年，丽水市已推出禁限用农药 152 种，欧盟撤销登记并列入建议清单的 105 种农药全部禁限用，同时提出禁限用替代农药 112 种。丽水案例《对标欧盟，打造肥药双控升级版》荣膺全国绿色农业十佳发展范例。丽水做法被农业农村部授予全国首个"全国名特优新高品质农产品全程质量控制创建试点市"，并在全省农业绿色发展暨"肥药两制"改革现场会上做典型发言，助推浙江省"肥药两制"改革的深入实施。连续多年，全市农资经营追溯系统覆盖率 100%，省级农产品质量安全放心县和追溯体系县覆盖率 100%，2022 年农药使用量比 2017 年减少 17.68%，化肥使用量比 2017 年减少 14.86%。2019 年，丽水市荣膺全国首个名特优新高品质农产品全程质量控制试点市。2021 年，丽水市发布全国首个《农资经营基本规范》，进一步完善农资市场经营秩序管理。

二是品牌引路，高质量融入长三角一体化发展战略。近年来，丽水市坚持走生态农业的"小而精""小而美"之路，涌现出一批新型农业生产经营主体和一批具有较大影响力的农产品品牌。然而，小而散的农业模式难以实现小农户与大市场的对接，难以实现"酒香不怕巷子深"的品牌影响力，农产品急需品牌加持以实现小而美的生态溢价。2014 年，丽水市通过推进土壤数字化服务平台建设，实施"对标欧盟·肥药双控"行动，打造"丽水山耕"农业区域公用品牌。通过在全部品类推行农产品溯源监管，构建农业企业子品牌严格准入标准，打通全产业链所有节点的统一标准和统一管理，解决了困扰零散农业经营主体的产品营销、冷链加工、物流配送等方面难题，有效提升了产品质量、生态溢价，有力拓宽了"绿水青山就是金山银山"转化的通道。到 2020 年，"丽水山耕"这一区域品牌已连续 3 年蝉联全国区域农业形象品牌榜首位，年营销总额高达 108 亿元，品牌溢价超出 30%。

同时，丽水首创乡镇级农村电商服务中心"赶街模式"和"赶街村货模式"。2013 年，为早日实现"全面小康"，遂昌县积极探索农产品网络销售渠道，引领农户触"网"谋发展。随后，在总结农产品网络销售经验基础上，成立了一家县域农村电子商务服务站，开始为偏远山村居民购买农资农具、销售自产农家零散农产品提供服务。经过几年的发展，逐渐形成了涵盖乡村消费电商、农产品电商、物流、金融等服务业务的"赶街模式"，探索出一条打通乡村与城市资源共享、物资互通的道路。在"赶街模式"成果经验基础上，遂昌县于 2016 年推出"赶街 3.0 战略"，将合伙人制度从县、乡两级扩展为县、乡、村三级，进一步拓宽服务下乡、村货进城的双向渠道。赶街商品库不再局限于农特产品、农业生产资料、农民生活资料，新增了保险、金融、电信、招工、旅游、培训等内容，这标志着"赶街模式"从农村电商到乡村生活服务平台的战略转型。"遂昌赶街"在农村电商领域的突出创新和实践，得到业内专家的高度关注和认可，阿里研究中心和中国社科院在 2013 年曾联合发布"遂昌模式白皮书"；2015年至 2018 年，受商务部的委托，遂昌县负责国家层面的《农村电子商务服务规范》《农村电子商务工作指引》和《农村电子商务强县标准》的起草工作。2018 年，丽水市又创新发展了"赶街村货模式"；2021 年，丽水市实现农村电商全覆盖，全市共有近百个村、镇成为"淘宝村"，农特产品网络销售额突破 200 亿元。

三是立足优势，不断增强生态精品农业竞争力。在丽水，品质农业是一场关乎农业生产体系的革新，是以农产品优质安全为基础，以国际化对标、产业化经营、组织化发展、标准化生产、全程化管控、数字化赋能为抓手，打造现代科技与传统农耕相结合的、需求侧与供给侧相贯通的现代农业生产体系。近年来，丽水市高标准建成浙江省农业绿色发展先行示范市，9 个县（市、区）全部成为农业绿色发展先行县，累计建成示范区 100 个、累计培育示范主体 1000 家。深入实施生态精品现代农业"912"工程（9 个示范县、100 个示范乡镇、200 个示范主体、2000 个生态精品农产品），培育发展食用菌、茶叶、水果、蔬菜、中草药、畜牧、油茶、笋竹等特色优势产业。农业"两区"建设不断发力，生态农业产业平台建设日臻完善，建成粮食生产功能区 45 万亩，占全市耕地面积的三分之一；建成国家级农业特色产业强镇 1

个、国家级特色农产品优势区 1 个；9 个县（市、区）建成省级现代农业园区、省级特色农业强镇和省级特色农产品优势区。

（二）千锤百炼"迎蜕变"：生态工业提质升档

近年来，丽水以省级生态工业试点市建设为契机，以加快生态工业经济高质量发展为目标，通过注重顶层设计有定力、注重转型升级强内力、注重动能培育添活力、注重环境优化增动力等举措大力培育生态工业，全力打造生态工业高质量发展绿色低碳"新名片"。2021 年，丽水建立全市高耗低效、招大引强、重点技改三张清单进度通报制度，开展市级绿色低碳工厂创建，积极开展省级工业和绿色制造试点示范，全力推进工业"碳效码"应用。

一是厉行高碳低效"淘汰整治"。2021 年 9 月，2021 年高耗低效企业整治进度清单正式核定，同一时期出炉的还有 2021 年丽水全市开发区（园区）决策入园制造业项目情况和全市工业投资及规模以上企业实施技改清单。作为丽水全市高耗低效、招大引强、重点技改三张清单，该制度出台以来做到了月月通报，鞭打"慢牛"，为丽水市绿色低碳示范行动开了一个好头。同样实现生态工业高碳低效"淘汰整治"的典型案例，还有丽水经济技术开发区合成革产业的"凤凰涅槃"。为了达到年初设立的目标，丽水经开区创新实施"绿色化转型、集群化发展、数字化赋能"的"三化"举措，大力推进产业转型升级、跨代提级。2021 年初，丽水经开区被中国轻工业联合会授予全国唯一的"中国水性生态合成革产业基地"，转型做法被列入 2021 年全省 18 个"腾笼换鸟、凤凰涅槃"典型案例之一。绿色化转型变得势在必行，丽水经开区争创国家级绿色园区，将"强力去污"腾空间、"循环利用"降能耗、"绿色引领"定标准纳入了改革日程。此外，丽水经开区还施行集群化发展，打造全国最大生产基地；数字化赋能，汇集全球产业链资源。"十四五"时期，丽水经开区将以工业互联网平台为牵引，构建基于"产业大脑"的特色未来工厂数字技术体系，形成订单接收、智能合约签订、自动排单、供应链资源调度、发货和收款的一体化。

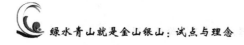

二是实施绿色制造试点示范。2021 年，浙江省经济和信息化厅、浙江省发展和改革委员会、浙江省生态环境厅出台《关于加快推进绿色低碳工业园区、工厂建设的通知》。截至 2022 年，丽水建立绿色产业示范基地 1 个、省级绿色低碳工业园区 2 个、省级绿色低碳工厂 4 家、市级绿色低碳工业园区 3 个、市级绿色低碳工厂 47 家。同时，浙江天喜厨电股份有限公司、浙江中广电器股份有限公司荣获"国家绿色工厂"称号，浙江昶丰新材料有限公司的"装饰用水性生态合成革（Autumn/秋天、Forest/森林）"获评国家级"绿色设计产品"。丽水经开区先后被授予"中国合成革循环经济试点基地""国家级循环化改造试点园区""中国水性生态合成革产业基地"等荣誉称号。

在绿色工厂方面，浙江晨龙锯床股份有限公司是国内最大的锯床生产厂家之一，目前具有年产 5000 台金属带锯床的生产能力。近年来，企业在绿色工厂创建上投资甚巨：积极推进新能源应用，在厂房屋顶建设光伏发电系统，充分利用太阳能，减少不可再生能源的使用；产品生产过程中使用喷丸处理强化处理工艺替代原来采用的磷化和打磨除锈工艺，消除了磷化液、粉尘对环境的污染；采用三维数字化设计，利用仿真软件进行力学分析，通过优化整体结构，实现原材料的最大化利用，减少材料浪费。同样实现绿色制造的还有浙江华威门业有限公司。企业在基础设施、管理体系、能源与资源投入、产品、环境排放、绩效这六部分开展绿色低碳工厂创建，接连采用智能化自动生产线，降低能源使用量，提高劳动生产效率；建立能源管理在线监测系统，实现重点设备能耗在线监测，建立能源管理考核制度；定期委托第三方机构编制碳排放核查报告和碳足迹报告，为绿色工艺改造提供理论基础。除了以上试点示范之外，丽水市还积极鼓励开展资源综合利用，鼓励企业利用三剩物、次小薪材、锯末加工生物质压块、生物质燃料颗粒，利用废渣加工砌块、水泥、砖，利用三剩物等发电或供热。在生态工业高效产能下，丽水能源、资源再循环、再利用新体系重塑而生。

（三）千山万水"卖风景"：生态旅游跨越式发展

作为浙江省旅游业起步最晚的地区之一，丽水市近年来高举生态旗，打好生态牌，通过优化旅游发展空间布局、丰富旅游发展产品体系、延伸旅游发展产业链、创新旅游宣传营销机制等举措，以文化体验、生态养生、运动休闲、避暑度假为主题，成功塑造画乡莲都、剑瓷龙泉、世界青田、童话云和、菇乡庆元、黄帝缙云、康养遂昌、田园松阳、畲乡景宁等生态旅游目的地；构建宜居、宜业、宜游的城、镇、村三级景区化体系，打造"一户一处景、一村一幅画、一镇一天地、一城一风光"的全域大美格局；以红绿融合、文旅融合、浓绿融合为特色，讲好丽水故事，持续开发"山系"乡村旅游产品，统筹塑造"秀山丽水、诗画田园、养生福地、长寿之乡"旅游区域品牌。具体做法如下。

一是生态塑形，增强生态旅游目的地颜值。丽水市将乡村建设与自然生态有机相融，保护好生态基底，保证自然肌理与聚落形态传承延续，保持富有传统山水意境的乡村景观格局。将乡村建设与花园美景有机相融，引导农户种植既有景观效果又有经济效益的花卉果蔬，打造花园庭院、花园田园、花园民宿，形成了"山环水绕、鸟语花香，阡陌交错、稻麦飘香"的乡村风情。2021年完成首批200个花园乡村已启动创建，好生态与大花园交相辉映、诗画田园与美丽乡村相互交融的丽水山居图正从远景走向现实。

二是文化注魂，提升生态旅游景点神韵。全市坚持以文化传承守护乡村之"魂"，进一步加强非物质文化遗产传承发展，挖掘农耕文明，复兴乡土民俗，保留乡愁记忆。全面开展"拯救老屋"行动，共开展八批次484个历史文化村落的保护利用。全市共有257个村被认定为国家级传统村落，成为华东地区历史文化村落数量最多、风貌最完整的地区，被誉为"江南最后的秘境"。

三是党建立根，夯实生态旅游基础。深入推进自治、德治、法治"三治融合"，充分运用"整体智治"的手段，构建乡村治理新体系，促进善治乡村建设，全力打造乡村治理现代化先行区。截至2021年，全市已成功创建全国乡村治理试点县1个，全国乡村治理示范村7个，省级善治示范村432个。全面推进"清廉村居"建设，制订并发布《丽水市清廉村居建设三年行动计划》，规范化运行小微权力、大力弘扬廉政文化，营造良好

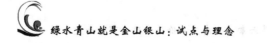
的基层政治生态，打造了一批干部清正、政治清明、社会清朗的清廉村居。

近年来，丽水市积极推进品牌赋能生态旅游，累计创成 5A 级旅游景区 2 家、4A 级旅游景区 23 家。一方面，成功打造"丽水山景"农旅融合区域公用品牌，发展"丽水山景＋"业态，有效促进旅游业全区域、全要素、全产业链发展。2020 年，全域旅游产业增加值占 GDP 比重达 9%，累计保护中国传统村落 257 个，占全省总数的 40.4%，省级传统村落 198 个，占全省 634 个的 31.2%。另一方面，发布市级地方标准《"丽水山居"民宿服务要求与评价规范（DB3311/T 106—2019)》，打造"丽水山居"民宿区域公用品牌，建立民宿联盟。2022 年，丽水市共有 3451 家农家乐民宿，从业人数 2.62 万人，共接待游客 2666 万人次，实现营业总收入 27 亿元。

四　生态产品价值保护补偿机制：重要手段

生态产品价值保护补偿是以生态产品价值量为基准，坚持"使用者付费""保护者受益"原则，采用纵向转移支付、横向生态补偿、异地开发利用等方式，将生态价值转化为经济价值，实现优质生态产品可持续和多样化供给。

（一）完善集体林地纵向生态保护补偿制度

近年来，丽水市以百山祖国家公园创建为载体，在全国首推集体林地地役权改革，积极探索不改变集体林地权属关系，建立科学合理的生态补偿机制和生态资产共管机制，推进自然资源资产统一有效管理，实现生态效益、经济效益和社会效益的"共赢"。其中，《浙江省丽水市探索集体林地地役权制度》入选 2020 年度全国集体林业综合改革试验典型案例。

在以"一园两区"思路创新推动钱江源——百山祖国家公园建设过程中，针对百山祖园区集体林地占比高、人口密度大、林地权属复杂的问题，丽水市积极实施国家公园集体林地地役权改革，探索地役权补偿机制和集体林地共管机制。2020 年 4 月，丽水市政府出台《百山祖国家公园集体林地设立地役权改革的实施方案》，规定 2020 年的地役权补偿标准为 43.2 元/亩·年（含生态公益林和天然林停伐补助），今后参照浙江省公益林补助标准的提高额度而同步提高，地役权设定年限与林地承包剩余年限相一致。截至 2020 年，丽水已全面完成涉及龙泉、庆元、景宁 3 县（市）10 个乡镇（街道）33 个行政村的 36054 公顷集体林地数据建库入库，共确权登记国有林地 14.43 万亩 17 宗地，集体林地 56.50 万亩 456 宗地，村民小组决议 234 份，村民代表会议决议 43 份，农户、村民小组、村集体经济组织委托书 7417 份，发放林地不动产权证书 473 本，林地地役权登记证明 455 本，登记率达 96%，实现了国家公园集体林地规范统一管理，促进了自然资源原真性和完整性保护。

同时，丽水市始终将生态保护、绿色发展与乡村振兴、共同富裕紧密结合。通过实施生态补偿惠农、生态红利共享，破解效益持续难题。一是可以获得补偿收益。集体林地被纳入国家公园统一管理后，国家公园内的 6200 余名林农作为供役地权利人，每年可获得 2700 余万元生态补偿资金。二是可通过林权抵押贷款获得创业资金。丽水市创新开展了林地地役权补偿收益质押贷款融资，户均可贷 8 万元，实现"叶子"变"票子"、"资源"变"资金"。三是原住村民享有先有优先权。在同等条件下，原住村民享有生态农业、生态体验、游憩等特许经营项目优先权；享有聘用国家公园巡护管理公益岗位优先权；当地产品在符合条件并经许可情况下，可以使用百山祖国家公园品牌标识；持有原住民身份信息可在国家公园免费参观游览。

（二）建立瓯江流域横向生态保护补偿机制

丽水市以瓯江全流域上下游生态保护补偿机制建设为重要抓手，以深入践行"丽水之赞"担纲"丽水之干"，全维度、全过程做好"统筹""防治""联动"三篇文章，坚决打赢碧水保卫战，取得了良好成效。在全省城市地表水环境质量监测排名中，丽水市连续多年稳居全省第一。主要做法如下。

一是积极构建生态保护补偿体系。丽水市紧紧遵循"丽水之赞"的要求，创新提出"水生态共同体"理念，通过统筹兼顾、整体施策、多措并举，深入推进瓯江流域上下游之间的横向生态保护补偿机制建设。为进一步扩大生态横向补偿覆盖面，全域统筹将龙泉—云和、遂昌—松阳、莲都—青田、松阳—莲都、云和—莲都等7个上下游交接断面纳入机制建设。瓯江流域试点的6县（市、区）每年各出资500万元，共同设立瓯江流域上下游横向生态补偿资金，全方位共商补偿协议，合理设置山溪性河流的补偿基准，创新推出资金补偿、对口协作、产业转移、人才培训、共建园区、排污权交易、水权交易等多元化的补偿方式，实现了激励与约束并举、上下游协同发展的长效机制。

二是不断完善生态治理体系建设。把做好"防治"文章作为丰富落实瓯江流域上下游生态保护补偿机制建设的重要载体，充分发挥好生态保护补偿机制的杠杆撬动和"倒逼"引导作用，着力完善瓯江全流域环境共保体系建设。一方面，自我加压抓防治。在全面完成省里交给丽水市的工业园区（工业集聚区）"污水零直排区"建设任务基础上，丽水市自我加压，以首战当决战、决战必决胜的信心，提前实现全市11个省级以上工业园区（工业集聚区）"污水零直排区"的全覆盖 同时，全市统一组织开展了"低小散"企业分类整治行动，下狠功夫推进工业企业固定源氮磷污染防控工作，提前完成了全市10家涉水行业企业整治任务。另一方面，多措并举强防治。为保护好瓯江"母亲河"的水质不下降，丽水全市上下按照"补短板、强监管、走前列、勇担当"的工作要求，全力推进水利事业实现高质量绿色发展。切实加大了瓯江流域水生态保护治理的投资力度，如瓯江龙泉溪流域自2017年以来实施治水项目29个、总投资达到了5.03亿元；截至2018年9月底，瓯江大溪流域实施治水项目32个、总投资9.98亿元，已完成了76%；莲都区2022年投资1.94亿元，实施瓯江大溪段6个治水项目。同时，积极探索实施市场引导的治理污染方式，持续开展排污权有偿使用和交易工作，截至2018年9月底，已完成636家新建项目排污权交易工作、交易金额为745.5万元。2020年，全市完成水利建设投资35.9亿元，实施24个重大水利建设项目和开展9个重大项目前期，全力推进"幸福河湖"创建和农村饮水达标提标工程建设。2021 年，全市完成水利建设投资 43.13 亿元，农田灌溉水有效利用系数测算获省级考评优秀等级。

三是强化生态保护补偿责任落实。出台丽水市级饮用水源地《饮用水源地补偿实施办法（试行）》《饮用水源地保护生态补偿管理办法（试行)》《饮用水水源地保护生态补偿分配细则及考核办法（试行)》等系列文件，规定用水区安排财政专项补偿资金向供水区进行转移支付，规范生态损害赔偿资金的使用和分配管理。同时将流域上下游县（市、区）横向生态保护补偿机制建设纳入年度综合考核、"美丽丽水"建设考核重要内容，并纳入市政府重点督查内容。统筹协调提高综合考核结果运用，通过补偿协议"倒逼"各地"防治"并举，切实增加流域水生态保护治理投入，初步建立"保护者受益、损害者付费、受益者补偿"的生态保护补偿机制。

（三）健全生态环境损害赔偿制度

近年来，丽水市深入贯彻"绿水青山就是金山银山"发展大会精神，坚持"发展服从于保护，保护服务于发展"，聚焦生态环境保护与修复，稳步推进生态环境损害赔偿制度，不断完善生态文明制度体系。具体做法如下。

一是加强领导抓合力。2018 年，丽水市成立生态环境损害赔偿制度改革工作领导小组，由市政府主要领导担任组长，分管副市长担任副组长，21 个相关部门负责人为成员，负责统一领导全市生态环境损害赔偿制度改革工作。

二是建立制度抓落实。丽水市出台了《丽水市生态环境损害赔偿制度改革实施方案》，规范磋商和修复行为，强化损害赔偿资金的分配管理，促进受损生态环境修复。充分发挥环境监管网格员效能，加强生态环境损害监测预警，通过实行企业环境信用评价、完善企业环境风险管理措施，从源头减少生态环境损害事件发生。将生态环境损害赔偿工作完成情况纳入市委、市政府年度综合考核和美丽丽水建设考核，进一步强化了推动该项工作的刚性。

三是创新路径抓实效。在富春紫光水务有限公司生态环境损害赔偿案中，松阳县 10 部门联合出台《关于生态环境损害赔偿磋商工作的若干规定（试行）》，根据司法案例、国家有关规定或标准，推动司法确认，提出各方均认可的生态环境损失计算方法，计算赔偿金额 120 万元，为高效解决赔偿问题提供了更合理的办法；在胡某某非法捕捞饮用水源保护区内净化水质的水产品生态环境损害赔偿案中，探索自行修复模式，由胡某某自愿购买 1000 尾鱼苗在饮用水源保护区进行放生。在公益诉讼探索中，丽水市灵活运用法律解释的方法，围绕裁判规则、损害鉴定、生态修复等探索解决问题的途径。目前，全市法院审理环境资源类公益诉讼案件 103 件，占全省该类案件总数的 50% 以上。青田县人民法院发出全省首份刑附民公益诉讼案件"行业禁止令"，禁止违法排放污水的被告人在刑期满三年内从事污水处理及相关经营性活动，获生态环境部表扬并列为典型案例。

四是统筹协调抓督查。为加强对全市生态环境损害赔偿制度改革工作的领导，推动生态环境、自然资源（林业）、农业、水利以及法院、检察院、公安等部门联动，形成信息共享、线索移送、联席会议、案件会商、联合调查等长效机制，负责指导、协调生态环境损害赔偿相关事项，评估考核生态环境损害赔偿监督管理成效等重大事项。将生态环境损害赔偿工作纳入美丽丽水建设考核督查范围，汲取借鉴省内发达地区工作经验，加强纵向业务沟通，确保各县（市、区）生态环境损害案例办理工作推进有序、依法合规。

五是严管资金抓保障。丽水市制定了《生态环境损害赔偿磋商管理办法（试行）》《生态环境损害修复管理办法（试行）》《生态环境损害赔偿资金管理办法（试行）》等系列制度文件，规范损害赔偿资金的分配管理，规定向需要进行生态修复的生态红线区、环境敏感区优先考虑、适当倾斜，强化资金保障。设立以"个人赔偿损失＋财政支出"为来源的生态环境修复专项资金，统筹用于污染防治、生态修复等支出，目前筹集修复资金共计 200 余万元。

五　生态产品价值实现保障机制：强大支撑

（一）建立生态产品价值考核机制

一是实施领导干部自然资源资产离任审计制度。丽水市对全市乡镇（街道）、"绿水青山就是金山银山"实践创新基地、开发区、国家公园、自然保护地等部门的党政干部在自然资源资产管理和生态环境保护方面应承担的责任做出了明确规定。同时规定，干部离任时需要进行自然资源资产的审计。审计内容主要为生态空间管控、生态环境保护、生态产业开发、生态从市场探索等方面。审计结果作为考核、任免、奖惩领导干部的重要依据。

二是推进 GEP 和 GDP 双考核制度。为充分调动领导干部在生态产品价值实现中的积极性，丽水市充分运用 GEP 考核的"指挥棒"作用。丽水市分别对政府部门和领导干部个人出台了考核办法。一方面，建立 GDP 和 GEP 双重考核的机制。出台《丽水市 GEP 综合考评办法》，将 GDP 和 GEP 双增长双转化等 5 类 91 项指标纳入市委综合考核，明确各地各部门在提供优质生态产品方面的职责。另一方面，完善考核结果运用机制。对名列前茅的县（市、区）给予财政、经费、用地指标、项目落地等方面的优待。

（二）建立生态环境保护利益导向机制

1. 建立生态信用积分（绿谷分）体系

近年来，丽水市探索建立了涵盖工商企业、社会组织、村庄和个人的生态信用积分体系。

一是出台《丽水市生态信用行为正负面清单（试行）》，从正面清单的生态保护、生态经营、绿色生活、生态文化、社会监督五个维度共列 18 条，负面清单的生态保护、生态治理、生态经营、环境管理、社会监督五个维度共列 30 条对企业和个人进行信用赋分，建立生态信用守信激励、失信惩戒机制。

二是出台《丽水市绿谷分（个人信用积分）管理办法（试行）》，创建个人信用积分评价体系"绿谷分"App，实行个人自愿注册参与评分，从高到低设立5个等级，分别为AAA级、AA级、A级、B级、C级。对信用等级AA级及以上个人采取激励性措施，享受服务优惠、绿色通道、重点支持、媒体宣传等优惠激励政策。丽水市个人信用积分"绿谷分"，是由浙江省自然人公共信用积分和丽水市个人生态信用积分两者相加计算而成。个人生态信用积分从生态环境保护、生态经营、绿色生活、生态文化、社会责任、一票否决项6个维度考量，最后根据指标细项，加权平均计算而成。2020年，丽水第一位"绿谷分"个人信用评级AAA级的市民王怡武享受到了半价游览云和梯田景区的优惠。

三是出台《丽水市企业生态信用评价管理办法（试行)》，对丽水市行政区域内重污染行业企业、产能严重过剩行业企业、规模以上农业生产经营主体等10类进行生态信用评价和管理。

四是出台《丽水市生态信用村评定管理办法（试行)》，对丽水市行政区域内的行政村进行生态信用等级评价。生态信用村评定结果分为AAA级、AA级、A级、B级4个等级，其中AAA级生态信用村享受绿色金融、财政补助、科技服务、创业创新、生态产业扶持等多项激励举措。

2. 引导建立多元化资金投入机制

一是创新"两山金融"服务体系，解决了生态产品融资的"信用背书"问题。在出台《关于金融助推生态产品价值实现的指导意见》中创新推出与生态产品价值直接挂钩的"两山贷""生态贷""GEP贷"等金融产品。通过抵押权属明晰生态产品的价值评估、生态产品政府购买的价值预测、生态产品市场交易的未来收益，实现GEP可质押、可变现、可融资。创新推行基于个人生态信用评价的"两山贷"金融惠民产品，将生态信用评定结果作为贷款准入、额度、利率的参考依据，以生态信用评级兑现金融信贷支持。

二是探索与生态产品质量和价值相挂钩的财政奖补机制。以公共生态产品政府供给为原则，建立基于GEP核算的生态产品政府采购机制。省级层面，在建立出境水水质、森林质量等财政奖补的基础上，率先在丽水试行与生态产品质量和价值相挂钩的奖补机制。市级层面，研究并制定了丽水市（森林）生态产品政府采购制度，明确向"两山公司"等市场主体购买水源涵养、水土保持等调节服务类生态产品。县级层面，9县（市、区）均出台生态产品政府采购试点暂行办法、政府采购资金管理办法。

（三）加大绿色金融支持力度

1. 推进农村宅基地"三权分置"改革

2014年以来，丽水市成立了农村产权制度改革领导小组，出台了《农村宅基地"三权分置"改革试点工作指导意见》《关于加快推进农村宅基地"三权分置"改革抵押融资工作的指导意见》《关于促进闲置农房盘活利用意见》等系列文件，积极探索宅基地"三权分置"改革。一方面，稳步推进农村宅基地的确权颁证工作。因农村宅基地情况较为复杂，既有因交易形成的一户多宅，也有因继承形成的一户多宅，也有建新房但未拆旧房形成的一户多宅，还有满足分户条件但未分户形成的一户多宅，以及整户户籍转出村集体等情形，实践中采取"老人老办法、新人新办法"的原则，积极探索宅基地资格权认定可推广、可复制的经验。截至目前，丽水已完成农村宅基地确权登记54.35万宗，确权率为99.9%。另一方面，积极落实农村宅基地"三权分置"改革。丽水市发布农村宅基地"三权分置"改革的系类文件，出台用于宅基地使用权流转的不动产权证登记制度，探索农村宅基地集体所有权落实、宅基地农户资格权保障、宅基地及农房使用权放活等政策举措创新，以便打通农村宅基地和住宅的确权抵押、银行信贷等"症结"之处。莲都、青田、松阳和遂昌4个县（区）的试点工作取得了初步成效。

2. 推行农村金融改革

经过多年的创新实践探索，丽水市已初步形成金融功能完善、具有普惠性质的"丽水金融模式"。一方面，积极推进农村"三权"抵押贷款扩面增量。自2004年的农村金融改革以来，丽水市不仅鼓励建立政府、村级互助担保组织、行业协会、企业四级担保组织体系，还出台政策引导金融机构创新金融贷款抵质押物。截至目前，丽水市已形成较为成熟的林地、茶园、香榧、石雕、光伏、民宿收益权及农副产品仓单股权、农村水利工程产权、公益林补偿收益权、林下经济预期收益等抵（质）押贷款产品。2021 年，丽水市出台《关于加强金融服务乡村振兴助推丽水山区县（市、区）跨越式高质量发展的实施意见》，加快盘活农村产权步伐。另一方面，积极推进农村信用体系茁壮成长。通过四信联建、信贷惠德等农村信用体系建设，全面推广"统一评估，一户一卡，随用随贷"的"林权 IC 卡"，创新推进生态信用"正向加分，负向减分"的评价和使用制度，加大信用评价高分农户的信贷支持力度，让农民真正实现"凭信用变现，凭诚信融资"。丽水市发布了全国首个农村信用体系建设地方标准《农村信用体系建设规范》，建成了全国首个信用信息平台，实现个人和企业信息采集"一键查询"，为全市信用农户累计贷款 400 多亿元，对 985 户农村文明户发放免抵押贷款 7530 万元，为 73% 的行政村办理了"整体批发集中授信"纯信用贷款业务。

3. 探索"两山银行"试点

丽水市以生态产品价值实现机制国家试点为契机，创新运用跨山统筹、创新引领、问海借力三把"金钥匙"，创新建设"两山银行"平台载体，创新开设"金融+两山公司+生态信用农户"模式，完善提升生态信用评价和使用机制，迭代升级生态产品价值实现机制体系。2019 年，景宁设立全国首个生态产品价值实现专项资金，发放首笔 188 万元生态增量奖励金。2020 年，缙云"两山银行"向 5 户农民发放"生态通"贷款，并向大洋生态强村公司授信 3000 万元，向两家村经济合作社分别授信 1000 万元。

4. 启动"碳效码"全面应用

2021 年 11 月 21 日，《丽水市银行业保险业碳效金融业务操作指引（试行）》（以下简称《指引》）出台。"碳效码"这个新名词进入丽水生态工业视野。"碳效码"是指浙江省统计局、浙江省经信厅结合统计、电力等部门数据，将重点规上工业企业（主营业务收入 2000 万元以上）生产经营时所产生的电、气、煤、油等数据，根据碳排放因子换算为碳排放量，实现企业碳排放数据的测算和监测，同时自动生成企业碳效标识，形成差异化碳效等级。根据工业企业碳效等级评价清单，浙江省金融综合服务平台丽水专区形成"金融碳效码"标签。碳效等级 1、2 为金融碳效绿码，碳效等级 3 为金融碳效黄码，碳效等级 4、5 为金融碳效红码。2022 年，丽水全市金融机构将对金融碳效绿码企业、贷款人适当提高授信额度；对金融碳效红码企业，符合安全环保要求、有订单有效益的提供技术改造贷款等融资保障，大力推广环境污染责任险等保险产品，支持企业绿色低碳转型。《指引》内所称的碳效金融业务，就是指将碳排放情况纳入差别化绿色信贷和绿色保险政策，以丽水工业企业"碳效码"评价结果为依据。目前，由银行业金融机构、保险业金融机构向符合条件的市场主体办理的信贷、保险业务，简称"浙丽碳效贷""浙丽碳效保"，自《指引》印发之日起已全面向全市推广、试行。

六 生态产品价值实现推进机制：组织保障

（一）有序推进生态产品价值实现试点示范

一是圆满完成全国首个生态产品价值实现试点市建设任务。自 2019 年成为全国首个生态产品价值实现机制试点市以来，为查清生态资源资产的质量和数量底数、健全生态补偿机制、完善市场化交易机制、探索多元主体共建机制，丽水市着力破解体制机制障碍，形成 GEP 核算、GEP 结果运用、核算横向生态补偿、产权制度改革、金融改革、生态资产运营等方面的可示范、可复制、可推广路径。丽水市的实践探索为全国山区生态文明建设提供了借鉴，也为国家生态文明建设积累了经验。2021 年 4 月 28 日，国家发展改革委有关负责同志就《关于建立健全生态产品价值实现机制的意见》答记者问，多次点赞丽水为《关于建立健全生态产品价值实现机制的意见》出台提供的坚实基础。

二是全面推进生态产品价值实现示范区建设。以生态产品价值实现机制试点市建设为目标，丽水通过三年来锐意改革实践、大胆探索创新，圆满完成了国家改革试点任务。2021 年 7 月，丽水市出台《中共丽水市委关于全面推进生态产品价值实现机制示范区建设的决定》，率先推动生态产品价值实现机制改革从先行试点迈向先验示范，全面拓宽"绿水青山就是金山银山"转化通道，率先探路加快跨越式高质量发展扎实推动共同富裕。

（二）强化智力支撑

一是建立"两山智库"人才科技集聚平台。与中科院生态环境研究中心、清华大学、美国斯坦福大学等国内外顶尖科研院所合作推进"两山智库"建设，聘请美国科学院院士格蕾琴·戴利等6位专家担任绿色发展顾问，深化生态产品价值实现机制理论研究、开展实践指导。连续三年举办生态产品价值实现机制国际大会，交流研讨生态产品价值实现方面的重大问题、典型经验、有效路径。

二是全面推动企业和社会各界参与。丽水市人大做出《关于推进生态产品价值实现机制改革的决定》，强化把国家试点转化为全市人民的共同意志和行动。在推进生态产品市场体系建设过程中，先后推进示范乡镇、示范企业、示范校园、示范社区（村）建设，选派指导员对接联系示范乡镇、示范企业，指导生态产品价值实现工作、提炼总结典型经验和做法，弘扬生态文化，为完成试点各项任务提供坚实保障。

（三）强化考核督促

一是建立健全监督考核机制。在制定生态产品目录清单、发布核算技术规范发的基础上，开展常态化普查监测机制，形成定期核算发布机制。同时，出台生态产品、自然资源、GEP相关的专项考评办法，对党政领导班子和领导干部在自然资源保护和生态产品价值实现工作进行综合评价。

二是建立健全督查督办机制。依托"丽之眼"生态环境监测网络——浙西南生态环境健康体检中心和报送的丽水市GEP综合考评计分表等资料，市发改委会同有关部门启动生态环境督查制度，定期对全市建设各项任务落实情况进行监督检查和跟踪推进，及时推广成功经验、解决存在的问题。

第七章

生态产品价值实现：丽水典型案例

一　GEP核算：绿色发展新引擎

生态产品价值实现既是绿色发展的内在要求，又是打开"绿水青山就是金山银山"转化通道的现实路径，核心是要回答三个问题，即生态产品价值有多大？怎样转化？如何管理？建立健全生态产品价值评价体系是重要前提和基础。作为全国首家生态产品价值实现机制试点市，丽水在生态系统生产总值（GEP）核算方面干在实处、走在前列，唯实唯新、大胆探索。

（一）"GEP标准"为绿水青山定价

"GEP约为1.6亿元，其中，水源涵养，5152.19万元；气候调节，5449.46万元；负氧离子，8.44万元……"2019年，一份《遂昌县大田村GEP核算报告》进入了大众视野，它是全国首份以村为单位的GEP核算报告，把大田村的好山好水好空气都"打上了价格标签"。

2019年2月13日，丽水市召开了"绿水青山就是金山银山"发展大会，发出生态产品价值实现机制改革试点最强音。大会报告指出，"GEP是指一个地区生态系统提供的产品和服务的经济价值总和，包括提供的物质产品以及调节服务和文化服务，是衡量一个地区生态环境质量及其所蕴含的生态产品价值的综合性指标；GDP是衡量一个地区经济发展水平的综合性指标；形象来说，GDP反映的就是金山银山的价值总量，GEP反映的就是绿水青山的价值总量"。同时，报告指出，"高质量绿色发展内在要求是'两个较快增长'，即 GDP 和 GEP 规模总量协同较快增长，GDP 和 GEP 之间转化效率实现较快增长"。

试点期间，丽水依托中科院生态环境中心、中国（丽水）两山学院，结合山区实际，精心编制《丽水市生态产品价值总值核算指标体系》，建立了市、县、乡、村四级 GEP 核算体系，在此基础上，丽水顺利完成市、县、乡、村 GEP 核算全覆盖。同时系统开发 GEP 核算自动化平台，通过"两山天眼"实现"绿水青山"的实时监测和价值的可视化动态展示。

经过两年的不懈探索，GEP 核算逐渐走向标准化、规范化。2020 年 6 月，中国（丽水）两山学院率先发布全国首个生态产品价值核算地方标准——《生态产品价值核算指南》（DB3311/T139—2020）。2020 年底，浙江省发布全国首部省级 GEP 核算技术规范——《生态系统生产总值（GEP）核算技术规范陆域生态系统》，为生态产品价值实现提供了程序规范和技术保障。

（二）"GEP 价值"为绿色交易定调

2020 年 4 月，云和县发布了全省首个生态产品政府采购试点暂行办法，让政府采购生态产品有了明确的途径和方法。按照该办法，采购参照《云和县 2018 年生态产品总值（GEP）核算报告》，采购量按四项品目总量（值）的 0.1%—0.25% 采购，并附有质量要求。"雾溪乡作为全市生态产品价值实现示范乡镇，云和县以市场单一来源采购的方式，将全县的第一笔生态产品采购资金 83.5 万元注入我们乡生态强村公司，为我们干部群众注入了一针'强心剂'，乡里也第一时间对'两山'红利进行了发放，兑付给参与保护和改善生态环境的群众和集体，让更多人加入护水护绿行列中，一起为 GEP 增值做贡献。"雾溪乡相关负责人介绍。目前，9 县（市、区）均出台了生态产品政府采购试点暂行办法或政府采购资金管理办法。

2020 年 7 月，青田县成功开展了一场基于 GEP 核算的生态产品市场化交易，杭州宏逸投资集团有限公司通过"两山银行"向小舟山乡生态强村公司支付 300 万元，购买项目所在区域调节服务类生态产品，推进合作开发"诗画小舟山"生态旅游项目，让优生态实现好价值。

云和县基于 GEP 核算结果，创新性探索"经济产出价值 + 生态环境增值"的生态资产评估核算方式，基于 GEP 核算结果科学量化出让地块的生态价值，明确生态环境增值部分专项用于生态环境保护与修复。截至目前，已有 4 宗"生态地"成功出让，计提生态环境增值资金共计 75.34 万元。

国家电投集团投资的缙云县大平山光伏发电项目，得益于大洋镇优越的生态环境，光伏发电板使用寿命延长近 5 年，年发电量增长超 10%，投资方愿意支付"生态溢价"回馈乡村；投资方与大洋镇"两山公司"协商，签订调节服务类生态产品购买协议，分年度支付购买资金 279.28 万元……

结合前期指导和试点梳理，丽水市出台《关于促进 GEP 核算成果应用的实施意见》，为推进 GEP 进规划、进决策、进项目、进交易、进监测、进考核等多元应用指明了方向。

（三）"GEP 考核"为绿色发展定向

早在 2013 年，浙江省委、省政府根据主体功能区定位，对丽水做出"不考核 GDP 和工业总产值"决定，考核导向由注重经济总量、增长速度，转变为注重发展质量、生态环境和民生改善。经过多年的探索及丽水实际情况，丽水自我加压，于 2019 年建立了 GDP 和 GEP 双考核机制，制定《丽水市 GEP 综合考评办法》，分 5 大类、91 项指标纳入市委、市政府综合考核，明确各地各部门在提供优质生态产品方面的职责。目前，GEP 和 GDP 作为"发展共同体"一并确立为核心发展指标已纳入"十四五"规划和年度计划；同时，省级层面在丽水试行与生态产品质量和价值相挂钩的奖补机制，市级层面出台了《关于推进生态产品价值实现机制改革的决定》（市人大）、丽水市（森林）生态产品政府采购制度等重要文件。

点评：生态系统生产总值（GEP）核算是生态产品价值实现的前提和

基础，为此必须建立生态产品价值评价体系，当务之急是科学制定生态产品价值核算规范、全面推动 GEP 核算结果实际应用，着力破解"绿水青山"难度量、难交易的现实难题。丽水市结合山区生态系统实际，通过详细编制典型生态系统的生态产品目录清单，率先建立市、县、乡、村四级 GEP 核算体系。针对生态产品价值实现的多元化路径，探索构建行政区域单元生态产品总值和特定地域单元生态产品价值评价体系。鼓励各地先行开展以生态产品实物量为重点的生态价值核算，在此基础上逐步修正完善核算技术规范，不断总结实践经验形成统一标准，为典型地域生态单元的 GEP 核算提供实践遵循和技术保障。全面推动生态产品价值核算结果在生态补偿、环境损害赔偿、经营开发融资、生态资源权益交易等方面的综合应用，创造性推出 GEP "六进" 机制，实现了 GDP 与 GEP 双增长、双转化、可持续、可循环，进而构建高质量绿色发展的现代化生态经济体系。

二　数字赋能：生态增值新思维

浙江是数字化改革先行省份。丽水在生态产品价值实现机制改革过程中坚持数字化思维，运用数字化技术，让生态数据"存起来、连起来、跑起来、聪明起来"，极大拓展了数字赋能生态增值的新思维。

（一）"水流确权"界定一江清水

水自然资源统一确权登记工作是支撑生态文明建设的重要基础。针对水自然资源统一确权登记工作内容量大面广、工作持续时间长、权属争议处理难度大、权籍调查难度高等特点，丽水市按照《自然资源统一确权登记暂行办法》和自然资源统一确权登记相关规程规范等，以不动产登记为基础，充分利用第三次全国国土调查等成果，在青田县开展水流自然资源确权登记省级试点工作，并取得显著成效。

青田试点于 2020 年 4 月开始启动，于年底前完成。试点范围包括瓯江主干道和四都港水域，以水流登记单元为基础开展调查，登记单元长度约为 129 公里，登记单元面积约为 25.98 平方公里。该登记单元共涉及腊口镇、祯埠镇、海口镇、高市乡等 14 个乡镇（街道）87 个行政村。青田在确权试点中形成了"划分登记单元—摸清权属状况—划清'四条边界'—完成确权登记—成果公示与应用"整条闭环。

"试点的最大亮点在于确定登记的基本方法，通过依托数字技术，实施倾斜摄影三维建模、VCR 展现，建立自然资源三维登记模式"，丽水自然资源和规划局相关负责人介绍，试点水域范围内划清了"四条边界"（即全民所有和集体所有之间的边界以及不同集体所有者的边界，全民所有、不同层级政府行使所有权的边界，不同类型自然资源之间的边界），为进一步激活"水经济"创造了很好的条件。

（二）"数字林改"激活森林资源

龙泉市针对前期公益林改革过程中梳理出"面积不准、界址不清，矛盾多发、微腐时发，流转盘活难、抵押贷款难"等问题，以公益林数字化改革为切入点，创新实践了"益林富农"跨场景应用。

数字赋能精确落界。基于天地图、卫星遥感地图等标准地图，结合无人机航拍、实地勘验等技术路径，依托省、市一体化智能化公共平台回流数据，建成公益林数字化落界系统，将过去文字描述的四至信息转化成精准的坐标数据，精准率从原来的 86% 提高到 99% 以上。横向联动林业、司法、公安、应急等部门，纵向贯通 19 个乡镇（街道）开展精确落界，林界现场指认，600 多起长期纠纷当场化解，基本实现公益林纠纷"降减趋零"。精准发放专项资金。发放资金信息公开透明，实现林农在服务端一键查询、一键申领、一键发放，杜绝以往错发、漏发、难发等现象。2020 年度，7052 万元补偿金 100% 发放到户，发放到户率提升了 25 个百分点，有效杜绝资金发放中的资金截流、冒领等微腐败现象。多维盘活森林资源。探索建立森林资源资产流通平台，打造森林资源资产流转资源库，为供需双方提供公益林、商品林、碳汇等生态产品集成信息，实现在线查询、对接、咨询、流转、交易、备案等功能。迭代升级金融产品。打通生态产品贷款数据壁垒，推进公益林补偿金收益贷款、地役权补偿金收益贷款、森林资源资产抵押贷款办理等流程再造。2020 年，龙泉市公益林预收

益抵押贷款新增余额增长率31.5%，森林资源资产累计贷款55.91亿元，同比增长10.36%，78%的林农享受改革红利。

（三）"预警处置"防范自然灾害

丽水全域共有973条小流域、2026个重点防治村、4724个一般防治村，在汛期，小流域山洪、地质灾害呈易发、多发态势。2006年庆元因台风"桑美"引发泥石流导致严重自然灾害，2015年、2016年又连续发生莲都里东村、遂昌苏村等严重自然灾害。

为将人民群众生命财产损失降至最低，丽水市通过卫星遥感、雷达探测、无人机巡查等手段，形成"监测—分析—预警—评价"闭环，创新"＋应急"处置模式，探索建立小流域自然灾害"预警＋处置"系统。截至2020年底，全市完成33个点位11大类267套前端监测设备的建设，并已完成数据上线；已完成领导驾驶舱、预警告警、远程会商、数据中心等模块建设；上线预警模型测试版，初步实现单体灾害预警、区域预警、灾害链预警的分析功能。（见图7-1）

图7-1　丽水市小流域灾害预警系统

（四）"两山天眼"守望处州大地

丽水联合航天五院实施"天眼守望"服务项目，以卫星遥感大数据为基础支撑，开展丽水两山"天眼守望"卫星遥感数字化服务建设，打造形成全覆盖、全信息、多尺度、多时相、多元化的"天—空—地一体化"的空间信息数据资源库，实现生态实况"实时监测"、环境风险"态势感知"。

在优质水资源调查分析的基础上，丽水与中国信息化百人会合作推进全域土壤数字化，完成全国首个大区域一百米级高精度立体土壤图，并结合区域气候、地理条件，创新基于土壤数字化的农作物生产指导等应用，以科学精细的优势分析精准指导农业生产。

推进生态环境整体智治，完成"花园云"平台一期工程，建成空气监测站97个，水环境质量自动监测站68个，在线监测企业262家，上线包含大气环境、水环境在内的9张生态环境专题展示图，构建多业务协同支撑平台，形成"事件触发—业务协同—职能处置—结果反馈—效能晾晒—信用联动"的数字化、全链条、闭环式政府治理体系新模式。

2020年5月，丽水市与省生态环境厅合作成立全国首个生态环境健康体检中心——浙西南生态环境健康体检中心，浙西南地区企事业单位环保管理有了"体检""诊断""治疗"之家。

点评：生态产品价值实现是一场深刻的绿色变革，数字化改革是一次面向未来的硬核创新。充分运用数字化技术，基于现有自然资源和生态环境调查监测体系，利用网格化监测手段，开展生态产品基础信息调查，摸清各类生态产品的数量、质量等底数，形成生态产品目录清单，构成生态产品价值实现的"底层逻辑"。建立健全生态产品动态监测制度，及时跟踪掌握生态产品的数量分布、质量等级、功能特点、权益归属、保护和开发利用情况信息，建立开放共享的生态产品信息云平台，是推进生态产品价值实现的"原始密码"。丽水经验表明：数字化改革既精准量化了绿水青山，又精确界定了产权边界，更是全息动态守望着绿水青山，"天地空"一体化智能平台推进"绿水青山就是金山银山"转化走深走实。

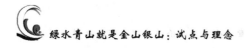

三　科技支撑：产品溢价核动力

"生态环境—生态资源—生态产业—生态产品"是生态产品价值实现的递进逻辑，其中的关键"产业生态化、生态产业化"，如何因地制宜发展生态产业，依靠科技支撑提高产品溢价，是影响生态产品价值实现的内生变量。丽水充分利用"好山好水好空气"，依托生态科技研发"环境内生型、资源友好型、文化赋能型"生态产品，初步实现产品直供向价值递增的华丽转变。

（一）原山原水孕精品

青田县"稻鱼共生"农业生产模式已有 1300 多年历史（见图 7－2），古时候的先民在种植水稻的稻田里养殖鲤鱼，繁育了极具地方特色的"青田田鱼"鱼种，形成了"稻鱼共生"生态循环农业生产技术。2005 年"稻鱼共生"系统被联合国粮农组织（FAO）列入首批 GIAHS（全球重要农业文化遗产）保护试点，成为中国第一个全球重要农业文化遗产。2005 年 6 月 5 日，时任浙江省委书记习近平同志批示强调：关注此唯一入选世界农业遗产项目，勿使其失传。十几年来，青田谨记习近平总书记嘱托，现时"稻鱼共生"不仅成为青田的金字招牌、富民产业，其生产模式，已推广至世界各地。在国内"稻田共生"系统已经被推广到云南、贵州、广西、福建等地。农业农村部重要农业文化遗产专家委员会副主任曹幸穗研究员研究跟踪显示，尼日利亚通过南南合作将"稻鱼共生"系统的稻田养殖技术引进，使其稻米和罗非鱼的产量翻番，减少了农村贫困，也让当地群众获得了高质量的食品供给。后来这一成功经验还被推广到塞拉利昂和马里，如今稻田养鱼已经推广到东南亚、南亚、欧洲、美洲以及非洲的多个国家和地区。2016 年联合国粮农组织（FAO）总干事拉齐亚诺曾评价：青田稻鱼共生系统在不破坏环境前提下合理整合利用资源，协同增效，树立了全球典范。

景宁县依托境内山高地陡、地形复杂，小溪流域众多，水质优良、植被好、气候适宜等特点，有效调整渔业资源种群及数量，不定期组织开展

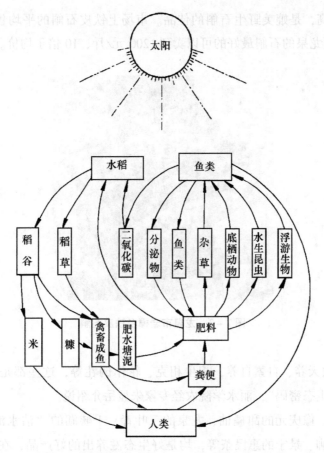

图 7 - 2　青田县"稻鱼共生"循环农业生态模式

石蛙增殖放流活动，每次投放约 6 万只，放养水域惠及 15 个乡镇，20 余条溪涧。石蛙生态放养项目不仅给乡镇集体和村民带来可观的经济效益，而且恢复了渔业资源，保护了河流水域生态环境和生物多样性。

近年来，唯珍堂公司在龙泉岩樟等地发现了野生的铁皮石斛（原种），对照野生石斛生长环境要求通过对各地环境的筛选，唯珍堂最终选择龙泉市西街街道周村建立"唯珍堂"铁皮石斛原生种植地。周村种植基地水源来自当地山泉水，水源水质达到地表水质 I 类水标准；土壤经检测无重金属、无农残；空气中负氧离子最高达到 10000 每立方米，平均 4000 每立方米；周边环境 8 公里内无工业。事实证明周村基地产出的铁皮石斛品质好、

药用价值高，是媲美野生石斛的佳品。市场上铁皮石斛的平均售价在120元/斤，而龙泉的石斛最好的可以卖到1200元/斤，10倍于均价。

图7-3　龙泉市岩樟乡铁皮石斛

"人放天养、自繁自养，相生相克、轮作倒茬等，这些都是原生态种养模式的生态密码"，丽水学院农经专家朱显岳介绍说。

同时，像庆元的甜橘柚、龙泉的三叶青、千峡湖的"洁水渔业"、遂昌的青钱柳、景宁的惠民茶等，均是好生态滋养出的好产品，在丽水比比皆是。只需要在选育、监管、营销等环节稍下功夫，生态产品价值就会凸显。现如今，村民也更愿意、更自觉地保护好一方水土一方环境，好环境也成为他们的重要谋生之路。

（二）科技创新显奇效

浙江方格药业有限公司始终专注于食药用菌精深加工领域，拥有先进的食药用菌萃取纯化技术和菌丝体发酵工艺，不仅是欧美制药企业、功能性食品的优质供应商，而且研发生产了中国第一个灰树花抗肿瘤药品灰树花胶囊，保健品破壁灵芝孢子粉和灵菊胶囊，功能性食品千菌花、菇士康等是对亚健康、慢性病、肿瘤有明显调理和治疗效果的产品。经方格药业负责人介绍，每 1000 克灰树花制作成灰树花胶囊后产生 6600 元的销售额，溢价达 60 倍。

浙江百山祖生物科技有限公司得益于当地优美的生态环境、清新的空气、清冽的水质，公司在龙泉、庆元等地建立了食药用菌种植基地（见图 7-4）。公司基地先后通过了美国、欧盟和中国有机认证以及犹太洁食认证，所生产的食药用菌均达到相应的有机标准，200 + 项农药残留检测结果均为未检出，4 项重金属含量检测结果均显著低于国家标准。公司开辟食药用菌超微粉、提取物、颗粒剂和胶囊剂等生产线，创新性地将酶工程技术、微囊化包埋技术、膜分离技术和低温物理破壁技术应用到食药用菌加工中，显著提升了产品品质，公司产品实现了平均 10 倍以上的溢价。公司生产的产品销往美国、欧洲、澳大利亚等地，公司近 3 年年均销售收入增长率达到 50%—100%。

图 7-4 浙江百山祖生物科技有限公司有机食用菌基地

同时，像鱼跃酿造、丽水市农科院的"雾耕农业"等，也均是此类模式的代表。"生态 + 科技"双向赋能所带来的化学反应，目前正不断示范丽水农业"农业硅谷"建设。

（三）环境效应"入梦来"

"三验"指的丽水工业园区将"验地""验水""验气"作为企业进驻的准入制度（见图7－5）。

图7－5 德国肖特新康高端药用玻璃产品

德国肖特集团是全球最大的光学玻璃制造商、全球领先的特种玻璃生产商，在中国占有70%的高端药用玻璃市场份额。肖特新康药品包装有限公司经理克劳斯说："药品的包装需要水、气都很纯净这样的前提条件，我们的工厂内部环境要求很严格，缙云的好生态能让公司在水的净化和空气过滤方面都减少很多成本。"肖特集团决定落户缙云时，对气候环境、空气质量、土壤情况等生态要素进行仔细检验和考察。在做土壤检测时，要从地表土开始一直下挖，每隔1米进行取样，最深达地下20米，并按照德国的标准进行送检分析，以此评估土地的环境质量。生产过程中，肖特集团的新康企业通过环保改造，采用天然气＋氧气的燃料和助燃剂组合，确保气体排放零污染；采用水循环系统，对工业废水进行重复利用；对生产废料进行严格回收等，确保对环境零污染。

"得益于龙泉的好山好水好空气，和同行相比，国境公司的水净化处理成本每年可以节约158万元，空气净化系统节省近60%的维护费用，蒸汽耗用成本下降了90%。国境药业业绩在科伦药业的87家分公司中由倒数跃升至前列，成为全省健康医药产业的标杆企业。今后，我们还要扩大生产！"国境药业负责人牟春雷介绍说。

德国肖特玻管、国境药业等项目只是生态产品敏感型产业培育的一个缩影，一大批环境敏感型企业正纷纷扎根、落户丽水。仅以丽水市经济技术开发区为例，2020 年丽恒光微电子、香农通信、中科院半导体研究所、中车交通浙江方正智驱应用技术研究院等 22 个"高精尖"项目签约，入驻浙西南科创产业园。

点评： "绿水青山"在多大程度上转化为"金山银山"，起决定性作用的是生态技术创新，现代生态科技应用的广度和深度，直接决定了生态要素价值进入生态产品中的范围和程度。在严格保护生态环境的前提下，依托不同地区独特的自然禀赋，采取人放天养、自繁自养等原生态种养模式，是提高生态农业产品价值的关键所在。科学运用先进技术实施精深加工，拓展延伸生态产品产业链和价值链，是提升生态工业产品价值的必然选择。依托优美的自然风光、历史文化遗存，引进专业设计、运营团队，在最大限度减少人为扰动前提下，打造旅游与康养休闲融合发展的生态旅游，是提高生态服务业产品价值的经典模式。对重要生态功能区而言，依托科技创新发展生态产业，通过模式创新升级生态产品，有基础、有条件、有责任、有担当，恰逢其时、前景无限，当生态与科技相遇，便会演绎一段绿色的传奇。

四 公共品牌：消费偏好说出生态价格

品牌是价值的表征，更是价格的背书，公共品牌彰显了区域生态产品的价值精华，在日益激烈的市场竞争中凝聚起消费者的信赖与忠诚。长期以来，丽水坚持念好"山字经"，写好"水经注"，培育出"丽水山耕、丽水山居、丽水山景、丽水山泉"等一系列公共品牌，开创了生态溢价快速增长、品牌价值日益提升的良好局面。

（一）"丽水山耕"农业版的浙江制造

九山半水半分田的丽水，生态农产品虽好，但受制于知名度、农业主体小散弱等原因，农产品难以与消费者对接。面对消费者对"品牌农产品"的旺盛需求，众多弱小主体单打独斗创牌的无力感，丽水市政府委托浙江大学卡特中国农业品牌研究中心策划，创建了一个覆盖全市域、全品类、全产业链的农业区域公用品牌"丽水山耕"。2017 年 6 月 27 日，"丽水山耕"成功注册为全国首个含有地级市名的集体商标，以政府所有、生态农业协会注册、国有公司运营的"母子品牌"运行模式，对标欧盟实施最严格的肥药双控，实行标准认证、全程溯源监管，建立以"丽水山耕"为引领的全产业链一体化公共服务体系。（见图 7 - 6）

图 7 - 6　"丽水山耕"品牌管理系统

截至 2021 年底，全省共 537 家企业获得"丽水山耕"品字标认证，发放证书 683 张，其中丽水地区获品字标认证企业 207 家，发放产品证书 252 张。2016 年成功入选全国"互联网 + 农业"百佳实践案例，荣获"2016 中国十大社会治理创新奖"、2017 年"丽水山耕"品牌价值达 26.59 亿元、2018 年浙江省优秀农产品区域公用品牌最具影响力十强品牌，2018 年至 2020 年连续三年蝉联中国区域农业品牌影响力排行榜区域农业形象品牌类榜首。"丽水山耕"品牌农产品理念累计销售额已超百亿元，溢价率超 30%。2019 年、2020 年连续举办"丽水山耕奖"农业文创大赛暨国际农业文创高峰论坛。2021 年起持续开展以农耕文化与产业结合的丽水市二十四节气节庆活动。整合"丽水山耕"旗下农创精品主体，融合丽水市非遗、文创等文化内容，在杭州、上海、丽水等地，举办独具丽水印记的"山耕集市"活动，并形成常态化推广模式，品牌整体曝光度破亿，已经远销北京、上海、深圳等20多个省、市。

（二）"丽水山居"现代人的生活场域

2019 年 4 月，"丽水山居"民宿区域公用品牌集体商标注册成功，成为全国首个地级市注册成功的民宿区域公用品牌。一大批"小而美"乡村特色精品民宿，镶嵌在丽水 1886 个美丽乡村的青山绿水间，犹如一幅幅美丽的风景画。同年，丽水市发布《"丽水山居"民宿服务要求与评价规范》，要求"丽水山居"民宿产品拥有舒心、贴心、放心、开心、养心的"五心"标准和有主人、有山水、有业态、有乡愁、有创意、有体验、有故事、有主题、有智慧、有口碑的"十有"特色，为乡村旅游持续发展的提供动力和保障。2021 年，以"丽水山景""丽水山居"为代表的丽水市乡村旅游产业逆势发展，全年接待游客 2661 万人次，实现营收 25 亿元，比上年分别增长 20% 和 9%。（见图 7-7）

图 7-7　"丽水山居"特色精品民宿

（三）"丽水山景"秀美丽水山居图

2019 年，丽水顺势谋划乡村旅游公用品牌"丽水山景"，面向美丽乡村旅游目的地，参照旅游景区等相关标准结合乡村实地情况，编制了"乡村旅游品牌认定标准"，对"丽水山景"品牌入驻认证，实施包含乡村文化、民俗文化、特色文化传播以及品牌营销在内的标准化管理。到2020年底，全市建成5A级景区（缙云仙都景区）1个、4A级景区23个、A级景区村庄866个，松阳成为国家全域旅游示范区。同时，建成瓯江绿道3022公里，秀美的"丽水山居图"和瓯江黄金旅游带初具雏形。

（四）"丽水山泉"美好生活的时尚标志

2021年召开的丽水市"两会"上，会议用水全部换成了本土新品牌——"丽水山泉"。"丽水山泉"以其甘醇清冽、柔顺爽滑的口感得到与会代表和委员的认可。央企中交集团、中铁建集团派人数次前来考察，并已达成合作意向；上海城建实业集团主动提出，将"丽水山泉"作为"小微环球"平台唯一的线上销售水产品；"丽水山泉"已成为丽水生态产品价值转换的又一张"金名片"。接下来，将细化推出针对婴幼儿、老年人等不同群体不同类别的高附加值水产品，并借助全市"双招双引"东风引大招强，延伸水产业链，做大丽水水经济。目前，以"丽水山泉"为代表的水产业，2022年共谋划项目88个，概算总投资866亿元……"山"字系已培育多个经济新增长点。"探寻水产品生态价值转化途径，打造GEP向GDP转化的典范项目。"丽水城投公司相关负责人表示，接下来将细化推出不同类别的高附加值水产品，并借助全市"双招双引"东风引大招强，延伸水产业链，做大丽水水经济。

点评：对于"九山半水半分田"的丽水来说，产业主体低小散、产品品牌零乱弱是低端经济的共同特征。如何发挥品牌效应、提高优质生态产品的知名度和影响力，实施区域公共品牌战略显得尤为紧迫。充分发挥政府主导作用，积极打造特色鲜明的生态产品区域公共品牌，将全区域、全产业、全品类生态产品纳入公共品牌范围，加强品牌培育和保护，提升生态产品溢价。严格规范生态产品认证评价标准，构建具有区域特色的生态产品认证体系。推动生态产品认证国际互认。丽水"山"系区域公用品牌的声名鹊起，生动地诠释了"品质决定价值、品牌提升价格"的大众传播规律，完美演绎出"有机品质、有为政府、有效市场"的绿色崛起乐章，为"大山区、小流域、大农村、小城镇、大生态、小生产"的广大山区提供了生态产品价值实现的鲜活经验。

五 气候无价：天上人间尽显生态福利

气候是生态系统中最基础、最重要、最活跃的生态因子，更是人类社会赖以生存和发展的基本条件，在全球气候日益变暖的严峻形势下，气候资源越发显示出"不可复制、难以超越、无法替代"的稀缺价值，如何将气候资源转化为气候产品，是生态产品价值实现的一个全新课题。

（一）深挖气候资源价值，彰显丽水气候优势

通过普查、评估、监测首先摸清丽水山区气候资源特点和优势。丽水针对浙西南山区气候生态资源要素及区划进行了研究分析，初步摸排丽水山区气候资源。开展白云山立体气候研究，形成《白云山森林公园立体气候资源分析报告》。利用全市自动站点和清新空气监测资料对避暑、养生资源进行分析评价。

丽水对生态气候资源要素和生态气候养生资源适宜性进行了综合分析评估，形成了《丽水·中国气候养生之乡评估报告》，并被中国气象学会授予全国唯一"中国气候养生之乡"金名片。2017—2019 年，全市 9 县（市、区）先后创成"中国天然氧吧"，实现"中国天然氧吧"市域全覆盖，2019 年被授予全国首个"中国天然氧吧城市"。

"丽水具备 3 个大类 14 个亚类 71 个子类气候资源，涉及全市气象景观11740 处。" 2019 年，丽水市气象局开展的气象景观资源普查，结果令人振奋。"丽水气象景观资源如此丰厚，如果不能挖掘利用起来就是我们工作的缺失。" 丽水市气象局负责人说。（见图 7 - 8）

图 7-8　丽水市百山祖冷杉

（二）以国家气象公园创建为抓手，推动气候资源变气候产品

2020 年成立国家气象公园试点建设领导小组工作专班，制定并颁布《丽水国家气象公园建设规划》，制定高山云海、日霞夜光、冰雪松凌、物候景观、气候遗迹、气象人文、避暑养生等气候资源基（营）地建设要求并制定相关打分标准。同时，接轨国家、地方及行业相关标准，率先出台《养生气候适宜度评价规范》《养生气候类型划分》《山地云海景观分类标准》等团标、地标。（见图 7-9）

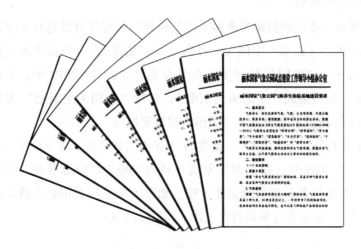

图 7-9　丽水市国家气象公园试点建设工作相关文件

以国家气象公园八大类气候气象景观基（营）地建设为载体，打开气候资源价值转换"通道"，推动气候资源变产品。以八大类气候气象景观资源开发利用为重点，打造气象主题景区、气候养生基地、避暑胜地、气象旅游体验示范点、气象研学基地等 52 个基（营）地。近年来，陆续开展了"十佳观星营地""十佳观云台"等评选活动；全市组织了观星观云、气候养生等体验活动 60 余次；举办气象景观（风光）摄影比赛。

（三）以预报服务为特色，推动气候产品价值转换

丽水坚持以气候产品价值转换为目标，充分发挥气象部门科技优势，加强气象景观的监测、分析、研究，多部门联动，创新生态服务思路，拓展生态服务举措，推动气候资源服务精准化、精细化发展。

开展气象景观预报服务。2020 年，开展松阳四都气象景观预报服务，预报涵盖雪景、云海、日出、晚霞、星空、雾凇、冰挂等，目前已开展 35 期，随着季节变化，未来还将增加"避暑"等指数，为游客观景、民宿引流等提供科学数据支撑。开展云和云海概率预报和朝霞晚霞预报，气象部门在梯田景区内形成覆盖景区不同高度的视频观测网，提供更精准的预报服务，足不出户便可视频赏云海、朝霞晚霞、知天气。

开展花期等物候指数预报服务。结合丽水地域差异特色及花期、萤火虫等物候发展规律，推动花期指数预报服务，开展高山杜鹃、荷花、桂花花期指数及枫叶、萤火虫观赏指数专题研究，丽水各预报指数"串珠成链"，进一步引导"全域精准游"，为丽水生态产品价值转化"添金"。

深化部门联动形成创新合力。通过强化气象、旅游、农业等部门合作，构建部门联动共推生态发展大格局，创新服务模式，推进生态相关指数研究、气候品质认证、农产品气象指数保险等工作，助力打造品牌，有力推动了气候资源开发利用和价值转换。

点评：气候资源开发是生态产品价值实现的重大创新，丽水充分利用

图 7 - 10　丽水市气象景观及物候指数预报

得天独厚的气候资源优势，树立"气象、气候、物候、景观"立体空间思维，因地制宜打造气象主题景区、气候养生基地、避暑康养胜地、气象旅游体验示范点、气象研学基地，成功创建全域"中国天然氧吧"，荣获全国首个"中国天然氧吧城市"，通过认知气候资源、挖掘物候价值、提升气象景观、设计气候产品，将虚无缥缈的气候价值转化为欣欣向荣的气候经济，开创了生态产品价值实现的新领域新空间和新业态，无疑是一次大胆尝试和原始创新，从一个侧面揭示出生态产品价值实现的巨大潜力和广阔市场。

六　古村复兴：江南秘境续创奇

"唯此桃花源，四塞无他虞"，描写的是浙江省丽水市松阳县的传统村落，这里拥有257个中国传统村落，被誉为"最后的江南秘境"和"国家传统村落公园"。近年来，丽水市大力开展古村复兴行动，一个个传统村落从空心衰败中逐渐激活重生，"拯救老屋行动""活化古村文脉""中医针灸微循环""修旧如旧精改造"，让日渐凋敝的古老村落重新焕发出蓬勃生机，在生态产品价值实现领域独树一帜、特色鲜明，涌现出极具代表性的古村复兴模式。（见图7－11）

图7－11　丽水市通济堰

（一）古堰画乡：一旦来过，从未离开

千年古村堰头村，位于古堰画乡景区，地处松荫溪岸边，因位于通济堰的首部，故名堰头村。通济堰建于1500多年前，已被列入首批世界灌溉工程遗产。这里青山环抱，绿水长流，古朴自然的田园风光与千年古堰交相辉映，是古堰画乡特色小镇的核心区块、历史文化底蕴所在。

然而，20年前的堰头村环境极差，露天粪缸随处可见，村民散养的家禽家畜满地乱跑，还有乱搭乱建的违章建筑等严重影响了整个村庄的面貌。村里的年轻人都不愿意待在村里，大部分外出打工谋生，堰头村成了一个典型的"空心村""老龄村"。堰头村发生变化的时间可追溯到2003年浙江省开始启动的"千村示范、万村整治"工程。2006年时任省委书记的习近平同志到堰头村考察调研时对堰头村的村庄整治成果表示肯定，并叮嘱大家"一定要保护好这里的绿水青山，守护好这一方净土"。习近平同志的鼓励和嘱托进一步坚定了堰头村人保护绿水青山、借助绿水青山发展美丽经济的信心和决心。

如今，堰头村凭借得天独厚的自然环境和文化景观等资源优势，已成为集休闲、娱乐、旅游、观光为一体的胜地，一直吸引着全国各地的画家、摄影家和游客到这里写生、采风、观光，成为瓯江山水诗路上一颗灿烂的明珠。目前，该村以出租、自营等方式，共发展农家乐民宿23家、207个客房、342个床位、1876个餐位，从业人员100人左右，预计今年接待游客100余万人次，将实现农民增收和旅游经济发展双丰收。

（二）四都村落：拯救老屋，延续文脉

松阳县四都乡距县城10公里，平均海拔700余米，下辖平田、陈家铺、西坑等11个行政村，拥有"林海、云海、花海"三海同汇的自然生态胜境，农耕文化深厚，古道体系完整，是国家传统村落的密集区。过去因发展渠道单一、地理位置不佳，大部分原住民选择外出打工，人口流失严重，让这个村子成为"空心村""破败村"。

保护传统村落最基础、最根基的是保护老屋，乡村振兴也发轫于拯救老屋。2016年松阳成为"拯救老屋行动"项目首个整县推进试点县。遵循"活态保护、有机发展"理念，以"中医调理、针灸激活"的方式，通过复活乡村的整村风貌、复活传统民居的生命力、复活乡村的经济活力、复活乡村的优良文化基因、复活低碳生态环保的生产生活方式，使这些断壁残垣的老屋，在拯救中"活"了过来，传统村落的风貌文脉也就此展现出新的生机，同时也系统推动了乡村的生态修复、经济修复、文化修复和人心修复。2019年"全面推广'拯救老屋'松阳模式"被写入浙江省政府工作报告。（见图7-12）

陈家铺村的"飞茑集""云夕MO+共享度假空间"，平田村的"云上平田"，西坑村的"过云山居""云端觅境"，椰树村的民宿综合体等精品民宿常常出现一房难求的爆满场景，被誉为"全球最美书店"的平民书局先锋书店在陈家铺开设分号，一时间，各式业态如雨后春笋般相继兴起、蓬勃发展。越来越多的游客、投资客和创业者纷纷慕名而来，山上的老房子迎来新生。

图 7 - 12 松阳县陈家铺平民书局

"四都古村落群的复兴崛起，除了得益于政府主导的'拯救老屋行动'，吸引企业和社会各界广泛参与、市场化运作之外，关键还有农民组织化提升。"四都乡党委负责人介绍说，把农民和村集体组织起来，组建乡生态强村公司，引导乡村将分散、闲置的资源要素有效集聚，通过"强村公司＋村集体＋合作社＋农户"与工商资本、市场的融合和链接，让更多村民享受到生态价值转化中的增值收益。

(三) 下南山村：华丽转身，凤凰涅槃

走进丽水市莲都区碧湖镇下南山村，仿佛来到了陶渊明笔下的世外桃源，用"采菊东篱下，悠然见南山"来形容这个村庄一点都不为过。

早在 2005 年，下南山村 90% 的村民就已经下山脱贫，搬到了山下的新村。为了让承载着几代人"乡愁"的破旧老村重新复兴，2016 年，下南山村将很多已经荒废的老屋修复后，引来联众集团这只"金凤凰"对古村落进行开发，在"村企合作"中迎来古村复兴"第二春"。(见图 7 - 13)

图 7 – 13　下南山精品民宿

根据协议，以全村现有土地、房屋及设施的使用权作为出资，交由联众集团建设和运营"欢庭·下南山"精品民宿项目，并将每年交给村里的利润，按照村集体30%、村民70%的比例分成。"一边在收租，一边到那里上班，大家再也不用靠山里的几亩田过日子了！"南山村党支部副书记郑秀旺告诉我们，整个度假村每年能为全村村民带来640万元的收入。

（四）遂昌茶园：三美融合，主客共享

近年来，遂昌县高度重视农村"空心化"及其带来的农民增收难、留守老人多、传统文化衰落等系列问题，立足山水、泥坯房、农产品等特色资源，选取了典型"半空心村"茶园村作为试点。政府引进深圳乐领公司，按高端会员制，共同探索"主客共享、村民混居"模式的乡村活化，推动传统农耕的"产业乡村"升级为历史、文化、民俗等与现代艺术融合的"情境乡村"，实现旧舍翻新、荒地重耘、产业重整、村民回流。截至2019年底，村内常住人口87人，较上年同期增长170%，2019年，村民人均收入同比增长超200%。（见图 7 – 14）

图 7 - 14　遂昌茶园村

　　究其活化成功的背后，关键在于注重"文、人、和"三个字。一是以"文"为魂，依托"茶园武术""全国生态文化村"两块"金字招牌"，推进原味改造。二是以"人"为本，盘活泥坯房、田地等闲置资产，利用乐领公司平台推介冬笋、山茶等生态农产品，并通过乡村活化项目运作增加就业，让村民获得实实在在的"租金 + 经营 + 工资"三份收入。通过房屋、农田地租赁、农产品销售、劳务报酬等途径，在村村民人均收入由2016 年的 14000 元/年增加到 2019 年的超过 40000 元/年。三是以"和"为贵，通过举办"空心村"活化论坛，成立"生活内容开发部"，开发和引入打麻糍、班春劝农等民俗活动，促进新老融合。

　　点评：传统村落是生态文化的重要承载地，蕴含丰富的生态文化价值，现代化进程给其带来了前所未有的冲击和震荡。如何延续历史文脉、传承文化瑰宝，业已成为乡村振兴不可回避的现实难题。秉承"传字当头、创在其中"原则，生态产品价值实现在这一领域大有可为、大有作为。丽水实践的宝贵经验表明：加快培育生态产品市场经营开发主体，鼓励盘活古旧村落存量资源，推进相关资源权益集中流转经营，通过统筹实施生态环境系统整治和配套设施建设，可以大大提升生态文化旅游开发价值。通过加大绿色金融支持力度，在具备条件的地区探索古屋贷等金融产品创新，以收储、托管等形式进行资本融资，用于周边生态环境系统整治、古屋拯救改造及乡村休闲旅游开发等，可以很好地促进传统村落有机更新，通过人居环境整治、老屋修复等"微创"手段，激活了乡村机体，通过"资本下乡、科技进村、青年回流、乡贤回归"等方式，引导市场主体与村集体、农民建立生态产品价值利益共享机制，共推产业发展、共谋文化复兴。

七 两山企业：生态市场微主体

现代经济发展的历史表明：企业是市场的主体，创新是企业家的灵魂。积极培育市场主体是推进生态产品价值实现的关键一着。近年来，丽水市大力培育"绿水青山就是金山银山"企业，涌现出无数的"两山公司""两山合作社"，催生出一大批活跃在生态市场的微主体，激发出绿意盎然的无限活力。

（一）两山公司：破解生态产品供给的双重难题

丽水广大乡村是生态产品提供的主体空间，丽水的森林覆盖率达到81.7%，95%的林地又归集体所有，在生态产品价值实现过程中，存在生态产品提供者、守护者、交易者的"主体缺失"问题。为了破解这一问题，丽水市在18个试点乡镇探索成立18家生态强村公司，这些生态强村公司以所在乡镇（街道）行政区域为服务单元，专门从事乡村生态资源资产保护、修复和经营，闲置资源整合，传承弘扬生态文化，壮大村集体经济。（见图7-15）

"生态强村公司的使命就是践行'保护生态环境就是保护生产力，改善生态环境就是发展生产力'理念，让生态为强村富民创造价值。"丽水市发改委相关负责人介绍道。

青田县祯埠镇生态强村公司是试点以来全市首家纯集体性质的生态强村公司，公司通过绿道建设，将原先荒废的林荫绿道建设变成了"网红"景点，将一片荒滩改造成人工沙滩，成为瓯江边的标志性景观，同时，自

图 7 - 15 青田县祯埠镇生态强村公司营业执照

营"祯味道"生态农产品，开发"溪游记"旅游项目，2020 年实现利润106 万元。

缙云县方溪生态强村公司立足山区优质农产品资源，创新"党支部 + 强村公司 + 农户"模式，打造"方溪山宝"农特产品自有品牌，自正式投入生产包装以来，仅 3 个月，就实现销售额 36.24 万元。

松阳县上田村以激活农村闲置资源为突破口，积极探索"地方政府 + 村集体 + 村民 + 工商资本"共同参与的村集体经济发展新模式，在生态强村公司开发乡村振兴项目时，创新"优先雇用"机制，保障农民主体地位，目前 21 名村民通过参与农业种植、畜牧养殖、餐饮服务等每月人均增收 2000 余元，40 名村民通过参与工程项目建设增加劳务收入 60 万元，为低收入农户设置公益性岗 20 余个，全村低收入农户年均收入超 11500 元；同时，探索"保底收益"机制，以房屋使用权、土地经营权入股的农户，分别按每年 3 元/平方米和 350 元/亩的标准享受"保底收益"；水田、山林分别按照每年 350 元/亩和 200 元/亩的标准享受"保底收益"；以货币出资入股的农户，按年化收益 2.5% 的标准享受"保底收益"；对参与农业生产的农户按照每年 2000 元/亩的标准享受"保底收益"……

到 2020 年底，丽水所有乡镇均组建了生态强村公司（"两山公司"），

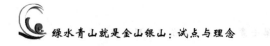

实现了 173 家强村公司全覆盖，负责生态环境保护与修复、自然资源管理与开发等，成为公共生态产品的供给主体和市场化交易主体。

（二）两山合作社：存入绿水青山，取出金山银山

"讲得土一点，'两山合作社'就是生态资源资产领域市场化交易撮合的'非诚勿扰'平台"，丽水市咨询委政策专家在介绍"两山合作社"时说，交易撮合和转化是相互的，内植的是"GEP、GDP 两个较快增长"的逻辑。制度设计从近期看，将山、水、林、田、湖、草以及农村宅基地、集体用地、农房等碎片化的资源，像银行存款一样分散式输入，经规模化收储、专业化整合后，最终以项目包的形式集中输出，完成市场供需对接，实现"绿水青山"端向"金山银山"端的转化，进而做大"金山银山"；从中远期看，对生态环境修复、生物多样性的保护等加大投入力度和交易，从而实现"金山银山"端向"绿水青山"端的转化，进而做靓"绿水青山"。

丽水（青田）侨乡投资项目交易中心是促进实体项目与资本、技术、土地及其他要素有效集聚、对接的国有公共服务主体，为青田县政府直属事业单位。试点期间，青田县以丽水（青田）侨乡投资项目交易中心为基础，打造"两山合作社"转换平台。2020 年，交易中心完成"绿水青山就是金山银山"项目包交易 22 个，生态产品市场化交易 8545.2 万元，项目包投资总额 16.5 亿元。

截至 2020 年底，9 县（市、区）全部完成"两山合作社"实施方案编制，累计开展生态产权交易 5155 宗，共计 8.60 亿元；研究并制定（森林）生态产品市场交易制度，印发《丽水市碳汇生态产品价值实现三年行动计划（2020—2022 年）》，完成华东林业产权交易所收购谈判，为高水平推进生态产品市场化交易体系建设奠定基础。

（三）两山市场：吸引更多主体追逐生态利润

试点期间，丽水市连续组织两轮"生态产品价值实现示范企业"评选，共评出 33 家企业，纳爱斯、润生苔藓就是其中的典型代表（见图 7-16）。

纳爱斯集团是中国日化行业领军企业。纳爱斯集团立足生态优势，挖

图7-16 户外种植

掘生态"富矿"，加强对丽水特色植物的深度开发，并将其应用到产品中，一年多来，除了"竹炭·净白"牙膏、活性炭双效消臭等系列植物炭产品上市外，还开发了提取茶籽精油的洗发露及茶洁护龈牙膏、抹茶洗洁精等茶系列产品。纳爱斯集团是行业唯一获评国家工业产品生态（绿色）设计示范企业，被工信部选取作为生态创新典型推广，还被纳入中宣部"学习强国"及在央视频道作为"绿色示范"样本展示。

丽水市润生苔藓科技有限公司，是国内首家从事苔藓产业化的公司。公司依托当地丰富的苔藓资源和优越的自然环境，开发苔藓景观装饰、生态修复、空气净化、生物反应等市场化应用，努力挖掘苔藓"金矿"，引领生态经济新潮流。2019年的中国北京世界园艺博览会，公司的苔藓整版装扮"绿水青山"背景墙。

"示范企业，经市试点领导小组办公室在全市范围内组织评选，旨在总结提炼示范企业在探索生态产品价值实现路径方面取得的经验做法，加强宣传引导，形成良好氛围，吸引更多的企业参与两山转化中来。"市发改委相关负责人介绍道。

2020年，全市共新设市场主体64589户，同比增幅14.76%，其中，新设企业11071户，同比增幅17.85%，增幅从8月份开始连续五个月居全省第一。中科院半导体研究所、江丰电子、海康威视、网易、千寻位置等国内顶级机构、头部企业纷纷踏足丽水，生态价值转化，正激活一池春水。

点评：构建生态产品价值实现机制的关键是"让市场说出生态价格"，为此必须建立一套有效连接生产者和消费者的激励机制，当务之急是积极培育量大面广的生态产品价值实现的市场主体，鼓励企业和个人依法依规开展水权和林权等使用权抵押、产品订单抵押等绿色信贷业务，探索"生态资产权益抵押＋项目贷"模式，支持区域内生态环境提升及绿色产业发展。丽水充分发挥政府供给侧结构性改革的制度优势，通过规划引领、政策激励、政府采购、生态补偿、占补平衡等组合拳，以乡为单位设立"两山公司"，一举破解了公共生态产品"主体缺失、供给不足"的双重难题，通过创办"两山合作社"开展生态环境资源权属交易，"零存整取""打包交易"等充分发挥市场在资源配置中的决定性作用，快速兴起的两山企业点缀出生态市场的满天繁星。

八　农村电商："绿水青山就是金山银山"转化的空中通道

丽水是全国农村电商的发祥地，被誉为农村电商发展的"摇篮"。近年来，丽水市立足山区发展现实，把发展农村电商作为打开"绿水青山就是金山银山"通道、实现富民强市的战略举措，积极开展"互联网＋绿水青山"创新实践，探索走出了一条农村电商创新发展之路，成为全国首个农村电子商务全域覆盖的设区市、全省唯一的农村电商创新发展示范区。

（一）以"农"打头推动电商人才精准化培养

为了让年轻人回乡创业有奔头，丽水以"政府推动＋市场主导＋协会共建"的方式，建立起供需精确适配的人才培养机制。

在培训组织上，成立由"政府＋高校＋企业"的混合所有制的农村电商学院。在培训广度上，结合本地产业发展及当前农村电商发展前沿趋势，为九县（市、区）农村青年电商制定专属培训课程；建立学员定期回访制度，通过微信群、电话等形式对学员进行长期跟踪辅导，提供在线咨询、导师结对等服务。在培训深度上，丰富内容创作、短视频制作、社群营销、直播技能等新培训类目，满足创业青年新需求；深化"现场授课＋外出游学"、沙龙夜话的方式，邀请相关行业专家、创业导师，针对存在困难找原因、提对策。在人才挖掘上，组织开展青春助农"网红"寻访活动和沙龙交流活动，在抖音和快手等短视频内容平台上，已涌现出一批如背锅侠、吾饭、大山里的秘蜜等丽水本土的优质内容创作者。

人称"80后"的"蜂王"麻功佐，他带领的团队在"抖音"上拥有"粉丝"480多万，2020年仅蜂蜜一项，电商销售总额就超过了1500万元，直接带动300名以上周边蜂农脱贫致富。专心用生态卖灵芝的龙泉灵芝销售商项永年，专心把灵芝种在生态优美的山谷里，借助电商营销，通过让顾客到现场体会什么是"采天气之灵气，吸日月之精华"，卖出了灵芝孢子粉每公斤万元的天价……据不完全统计，全市万粉以上达人有4000余人，百万粉以上的有40余人，大部分通过展现丽水的山水和人文情怀吸引粉丝和建立信任，进而销售丽水土生土长的优质产品。（见图7-17）

图7-17 麻功佐（右）和蜂农

（二）以"村"立足构建乡村物流配送体系

农村物流是农村电商最大的"瓶颈"，传统的农村物流网点少、运费高、时间长，可以说物流顺，则农村电商兴。丽水作为快递业"两进一出"全国工程试点，我们通过整合资源、创新模式、精准发力，构建物流基础体系，按照"县级中转、乡镇分拨村级配送"的原则，全域化完善县、乡、村三级服务网，构建"不出村"的物流配套，为农副产品打通销售渠道，为旅游产品销售提供便捷服务。

遂昌的赶街公司依托赶街3.0模式，搭建起为农村居民服务的合伙人体系和商品体系，为村级农业组织提供标准、溯源、分检、包装、配送等公共服务。目前，丽水已建设各类农村电子商务服务站点4045个，年均为村民提供服务100余万次，涉及金额1.3亿多元，为村民节省购物资金近3000万元。同时，公司还推出了"赶街村货"模式，以村民直卖生鲜农产品电商为主要方式，为中小农户建立精准溯源，村货统一录入赶街的"一户一码"系统，通过社群营销、线上下单＋线下配送的方式实现"村货进城""消费扶贫""电商精准扶贫"。(见图7-18)

图7-18 丽水市农村物流

（三）以"电"赋能拓展田间地头营销渠道

丽水农村电商起源于借助平台出海，通过开淘宝店这一基础模式进行发展，但随着产业触网的深入、消费者需求的升级，丽水以直播电商、沉浸式体验为重点导向，通过传统产业电商化、农旅电商一体化等方式，田间地头里的电商产业更富活力。

丽水聚焦传统特色产业电商化，推进产品电商化设计和规模生产供应，推进自产直销，高效触达终端消费者。比如松阳是中国知名的茶叶生产地，随着"互联网＋"的升温，传统茶企也在互联网发展的浪潮中纷纷"触网"，进军茶叶电商；松阳茶二代黄杰飞，是较早"触网"的松阳茶企之一，从最初的收购加工给电商供货"中间商"到现在生产、加工、品控、销售一体化的电商企业，黄杰飞不仅创建了"绿云峰"茶叶品牌，还打入"拼多多"平台并长期占据茶类目前三。目前"绿云峰"茶叶每日发货量在 5000 单以上，销售额约 50 万元，从 2020 年以来，"绿云峰"茶叶线上销售额已超过 1 亿元。（见图 7 – 19）

图 7 – 19　遂昌—华东天路自驾路线

　　丽水通过"农产品＋旅游＋电商"整合，基于消费者吃、住、行、乐的一体化需求，推动乡村旅游产品和农产品线上发布和营销，促成与引导消费者线上完成交易线下实现旅游消费体验，利用互联网技术将大山深处孕育出的土货、风景、文化面向全国输出。比如遂昌小伙周功斌的"蚂蚁探路"就是一个缩影。周功斌带领团队围绕遂昌县境内越野线路，打造"浙西川藏线"区域公用品牌，探索"人进来、货出去、心留下"的乡村振兴遂昌路径，截至 2021 年 4 月底，已吸引 810 多支车队，车辆达 26760 台，导入客流达 60390 人，带动当地农家乐、民宿、农特产品销售 4780 余

万元，带动总额超 6300 万元的旅游项目落地。

（四）以"商"集聚打造农村主体平台

近年来，丽水引导市本级和 9 个县（市、区）全部建立农村电商公共服务中心和网商协会、创业联盟等农村电商协会组织，引导园区平台、头部平台、助农平台等聚合引流，实行电商集群发展、多元发展。培育电商集聚园区。目前，丽水已累计建成各类电子商务集聚园区（创业楼宇）16个，集聚企业（网商）600 余家，在各类平台上开设活跃店铺 1 万余家，为广大青年提供就业岗位近 5 万个，间接带动就业岗位 8 万余个。强化头部平台合作。积极同抖音、淘宝直播等机构合作，联动视频电商企业、MCN 机构、服务商以及本地行业协会，构建上下游企业交流合作、共建共享、共生共衍的平台，推动视频（直播）电商产业孵化。构建直播助农平台。丽水借助字节跳动"山货上头条"平台，联动全市返乡创业青年、返乡青年主播开展了"宝藏乡村"系列活动，传播丽水乡村旅游美景，推广丽水农旅产品，实现了抖音平台"家乡年味在丽水"话题播放量 2.0 亿余次，丽水农特产品销售 210 余万元，商品总访客数 378 万人次。

（五）以"助"辐射推动丽水模式全面输出

丽水发布的《促进丽水市电子商务发展的实施意见》（丽政办发〔2020〕1 号），专门指出鼓励通过电商助推东西部扶贫、对口合作和对口支援工作开展。"东西部扶贫协作龙泉·昭化电商扶贫飞地"落户龙泉市龙谷青创园，一批又一批的昭化青年跨越 1800 公里到龙谷青创园进行长达六个月的电商"三维"实战培训，实战成绩最好的学员通过线上销售青瓷挣了 13万余元，而昭化残疾青年张德成也通过培训成功开出了属于自己的网店——"瓷兴阁"，月销售额已达到 2 万余元。本土"网红"达人"背锅侠"潘婷婷拥有超过千万的抖音粉丝，她和小伙伴们陆续开展直播助力湖北、陕西安康、陕西蒲城、山东蒙阴、重庆巫山等地农产品销售，多次参与丽水公益助农直播活动，助农销售超 3000 万元，助农扶贫效果明显。

目前，丽水以电商扶贫培训基地建设、县域电商体系构建、电商服务站点建设、新零售渠道对接推广等范式举措，依托本地赶街、讯唯等电商企业，为对口地区输送电商培训 1 万多人次，帮助对口地区销售农产品超 5000 万元，为全国 23 个省（市、自治区）、100 多个县提供农村电商服务输出，建立了各类电商站点 9400 家，为全国农村电商助力精准扶贫贡献"丽水经验"。

点评： 由于生态系统的多元性、复合性和非平衡性，生态产品就具有"空间异质性、不动逃逸性、效用递增性"，为此必然要求生态产品的销售模式具备快捷通畅、灵活便利的特征，广大农村不仅是生态产品的主要供给区，更是生态产品的重要消费区，农村电子商务在生态产品的流通过程中具有十分突出的优势。中央文件要求组织开展生态产品线上云交易、云招商，推进生态产品供给方与需求方、资源方与投资方高效对接。通过新闻媒体和互联网等渠道，加大生态产品宣传推介力度，提升生态产品的社会关注度，扩大经营开发收益和市场份额。发挥电商平台资源、渠道优势，推进更多优质生态产品以便捷的渠道和方式开展交易。丽水农村电商的成功密码是"政府 + 服务商 + 产业"生态产业链，通过打通生态产品流通交易的"神经末梢"，激活生态产品消费升级的"造血细胞"，在有效助推乡村生态产业发展的同时，架起了生态产品全天候泛地域消费的空中通道，进而开辟了广大农村"生态、生产、生活"的有机融合与全面振兴。

九　权益交易：彰显环境价值的现实路径

环境与资源权益交易既是加强生态保护的必然要求，也是加速生态产品价值实现的重要举措。在"碳达峰、碳中和"战略背景下，丽水以全国首个生态产品价值实现机制试点为契机，积极探索碳汇交易、排污权、农村产权等新型交易，不断创新环境资源价值，实现路径取得初步成效。

（一）森林碳汇促进可持续碳中和

2020 年 12 月 18 日，在遂昌县高坪乡举办的浙江省党政机关等公共机构

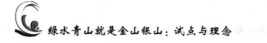

碳中和启动仪式上，浙江省机关事务管理局以100元/吨的价格，向该乡箬桶丘村购买了60.36吨碳汇（树木吸收并储存二氧化碳能力），用以中和抵消此前一次培训会议中所产生的温室气体排放，实现会议碳中和。

在绿水青山之间，浙江省机关事务管理局还与遂昌县政府签订了2021年会议碳中和战略合作协议，这意味着，浙江省机关事务管理局2021年所有的会议都在遂昌县实现碳中和。

根据丽水市组织编制的浙江省首个地方性林业碳汇方法学——《浙江省丽水市森林经营碳汇普惠方法学》测算，截至2020年底，丽水市可开发用于碳汇交易和大型活动碳中和的碳汇总量为174.52万吨，碳汇潜力巨大。丽水市生态环境局负责人表示，"让丽水林权户成为'卖碳翁'，让碳汇资源可量化、可交易、可增值、可持续"。

2021年4月，丽水市发布《丽水市（森林）生态产品政府采购和市场交易管理办法（试行）》，旨在让绿水青山的生态价值更加丰富。浙江省生态环境厅副厅长王以淼表示："丽水作为全国气候适应性试点城市，开展碳中和基地（碳汇生态产品价值实现机制）试点，希望丽水努力打造碳中和'丽水样本'，提供给全省乃至全国学习借鉴。"（见图7-20）

图7-20　碳中和证书

（二）排污权交易优化环境资源配置

丽水出台了《丽水市排污权有偿使用和交易管理办法（试行）》，标志着丽水市排污权交易工作正式启动。其后，又陆续出台了《实施细则（试行）》《交易规则（试行）》《排污权有偿使用收入征收使用管理办法（试行）》《丽水市排污权抵押贷款暂行规定》，出台《丽水市初始排污权有偿使用费征收标准》等五项排污权交易制度及支撑文件。规范了排污权交易对象、交易标的、交易形式、排污权回购及排污权租赁、排污权抵押贷款等一系列制度，搭建较为完善的排污权交易制度框架。

丽水市境内排污权交易政策统一、交易区域全覆盖、交易污染物指标全覆盖，开展排污权有偿使用和交易各项工作，所有交易信息均及时在浙江省排污权交易平台录入。截至 2020 年底，排污权有偿使用金额 9034.46 万元，交易金额 3684.51 万元，排污权抵押贷款 4 笔、贷款额度 7500 万元。排污权交易在促进企业污染减排、企业转型升级、提高环境资源配置效率方面发挥积极作用。

（三）农村产权交易激活乡村资源

土地、山林、农房等是农村最主要的资源资产，由于缺少规范的生态产权交易市场，其生态产品价值长期以来未能得以充分实现。为此，丽水市成立农村产权服务公司，为全市农村产权交易提供载体，实行统一信息发布，统一交易规则，统一交易鉴证，统一网络操作，统一平台建设的"五统一"的管理模式，交易品种涵盖土地承包经营权、林权、农房、宅基地、农村集体物业、小水电等。该平台为农村各类产权流转交易提供信息发布、登记、业务咨询、代理等服务，实行会员制管理，并与浙江股权交易中心等开展合作。从 2018 年 1 月 1 日至 2021 年 4 月 30 日，全市农村产权线上交易累计 2314 宗，交易金额 4.44 亿元，如表 7-1 所示。

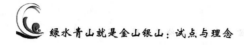

表7-1　　2018年1月至2021年4月丽水市农村产权累计交易情况

序号	类型	挂牌项目个数（个）	挂牌金额（万元）	成交（个）	成交金额（万元）	成交率（%）
1	土地承包经营权	1455	7792.3	1418	9670.3	97.5
2	水域养殖	27	77.4	25	76.4	92.6
3	农村房屋所有权	281	2220.2	275	2153.2	97.9
4	林权	231	1919.1	205	1807.3	88.7
5	宅基地使用权	18	377.2	18	518.7	100
6	农村集体物业租赁	371	4237.2	368	4394.9	99.2
7	水电股权（市级）	5	18681	5	25748	100
	合计	2388	35304.4	2314	44368.8	

资料来源：丽水农村产权交易平台（http://lsnccq.1shengtai.com/）。

丽水市昊阳农业开发有限公司通过市农村产权交易平台，以市场价拿到了170亩土地十年的经营权，同时获得具有法律效力的丽水市农村产权交易鉴证书，并通过土地流转经营权证抵押，以低利率向银行轻松贷款100多万元，在稳定流转经营关系的同时，解决了发展资金难题。松阳县合溪水电站（普通合伙）整体资产转让项目，经过12轮次激烈角逐，最终企业联合竞价体以1.9亿元成交，溢价达到35.71%。

农村产权交易市场的活跃，唤醒了许多原本"沉睡"的农村资源，促进了资源向资产、资金的转变，带动更多社会资本、金融资本流入农业农村，并促使农村资源向经营大户、经营能人集中，实现专业化、产业化、规模化，进一步推动农村资源的优化配置与高效利用。

点评： 生态环境不仅是生态能量的空间载体，更是生态调节服务的表现形式，生态资源既是生态产品的构成要素，又是生态价值的物化表征，环境与资源权益交易越来越成为生态产品价值实现的重要途径。国家鼓励通过政府管控或设定限额，探索绿化增量责任指标交易、清水增量责任指标交易等方式，合法合规开展森林覆盖率等资源权益指标交易。健全碳排放权交易机制，探索碳汇权益交易试点。健全排污权有偿使用制度，拓展排污权交易的污染物交易种类和交易地区的森林碳汇交易有利于森林碳汇生态产品价值变现，排污权交易有利于促进企业在生态保护和自身发展之间找到新的平衡，而农村产权交易则致力于破解农村产权"难抵押、难确定、难对接、难实现"问题。

十 地役权改革：国家公园生态惠民的有益探索

百山祖国家公园，以浙江凤阳山——百山祖国家级自然保护区为核心，范围涉及龙泉、庆元、景宁三县（市）10个乡镇，面积505平方公里，是全国17个具有全球意义的生物多样性保护关键区域之一，乃孑遗植物百山祖冷杉的全球唯一分布区，被誉为"华东古老植物的摇篮"，为中国华东地区重要的生态安全屏障。（见图7-21）

图7-21 浙江凤阳山云海风景

2005年8月，时任浙江省委书记的习近平在龙泉市凤阳山考察时强调"国家公园就是尊重自然"，叮嘱"加强生态保护，尽量维持自然景观风貌"。

十多年来，丽水市矢志不渝地遵循习近平总书记嘱托，以抓好自然生

态系统原真性、完整性保护为基础，创新集体林地地役权改革，破解统一管理难题，走出了一条集国家、集体、社区群众三方共建共赢的新路子。

（一）产权改革破难题

百山祖国家公园境内林地权属复杂，既有国有林，又有集体林；既有公益林，又有商品林；既有流转未到期山林，又有造林后进入采伐期山林等情况。

为了明晰林地权属，保证百山祖国家公园自然生态系统的原真性、完整性保护，实现自然资源资产生态效益最大化，丽水市依法出台《百山祖国家公园集体林地设立地役权改革的实施方案》，规范地役权设立内容、实施范围、补偿标准及年限，明确供需役地人主体和权责，提出地役权改革任务和路径；制定出台《关于全市政法系统服务和保障百山祖国家公园创建的工作意见》《关于服务保障百山祖国家公园创建工作的意见》等系列司法联合保障机制和措施，为地役权改革提供法治保障。

2020年4月，时任浙江省委书记车俊在龙泉片区官浦垟村颁发了全国首本集体林地地役权登记证明。这意味着，村里相应林地的所有权仍归属于集体，其地役权则属于国家公园管理单位。

目前，集体林地权籍调查完成率达到100%，地役权改革"两决议三委托"（行政村和村民小组"两决议"，村民小组、承包经营户、集体经济组织"三委托书"）协议签订率达到98.1%，地役权证发证率达到97.6%，标志着通过集体林地地役权改革，基本实现百山祖园区集体林地集中统一管理。

（二）保护优先显担当

通过设立集体林地地役权，以法定形式确定了供役地权利人"应当对供役地严格保护，不得对林地开荒、开挖，不得进行流转，不得对林木进行采伐和损坏以及其他破坏生态环境的行为"等保护义务，引导各乡镇、村把生态保护、国家公园保护的内容依法写入村规民约，有效提高乡村治理能力，维护社区和谐稳定。同时，丽水市还制定了《百山祖园区生态保护与修复专项规划（2020—2025）》，规划实施中亚热带森林生态系统保护及修复、高山沼泽湿地保护恢复、河流水系保护恢复、珍稀濒危动植物保护恢复、水土流失综合治理等生态保护重要工程，推进国家公园自然生态系统原真性和完整性保护。（见图7-22）

图7-22　百山祖角蟾（两栖动物新物种）

2020年6月，生物多样性调查组在百山祖国家公园内开展两栖爬行动物调查时，发现了一新物种——百山祖角蟾，这是自百山祖冷杉发现以来，又一个以"百山祖"命名的物种。百山祖角蟾的出现，是对地役权改革最好的响应。"让百山祖国家公园保持原始状态，就是最好的保护"，丽水市生态林业中心相关负责人介绍说。

（三）生态惠民促发展

地役权改革涵盖的3.88万公顷集体林地，补偿标准为每年48.2元/亩，2021年补偿收入总额达2805万元，农户人均约868元、户均约3868元，极大促进了农民增收；同时，出台《林地地役权补偿收益质押贷款管理办法（试行）》，完成了首批林地地役权补偿收益质押贷款发放，户均可贷8万元，可盘活资产近6亿元，真正实现了"资源"变"资产"。

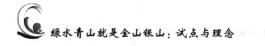

园区三县（市）相应出台了《百山祖国家公园惠民政策》，对村级组织、农业产业民生保障、卫生健康、文化教育进行扶持和保障。园区内共完成2011名群众生态搬迁，实现了异地安居。同时，出台国家公园家庭"就高、就近、就新"的教育安排和"十免，十减半、两优惠"的医疗政策。此外，参与地役权改革的村民享有优先发展生态农业、生态体验、游憩等特许经营权，还可优先聘用为国家公园巡护管理公益岗位。

位于国家公园内的龙泉市龙南乡五星村党总支书记毛右贵说："通过集体林地地役权改革，给农村带来了翻天覆地的变化。同样是靠山吃山，发展理念一变，发展效果截然不同。每年的固定收入让百姓吃上生态饭，人人捧上了'金饭碗'，五星村也从偏远高山农村转变成了百山祖国家公园村，开启了把绿水青山转化为金山银山的致富通道。"

点评：国家公园的宗旨是保护典型生态系统的完整性和原真性，为生态旅游、科学研究和环境教育提供场所而划定的需要特殊保护、管理和利用的自然区域，百山祖国家公园地役权改革，一方面有效消除人类活动对生态环境的影响和破坏，另一方面摆脱山区地质隐患对农民生活的威胁和交通偏远对农民增收的刚性制约，从源头上破解保护环境和扶贫致富的双重难题，实现生态效益、经济效益、社会效益有机统一、协同共进，让高颜值的生态环境与高水平的经济发展服务统一于高品质的美好生活。百山祖国家公园创造性提出"金镶玉"联动发展模式，以国家公园的品牌效应引领区域生态产品价值实现，探索出一条"发展服从保护、保护促进发展"的新路子，全面树立了生态产品价值实现的国家形象、浙江使命和丽水担当，改革创新难能可贵、值得推广。

十一　萤火虫效应：湿地保护催生别样美丽经济

萤火虫是两栖类昆虫，多栖于遮蔽度高、植被茂盛、水质优良、湿度较高的地方，对环境要求极高，是一种典型的环境指示性生物。近些年来，每到3月底4月初，丽水九龙湿地公园的"萤光海"绚丽夺目，吸引

八方游客竞相前往，多年来丽水人坚持不懈的湿地保护，描绘出一幅尊重自然、保护生态、和谐共生的魅力画卷。（见图7-23）

图7-23　丽水九龙湿地公园

（一）久违精灵再现湿地公园

九龙湿地是八百里瓯江最具江南原生态风貌的独特江域湿地生态系统，也是丽水市乃至浙江省唯一一处连片面积最大、最具代表性的河流湿地。

九龙湿地在实施保护性利用前，却是另一番景象。村民们盯着九龙湿地蕴藏着丰富的砂石材料，无序采砂致使湿地"千疮百孔""千峰万壑"。周边村民和企业主将建筑垃圾随意倾倒到湿地中，各个村通向湿地的路口和湿地内到处可见成片、成座的"垃圾山"，湿地长期处于旱化状态。湿地及周边共有31个规模养殖场，家禽家畜产生的污水、臭气直排到湿地；还违规搭建有沙发厂、水泥预制场、农庄、废品加工及其他生产用房等临时构筑物十多处，大面积侵占、破坏了湿地资源，严重干扰了湿地生态系统的自然演变发展，破坏了鸟类等野生动物的栖息环境。

近年来，丽水通过采取系列举措，开展湿地的保护利用。理顺机制，专设机构。设立了丽水九龙国家湿地公园管理处，主要负责对湿地资源实施保护和管理，规划编制和项目审核，开展湿地科学研究和推广，组织开展宣传教育、开展生态旅游活动。明确权属，多重保护。采用了"以租代征"的办法，以每年支付租金的方式，湿地公园管理处获得了公园全部集体土地的经营管理权，土地权属清晰。土地经营管理权的转移既可以减少农业生产对湿地的影响和破坏，又可以使村民从土地租金和湿地公园发展中获得收益，有利于湿地保护、管理工作的开展。多措共举，强化保护。根据国家湿地保护与利用相关政策、法律等规定，围绕建设国家湿地公园目标，结合九龙湿地的实际，按照积极保护理念，始终坚持"生态优先、科学修复、合理利用、持续发展"的原则，采取"保护、治污、修复"三管齐下，累计投入5000余万元，大力实施湿地污染治理、湿地资源保护、湿地生态修复、湿地植被恢复、湿地环境整治等一批湿地生态保护与恢复工程。统筹规划，协调发展。规划分建湿地文化展示区、湿地保护保育区、湿地旅游休闲区、科普教育区、管理服务区和生态湿地修复区六个功能区块。各功能区块遥相呼应，共同组成九龙湿地的"四梁八柱"。通过精心治理，九龙湿地区域生态环境得到快速改善，湿地生态系统得到有效恢复，构建了人与湿地和谐的共存关系。

人不负绿水青山，绿水青山定不负人。近几年，湿地生态系统得到了系统性恢复，生物物种愈加丰富，更是出现了大量野生萤火新种群（三叶虫萤，特征：黑色、软体、亮度大），成为自带"荧光"效果的酷炫"网红"公园。

"丽水九龙湿地萤火虫的密度与数量非常惊人，这得益于瓯江独特的生态条件，这种潮湿、润泽的环境，非常适合萤火虫的生存。据前期的研究统计发现，九龙湿地的萤火虫数量位于全国萤火虫基地的前五。"守望萤火虫研究中心主任、中国第一个萤火虫博士付新华这样说。据了解，整个湿地的萤火虫达到了数百万只，密度高的地方每平方米能够达到200—300只。（见图7-24）

图 7-24　九龙湿地萤火虫

（二）小小萤火催生美丽经济

"我们驱车 100 多公里，经过 2 个多小时的路程，到达九龙湿地公园，景区的赏萤季活动很丰富，我们体验了民俗风情，品尝了丽水美味，让我们等萤火虫的时间也很充实。我把这次的旅行在朋友圈进行了分享，让更多的朋友来这里寻找萤火虫，欣赏丽水美景。"来自金华的游客方向明这样说。

2021 年 3 月 29 日晚，浙江丽水九龙国家湿地公园以"探秘·真实的大自然"为主题的第一届赏萤季启幕，举办了自然论坛、萤火·市集、自然·音乐、研学、露营等内容丰富、形式多样的系列活动，让广大游客走进萤火虫世界，感受九龙湿地原生态之美。

在"自然·论坛"上，11 位来自全国各地的专家学者受邀出席。围绕"湿地的保护与发展乡村振兴的助推器"这一主题，从各自的角度分别做了主旨演讲，并举办圆桌论坛，共同探讨解密生态产品价值实现之道。在萤火·市集活动中创意性地布设了"萤火虫书房"，用于展示各类动植物科普书籍，市集汇聚了丽水优质农产品和农创产品，处处体现艺术创意和文化氛围。此外，"赏萤季"上线了第一届"萤火杯"自然摄影·短视频

· 151 ·

创作大赛，开启三场线上直播"云赏萤"，全方位展示萤火虫之美。（见图7-25）

图7-25　第一届"萤火杯"自然摄影·短视频创作大赛

（三）山海协作点亮燎原之光

九龙湿地显著的生态优势，也促成了丽水与宁波山海协作工程落户于此。2018年以来，两地加强合作，遵循"政府推动，企业主体，市场运作，互利双赢"的合作原则，共同建立了九龙湿地生态旅游文化产业园。为加强管理，两地还共同成立浙江丽甬生态旅游发展有限公司，负责九龙湿地生态旅游文化产业园项目规划、投资、运营等，打造的九龙国家湿地公园总面积约16.86平方公里，规划总投资18.5亿元，将九龙湿地生态旅游文化产业园项目打造成国家级旅游度假区。九龙湿地生态旅游文化产业园是丽水充分运用好"问海借力"这把金钥匙，坚持"在保护中利用，在利用中保护"的生动体现。

项目力求在生态效益、经济效益、社会效益之间找到最佳平衡点和最大"公约数"，努力将产业园打造成一项保护环境的"生态工程"、产业发展的"示范工程"、传承文脉的"历史工程"、造福于民的"民心工程"，使之成为全省山海协作升级版的标杆和样板。

点评：生如夏花之绚烂，死如秋叶之静美。萤火虫生命虽然短暂，却在最美的季节里尽情闪耀大地灵光，九龙湿地"萤光海"的失而复得，生动地诠释了"良好的生态环境是最公平的生态产品，是最普惠的民生福祉"。再一次验证了"人不负青山，青山定不负人"的生态法则。建设美丽中国客观上要求"尊重自然、保护环境、敬畏生命"，决不能以牺牲环境为代价换取一时的经济发展，深刻理解"环境本身就是经济"的实质内蕴，全面构建"美丽环境、美好经济、美妙生活"的统筹安全与发展的新时代新格局。

十二 生态补偿：健全利益分配和风险分担机制

世界经济发展的历史表明：经济发展的一荣未必带来共荣，生态环境的一损必然带来俱损。生态补偿是以保护和可持续利用生态系统服务为目的，以经济手段为主调节相关利益关系者的制度安排。丽水实践正、反两方面都说明了一个问题：建立健全生态补偿机制具有十分重要的意义。

（一）纵向财政奖补构建保护者受益机制

"十三五"以来，浙江省秉持"让保护者受益，让损害者受罚"理念，不断迭代升级生态产品保护补偿政策，持续擦亮美丽浙江"金名片"。

浙江省《关于实施新一轮绿色发展财政奖补机制的若干意见》（2020年）中推出了出境水水质、森林质量、空气质量财政奖惩以及湿地生态保护补偿试点等11项政策，与2017年相比，政策激励更有张力、约束更具刚性，政策覆盖面更细化、更量化。同时，在文件中，还专门设计"丽水条款"即选择列入国家级试点的丽水市试行与生态产品质量和价值相挂钩的财政奖补机制，根据生态系统生产总值（GEP）绝对值、增长率指标（权重分别为40%、60%）计算奖补资金，加快助推丽水生态产品价值实现机制试点建设。

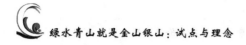

根据新一轮绿色发展财政奖补机制，2020年丽水市共获补助32.8亿元（其中奖励34.88亿元，扣罚2.08亿元），较好体现出丽水作为重点生态功能区、重要生态屏障的生态价值。

（二）横向生态补偿确保一江清水送下游

瓯江是丽水的母亲河，是哺育270万处州人民的生命之源。结合浙江省2018年初印发的《关于建立省内流域上下游横向生态保护补偿机制的实施意见》，丽水市以建立"水生态共同体"理念为引领，在试点期间，创新性建成全瓯江流域上下游横向生态保护补偿机制。主要采取以下做法。

（1）对瓯江全流域推进统筹管理。全面掌握流域上下游交接断面监测、水环境生态等情况，做出符合丽水实际的上下游横向生态保护补偿方案设计，建立联防共治机制。（2）提高补偿基准。以更好的流域跨界水质作为补偿基准，将水质、水量、水效同步纳入横向生态补偿机制考评指标体系，补偿基准取数不低于上一年度水质水效标准，促进水质稳中向好。充分考虑降雨径流等自然条件变化因素，分析丽水市山溪性河流丰枯水期分化明显的特性，上游的生态流量影响水质能否达标，采取水质稳定系数取值0.8，确定各上下游间统一的生态补偿协议模本，获得浙江省级环保部门和各上下游地区的认可。（3）做活补偿方式。坚持保护优先、水效优先的原则，充分考虑上下游共同利益，综合对水质、水量、水效等因素进行综合评价，确定补偿方向和补偿资金，推进流域生态环境综合整治。根据实际需求和操作成本，采取除资金补偿外，积极探索对口协作、产业转移、人才培训、共建园区等补偿方式。（4）鼓励流域上下游地区开展排污权交易和水权交易。明确主体责任。通过协议明确流域上下游补偿责任主体，上游在充分考虑上下游共同利益，享有水质改善、水量保障带来利益的权利；下游尊重上游地区为保护水环境而付出的努力，对上游地区予以合理的资金补偿，同时享有水质恶化、上游过度用水的受偿权利。根据流域生态环境现状、保护治理成本投入、水质改善的收益、下游支付能力、下泄水量保障等因素，综合确定适合丽水实际的每年补偿资金500万元的标准，从而更好地体现激励与约束，以补促治。

（三）飞地工业园区实现双向合作共赢

景宁畲族自治县是华东地区唯一的少数民族自治县、国家重点生态功能区、百山祖国家公园所在地，产业发展受多方掣肘，区域间发展不平衡、不充分现象突出。

丽景园是践行习近平总书记"异地开发"嘱托，在浙江率先开展"异地开发"的先行"飞"地。

2007年，浙江省委要求丽水市委、市政府谋划在丽水市内划一块地作为景宁的补偿式发展平台，由景宁县独立自主建设和管理，实现"输血式"扶贫向"造血式"扶持的转变。（见图7－26）

图7－26 丽景民族工业园

为此，丽水市政府下发《丽水市人民政府关于设立丽水经济开发区景宁民族工业园的决定》（丽政发〔2009〕72号），在丽水经济开发区规划范围内划出近4平方公里低丘缓坡，由景宁自主平整、开发、建设和管理，作为"飞地"扶持景宁加快经济发展。

丽景园自设立以来，景宁在县域内全面退出了所有乡镇工业平台，集中力量建设丽景园平台产业开发，园区规模体量和各项经济指标大幅增长，工业产值从2016年的2.2亿元增加至2020年的15亿元；规上企业数从2016年的2家增加至2020年的17家，占全县的一半；规上工业产值在

全县占比从 2016 年的 10% 提升至 2020 年的 55%；纳税企业数从 2016 年的 22 家增加至 2020 年的 196 家，税收收入从 2016 年的 1900 万元增加至 2020 年的 6.33 亿元，在全县的占比从 2016 年的 2% 提升至 2020 年的 34%。

切实可行的管理体制是"飞地"发展的基石，行之有效的工作机制，是"飞地"发展的"助推器"。十余年的探索与实践表明，园区设立之初丽水市委市政府确定"三独立、四统一"（"三独立"即景宁县派独立机构、区内独立税收及产值报送途径、区内独立建设管理，给予景宁充分责权、事权。"四统一"即统一开发规划、统一产业招商、统一产业政策、统一征迁政策，确保园区开发建设品质）的体制机制，是推动"飞地"健康持续发展的关键性举措。

点评：生态产品价值实现必须体现"让保护者受益、使用者付费、破坏者赔偿"，这就要求建立基于生命共同体的利益分配机制和风险分担机制。丽水实践的经验主要体现在两个方面。一是完善纵向生态保护补偿制度。省级财政参照生态产品价值核算结果、生态保护红线面积等因素，完善重点生态功能区转移支付资金分配机制。鼓励地方政府在依法依规前提下统筹生态领域转移支付资金，支持基于生态环境系统性保护修复的生态产品价值实现工程建设。通过设立符合实际需要的生态公益岗位等方式，对主要提供生态产品地区的居民实施生态补偿。二是建立横向生态保护补偿机制。鼓励生态产品供给地和受益地按照自愿协商原则，综合考虑生态产品价值核算结果、生态产品实物量及质量等因素，开展横向生态保护补偿。支持在符合条件的重点流域依据出入境断面水量和水质监测结果等开展横向生态保护补偿。探索异地开发补偿模式，在生态产品供给地和受益地之间相互建立合作园区，健全利益分配和风险分担机制。

十三　绿色金融：生态产品价值实现的循环力量

金融被誉为"现代产业的血液"，绿色金融创新对生态产品价值实现具有重要的促进作用。近年来，丽水积极推进金融服务生态产品价值实现，先后推出了"GEP 贷""两山贷""茶商 E 贷"金融业务，为生态产品价值注入金融力量。

（一）"GEP 贷"注入绿色发展新动能

2020 年 1 月 19 日，景宁农商行向景宁县大均乡授信 5 亿元，还向大均两山生态发展公司发放首笔 50 万元贷款。这是中国首次以 GEP（生态产品总值）增量后的预期收益作为还款来源发放的"生态贷"，用于采购生态环境监控专业设备。2020 年 1 月 20 日，遂昌农商行向全国首个完成村级 GEP 核算的遂昌县大田村给予了 6900 万元的"生态贷"授信额度，已发放贷款 2700 万元。2020 年 10 月 23 日，青田县政府向祯埠镇发放了全国首本生态产品产权证书，同时县农商行以祯埠镇 GEP 预期收益权为质押物向青田县祯埠生态强村发展有限公司发放全国首笔 GEP 直接信贷 500 万元。

2020 年初，丽水市制定出台了关于金融助推生态产品价值实现的指导意见，"生态贷"破茧而出。"生态贷将生态产品价值作为贷款的重要依据，助推生态产品价值转化，不仅能加快让绿水青山源源不断地转化为金山银山，同时也必将为乡村经济社会发展注入新活力。"丽水市发改委相关负责人说。

"生态贷"模式既能满足像人均"绿水青山就是金山银山"生态发展公司一样的生态产品供给市场主体的融资需求，同时也能激活生态产品的金融属性，有力助推生态产品价值实现。

（二）"两山贷"提升农民生活幸福感

云和县雾溪畲族乡雾溪村村民柳德兄最近的心情格外舒畅，因为在雾溪畲族乡生态产品价值实现工作推进会上，他获得了首笔 10 万元"两山贷"生态信用贷款，成为第一个吃螃蟹的人。看着手机里显示贷款发放成功，他喜悦的心情溢于言表。

云和农商银行与雾溪畲族乡签订了战略合作协议，发布了生态信用评价正负面清单。同时，云和农商银行向雾溪畲族乡授信 11 亿元，并向当地一家公司和个人分别发放 50 万元和 10 万元的"两山贷"生态信用贷款。截至 2020 年底，发放"两山贷"121 笔、3949 万元，为村民降低利息支出 110 余万元。

"雾溪与农商银行建立合作关系，把生态信用作为金融信贷产品的前提和优惠条件，既可以解决雾溪百姓的融资困难，又能促进群众不断提升个人生态信用，实现生态保护和产业发展的良性循环。"雾溪畲族乡党委负责人说。

（三）"茶商 E 贷"实现政、银、企三方共赢

"在手机上按流程操作，不到一小时就取得了授信额度。有了这笔钱，我那批茶叶订单就不会像去年一样打水漂了！"获得了 30 万元贷款额度的松阳茶商潘老板笑盈盈地说，"茶商 E 贷"将茶叶贷款线下操作升级为线上提取，有效缓解了融资难融资贵问题。

松阳县浙南茶叶市场是全国最大的绿茶产地市场，市场上大多茶商的资金借贷压力大。茶商的融资难问题，主要是缺乏有效的信用机制。"茶商 E 贷"产品以茶叶交易场景为授信介入点，在茶叶质量溯源平台内嵌入贷款功能，其中区块链技术的应用，为银行经营性贷款业务提供了真实有效的资金使用途径佐证，免除经营性贷款需上传经营性用款佐证材料手续，赢得了广大茶商的欢迎，实现了政、银、企三赢。

据统计，截至 2021 年 3 月底，松阳已累计办理"茶叶溯源"IC 卡 2.7万张，"茶青溯源"茶农卡 4200 户，溯源交易 163.7 万笔，溯源交易额近 170 亿元。

（四）"生态主题卡"精准对接农业发展

"生态主题卡目前主要有两种，一种是茶叶溯源卡，另一种是绿色惠农卡。"中国人民银行丽水市中心支行负责人介绍说。

茶叶溯源卡主要向茶商发放，依托茶商溯源卡积累沉淀的茶商溯源和茶叶交易信息，探索区块链信贷模式创新，茶商可凭借茶叶交易数据，自

主在网上申请办理信用贷款，有效解决了以往茶商由于抵押物缺乏导致的贷款难问题。

绿色惠农卡主要向农户发放，在全县农资店布放具有农资溯源功能的智能刷卡机具，农户持卡购买低毒农药和有机化肥可享受农业农村局给予生态补贴后的优惠价格，助推丽水市农药化肥管控对标欧盟。

"通过绿色惠农卡，我们在这里购买的低毒农药比以前外面购买的普通农药便宜多了，省下一大笔钱。有了溯源系统，以后茶叶也能卖个更高的价钱。"茶农叶金发说。

截至 2020 年底，全市"生态贷""两山贷"贷款余额超 190 亿元。同时，强化各线上相向发力，市银保监局牵头出台深化"两山金融"助推生态产品价值实现工作要点，邮政部门建立完善生态产品价值转化的"两山邮政"金融体系；保险部门创新推出食用菌种植、雪梨花期气象指数等"生态保险"产品，2020 年实现保额 1.1 亿元；丽水市与宁波市政府合作设立"生态基金"（两山转化产业投资基金），重点投资生态产业培育等重大项目建设，首期规模 8 亿元。

点评：丽水"三贷一卡"绿色金融创新，紧密对接生态产品价值实现的关键环节和重点领域，因地制宜、因时施策，在普惠金融的基础上，全面加大绿色金融的支持力度，鼓励企业和个人依法依规开展水权和林权等使用权抵押、产品订单抵押等绿色信贷业务，探索"生态资产权益抵押＋项目贷"模式，支持生态环境提升及绿色产业发展。积极探索古屋贷等金融产品创新，以收储、托管等形式进行资本融资，用于周边生态环境系统整治、古屋拯救及乡村休闲旅游开发等。鼓励银行机构按照市场化、法治化原则，创新金融产品服务，加大对生态产品经营开发主体中长期贷款支持力度，合理降低融资成本，提升金融服务质效。鼓励政府性融资担保机构为符合条件的生态产品经营者提供融资担保服务。全面探索生态产品资产证券化路径和模式。

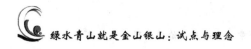

十四 绿道经济：美美与共助力乡村振兴

"这是我第一次来到丽水，感觉生态环境非常好。今天丽水超马绿道体验过后，感觉非常不错，奔跑在丽水的青山绿水间，就是一种享受。丽水不愧有着'秀山丽水'的美誉。"2020年10月，首次来丽水参加"智汇丽水"人才科技峰会的西湖大学校长施一公，在亲身体验丽水瓯江绿道后由衷地感叹丽水绿道经济的无穷魅力。缘起于生态产品价值实现的绿道经济成为乡村振兴的亮丽风景。

八百里瓯江，纵横流淌在青山绿野之间，天生丽质、浑然天成，奔腾不息、滚滚向前，是古代海上丝绸之路的始发地、瓯江山水诗之路的承载地。瓯江绿道相随于瓯江，浸润于瓯江，作为全省大花园建设的十大旗帜性项目、试点实施的支撑性载体。2018年瓯江绿道建设三年行动计划按下启动键，自此瓯江绿道不断延伸，累计建成瓯江绿道达3022公里，里程数居全省第一。绿道犹如一条条彩带蜿蜒在丽水城乡、山水间，连起美景，承载文脉，串起民心，瓯江绿道已然是丽水人民身边最熟悉的"新朋友"。

（一）延展生态画卷，传承历史文脉

在缙云仙都风景区，仙都风情绿道是不折不扣的"网红"打卡地，是丽水市第一条浙江省最美绿道。绿道因形就势、蜿蜒穿行，将婆媳岩、小赤壁、鼎湖峰等各个景点进行有机串联。绿道沿线乔木成林，绿地成片，空气清新，溪水清澈，绿道和风光的完美融合，呈现出一派自然和谐的生态画卷。

仙都风情绿道是瓯江绿道建设的一个典型缩影。丽水市严格对标国际先进理念和国内一流城市绿道建设经验，在《浙江省省级绿道网布局规划》《丽水市绿道网规划》的基础上，进一步聚焦瓯江水脉，全面梳理瓯江自然人文资源，编制形成"1＋9＋N"大花园瓯江绿道网规划体系，"1"即丽水市瓯江大花园绿道规划，布局形成"一主四支多环"大花园瓯江绿道网。"9"即9县（市、区）都编制形成县域绿道网规划。"N"即相关配套专项规划，包括瓯江绿道绿化规划、环丽水公路自行车赛事规划、绿道与产业融合发展规划等，以此形成聚焦瓯江、全域统筹的绿道规划全市一盘棋格局。

瓯江绿道不仅是串联优美风景的生态纽带，也是传统文化和现代艺术联系的纽带。龙泉市金村溯源绿道，以"海丝之源·探瓷寻踪"为主题，串联起大窑国家考古遗址公园、金村古码头遗址、金村古村落"三古"资源，让传统记忆鲜活起来。松阳县松阴溪绿道，依托沿线存量资源精心打造的独山驿站、黄圩驿站、石门廊桥等一批兼具设计感和功能性的高品质空间，先后亮相德国 Aedes 建筑论坛、威尼斯国际建筑双年展、法兰克福书展等国际展台，实现了传统建筑和现代设计的完美碰撞。

（二）培育绿道经济，拓展幸福大道

通过绿道串珠成链，强化绿道与旅游、康养、体育、农业、文创"五大"产业融合，助推生态产品价值高质量实现。

2019年，在瓯江绿道大溪治理先行工程上举办了全国首个50公里城市超级马拉松，赛道有机串联了绿道、景点、湿地公园、田园等丰富多样的景观，共吸引世界各地13500位选手参赛。参赛者在这条集城、山、水、景于一体的"最美赛道"上奋力奔跑的同时，还可以饱览瓯江两岸的无限风光，实现"来一场马拉松赛，跑一条最美赛道，游一座花园之城"的美好体验，体现了绿道与体育赛事产业完美融合，生动诠释"春风百里、丽水有你"超马品牌内涵。

2018—2020年，丽水依托绿道共举办马拉松、徒步、自行车、定向越野、登山等赛事活动近300场次，打造形成了以超马赛事为龙头，仙都超级越野赛、庆元廊桥越野赛、松阳天空跑等系列运动的赛事体系。

缙云舒洪仁岸绿道，串联村庄、农耕园、杨梅采摘园等特色节点，通过举办杨梅节、麦浪乡村音乐节等活动，发展绿道沿线产业经济，2020年实现杨梅产值5000多万元、麦香产业产值4000多万元，助力村集体经济收入和村民经济收入双增收。松阳县开发绿道艺术创作精品线路，建成一

批"画家村""摄影村""民宿村"，建立"乡村789"田园艺术创作中心。

(三) 提升景观价值，增进民生福祉

每当华灯初上，市区的大溪绿道上跑步健身的人络绎不绝，在城市的快节奏下，绿道成为那个让大家慢下来的"调节器"。"瓯江绿道的配套设施越来越完善，在市区就能拥有安全舒适的运动环境，生活的幸福感不断提升，现在绿道有几十公里长，更有利于我们长跑的系统进行，不用像之前不断地折返跑。"热衷于长跑的蓝焦云就是瓯江绿道的一位"铁粉"，每周都会到绿道打卡跑步。在他的带动下，越来越多的跑友加入其中。"在绿道上阅读城市，在运动中品味生活"已经成为丽水市民的新时尚。"驴友"们还可以通过手机上的"一图一码一指数"绿道信息系统，便捷地查询到诸如绿道地图、绿道导航、语音讲解、周边查询、绿谷分接入等信息，方便市民出行。

以绿道为纽带，着力推动基础设施向郊区延伸、公共服务向农村覆盖、城市文明向乡村传播，拓宽了农村经济发展道路，助力美丽乡村建设锦上添花，2018—2020年丽水市农村居民人均可支配收入平均增速达到9.9%，农民收入增幅连续12年全省第一。丽水还将瓯江绿道建设纳入政府民生实事，让瓯江绿道真正成为群众的绿道，114个城镇、1080个村庄被有机串联，惠及人口140余万人，让群众共享绿道建设成果，受到了民众的高度认可与广泛支持。丽水公众对绿道建设的支持度、信心度、满意度和获得感分别为98.7、97.0、95.0和88.6。2020年举办的"绿道宣传推介周"系列活动，吸引了共3万多人次参加，掀起了全民共享绿道建设成果的热潮。

点评：绿道是一种线形的绿色开敞空间，通常沿着河滨、溪谷、山脊、风景道路等自然和人工廊道建立，主要为行人和骑车者提供景观良好、适宜休闲、运动康养的生态场域。为促进生态产品的价值增值与在地消费，在环境适宜、生态稳定、功能良好的特定区域，鼓励采取多种措施，加强必要的交通、能源基础设施和基本公共服务设施建设。丽水瓯江

绿道激活了基础设施的多维功能，连接城乡与自然，改变了偏远乡村区位劣势，破解了优质生态资源的"碎片化"问题，完美体现了为乡村振兴助力、为幸福生活添彩、为文化传承赋能的多元价值，成为生态产品价值实现的一条蹊径。

十五　生态信用：知行合一引领时代风尚

生态信用旨在解构人与生态之间的对立统一关系，促进人与自然和谐相处永续共生，在生态产品价值实现机制试点过程中，丽水开创性建立"1+3"生态信用体系，探索编制生态信用行为正负面清单，全面推行个人、企业、村级三类主体信用评价管理，为社会信用体系绿色发展提供了丽水思路。

（一）信用积分引领大众文明风尚

丽水市个人信用积分"绿谷分"应用数字化场景在2020年"6·14"全国信用记录关爱日正式上线。

据丽水市信用办介绍，丽水市个人信用积分"绿谷分"，是由浙江省自然人公共信用积分和丽水市个人生态信用积分两者相加计算而成，运用大数据为全市常住人口和户籍人口共243万人测算"绿谷分"。信用良好的市民可凭"绿谷分"生成"生态绿码"，享受旅游景区、汽车租赁、影院、通信、银行、宾馆、就医等方面提供的优惠折扣、绿色通道、免押金优惠服务。（见图7-27）

2020年12月19日，患者金某某因脑内出血，紧急赶往丽水市中心医院办理入院治疗。因患者"绿谷分"达到优惠标准，享受到了可免缴预交款2000元的信用服务，使患者以及患者家属切身体会到生态信用"人人共享"！龙泉市环保志愿者王怡武前往云和县崇头镇，以"绿谷分"生态绿码半价游梯田景区、住精品民宿；云和县雾溪畲族乡开办"两山合作社"集市，村民用"绿谷分"兑换日用品；景宁畲族自治县大均乡伏叶村农民张端水，凭"绿谷分"从邮储银行获得5万元低息贷款，用于家庭农

图 7 - 27　丽水市个人信用积分"绿谷分"

场创业……

　　据悉，"绿谷分"现已推出了"信易行""信易游""信易购"等 13 大类 50 余项激励应用场景。特别是 2021 年 5 月 19 日，黄浦—丽水"信游长三角"服务正式启动，"绿谷分"首次实现异地漫游，丽水守信市民可以在上海享受杜莎夫人蜡像馆、观光巴士、南新雅大酒店等上海商家提供的优惠便利服务。截至 2021 年 4 月底，已有 13.72 万人通过"浙里办"

App 领取了"绿谷分"。

（二）信用评价促进企业生态自觉

对企业生态信用评价实施百分制，从生态环境保护、生态经营、社会责任、一票否决项四个维度构建评分模型，根据 22 个指标细项加权平均计算得出评分结果。参评企业范围包括生态环境部门监管的重点企业、重污染行业企业、产能严重过剩行业企业、规模以上农业生产经营主体等 10 类。"今年我们企业正在进行二期工程项目扩建，计划投资 7000 万元，其中涉及一定的企业贷款，企业生态信用政策的出台，将进一步为我们这些信用保持良好的企业带来更多便利和支持。"丽水市民康医疗废物处理有限公司技术部经理林建军说。据银保监局反馈，截至 2020 年底，全市生态工业贷款余额 146.41 亿元，同比增加 12.49 亿元，同比增速 9.32%。

（三）整村授信激发乡村振兴活力

按照《丽水市生态信用村评定管理办法（试行）》要求，各县（市、区）信用办牵头相关职能部门及乡镇（街道）对创建村的空气状况、森林资源保护、水生态保护等 8 个一级指标 28 个二级指标进行数据归集和打分，形成评价结果，并经过各县（市、区）信用体系建设工作领导小组的审核后最终确定生态信用村等级。2021 年 2 月，丽水市首批生态信用村名单出炉，评定产生 AAA 级生态信用村 11 个、AA 级生态信用村 14 个，他们将可享受绿色金融、财政补助、科技服务、创业创新、生态产业扶持等多项正向激励举措。后续生态信用村将持续扩面升级，覆盖生态产品价值实现机制试点乡镇 80% 以上行政村，总数将突破 100 个。

此外，丽水创新了环境资源民事、刑事、行政案件"三合一"审判模式，开展"巡回审判"，建立生态修复全程跟踪执行制度和回访机制，通过灵活运用"补植复绿、增殖放流、劳务代偿"等修复方式，在司法上形成了"生态损害者赔偿、受益者付费、保护者得到合理补偿"的运行机制。截至 2020 年底，全市已设立生态修复基地 27 个，放养鱼苗 850 万余尾，补植复绿基地总面积 560 多亩，创建了生态司法教育实践基地 5 个。

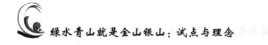

截至 2020 年底，丽水生态环境状况指数已全省"十七连冠"，在全国城市信用监测排第 13 位，较 2019 年初上升了 46 位，生态信用的创新实践，功不可没。

点评：恩格斯指出"我们不要过分陶醉于对自然的胜利，事实上，每一次这样的胜利自然界都无情地报复了我们"。在人与自然生命共同体视野下，人们必须牢固树立生态信用理念，坚持节约优先、保护优先、自然恢复为主，"像保护眼睛一样保护生态环境，像对待生命一样对待生态环境"。党的十八大以来，国家对生态环境的治理思维已从底线治理向优质生态产品供给转变。生态信用作为生态文明新时代的内在信仰和外在约束，其理论意蕴要求在自律与他律中实现人与自然的互信互助，其实践遵循则体现为在保护与关爱中促进人与自然的和睦和谐。丽水生态信用体系的创建运用，不仅引领大众文明风尚，而且促进企业生态自觉，更加激发乡村振兴活力，法自然、顺时运、意义重大、影响深远。

十六 法治建设：司法护航生态产品价值实现

（一）GEP 核算结果首次在司法领域应用

2018 年 10 月至 12 月，被告人吴某、吴某某为平整河道并为盖村委大楼集资，明知×××村河道清淤项目（以下简称项目）没有通过水利局等部门审批许可，仍通过村民代表大会的方式将项目承包给××砂厂。××砂厂股东被告人伍某某、陈某某明知该项目未经审批，仍然在青田县××村河道内非法采砂，并按照约定支付××村村委 25 万余元。经鉴定，河道非法采矿的量为 22855.28 立方米，市场价值 790336 元。2021 年 2 月 24 日，伍某某、陈某某、吴某某、陈某某等人主动到青田县公安局投案。投案后，伍某某等人共退赃 80 万元。除非法采矿的经济价值外，中国（丽水）两山学院生态产品价值核算及转化应用研究所受青田县人民法院委托，评估该案非法采砂行为对生态产品损害价值总计 28.49 万元。

法院经审理认为，被告人伍某某、陈某某、吴某、吴某某违反矿产资源法的规定，未取得河道采砂许可证擅自采砂，情节严重，其行为触犯了《中华人民共和国刑法》第 340 条第 1 款、第 25 条，应当以非法采矿罪追究其刑事责任。被告人与当地生态强村公司签署了《生态修复协议书》，自愿出资 28.49 万元委托其开展生态保护和修复工作，并由当地政府监督实施。

点评：通过对该案生态产品价值损害情况进行核算评价，实现了对受损生态环境整体价值精准量化，并将评价结果作为被告人履行生态修复的依据，开创了生态系统生产总值（GEP）核算技术在司法保障生态产品价值实现方面的探索实践先河。青田县人民法院、当地强村公司和乡政府通过"司法＋强村公司＋乡镇"协同助力生态环境保护修复模式，架起生态修复和强村富民的桥梁，实现了司法护航生态环境保护向经济价值转化跃迁。

（二）补植复绿保护修复生态环境

2021 年 1 月 14 日，被告人殷某在高湖镇五源山洪寮山场的农田上焚烧草灰积肥，不慎引燃荒田杂草，引发了森林火灾。经鉴定，本次火灾烧毁有林地面积 2.4133 公顷，疏林地面积 23.07 亩，造成林木总损失价值 11616.38 元。火灾发生后，殷某积极联系村干部和当地村民扑灭山火，并主动向公安机关投案自首。审理中，殷某向法院申请就地补植复绿，法院会同检察院、林业局、当地政府，针对烧毁区域的地理环境，被告人履行能力等因素提出可行性生态修复方案，殷某与村委会签订补植复绿协议，承诺对被烧毁的山场通过种植油茶实现补植复绿，并自愿在五源山村通过敲锣警示等方式义务防火宣传三年。该村专门指定村支部书记、村民主任叶某监督保证殷某履行补植复绿协议。

本案审理过程中，被告人殷某与高湖镇五源山村村民委员会签订补植复绿协议，对烧毁山场进行补植、管护。考虑到此次失火系殷某过失犯罪，且其自愿认罪认罚，有自首情节，悔罪表现良好，法庭当庭宣判被告人殷某犯失火罪，判处有期徒刑八个月，缓刑一年二个月。做出判决同

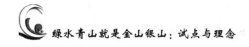

时，法庭还附上了一份"补植令"，责令殷某按协议规定完成补植任务。

点评：森林火灾是一种突发性强、破坏性大、处置救助较为困难的灾害。部分群众防火意识较为薄弱，经常因疏忽大意造成森林火灾，森林防火形势非常严峻。本案被告人通过补植复绿方式修复被破坏的森林，弥补生态环境遭到的损害，让一名森林的破坏者，最终成为补植复绿的修复者和森林防火的宣传者，在最大限度地保护好绿水青山的同时，也起到了良好的惩戒教育作用。另外，此次补植复绿的树苗为油茶，属经济林木，成熟后可带来经济效益，被告人通过种植油茶积极弥补损失，为受损害村民带来增收，同时也能增加自身收入，实现生态修复和经济双收益。

（三）森林资源民事纠纷案灵活审理

2018 年 11 月，被告叶某成在位于浙江省遂昌县的国家三级公益林山场中清理枯死松木时，滥伐活松树 89 株，立木蓄积量为 22.9964 立方米，折合材积 13.798 立方米。案发后，叶某成投案自首且认罪认罚。浙江省遂昌县人民检察院认为不需要追究其刑事责任，遂于 2019 年 7 月做出不起诉决定。根据林业专家出具的修复意见，叶某成应在案涉山场补植二年至三年生木荷、枫香等阔叶树容器苗 1075 株。浙江省遂昌县人民检察院于 2020 年 3 月 27 日提起民事公益诉讼，并在案件审理中提出先予执行申请，要求叶某成按照修复意见先行在案涉山场补植复绿。由于种植木荷、枫香等阔叶树的时间节点已过，公益诉讼起诉人变更诉讼请求，要求叶某成根据林业专家重新出具的修复意见，补植一年至二年生杉木苗 1288 株，并进行抚育以保证存活率，否则需承担生态修复费用。

浙江省丽水市中级人民法院认为，叶某成破坏生态环境的行为清楚明确，鉴于当前正是植树造林的有利时机，先予执行有利于生态环境得到及时有效恢复，故裁定予以准许，责令叶某成在 30 日内履行补植复绿义务。叶某成于 2020 年 4 月 7 日履行完毕，浙江省遂昌县自然资源和规划局于当日验收。一审法院经审理认为，叶某成违法在公益林山场滥伐林木，破坏了林业资源和生态环境，应当承担环境侵权责任，判决其对补植的树苗抚育三年，种植当年成活率不低于95%，三年后成活率不低于90%，否则需承担生态功能修复费用9658.4元。宣判后，当事人均未上诉，一审判决已发生法律效力。

　　点评：尊重自然、顺应自然、保护自然的和谐共生理念，既传承了天地人和的中华民族优秀文化传统，又体现了当前中国所采取的绿色、可持续发展战略，具有鲜明的时代特征。《中华人民共和国森林法》第1条立法目的、第3条基本原则充分肯定了尊重自然理念。森林资源民事纠纷案件的处理，在专业事实认定、责任承担方式、修复方案履行等方面，均应当尊重森林生长发育的自然规律。本案中，人民法院判令被告采用补种复植方式恢复森林生态环境，明确修复义务的具体要求，并确定了其在期限内未履行补植、抚育义务所应承担的修复费用。同时，考虑到补植树苗的季节性要求和修复生态环境的紧迫性，认定本案符合法律规定的因情况紧急需要先予执行的情形，责令被告根据专业修复意见，在适宜种植时间及时履行补植义务，最大限度保障了树苗存活率和生长率。本案体现了人民法院贯彻《中华人民共和国民法典》的绿色原则，创新环境资源裁判执行方式，有效避免因诉讼程序导致生态环境修复延迟，促使森林生态环境功能及时有效恢复。

第八章

结论和展望

一 结论

多年来，丽水市大胆改革、勇于创新、奋力探索跨越式高质量绿色发展的路径。通过生态产品价值量估算方法、生态产品市场交易体系、生态产品多元主体积极参与等方面的体制机制突破，开辟了一条涵盖核算评估、市场交易、生态补偿、生态金融、生态产权等方面的创新道路，形成一套可示范、可复制、可推广的丽水经验和丽水模式。

（一）坚持政府主导，建立生态产品价值核算与应用机制

1. 科学建立生态价值核算标准体系

生态产品价值（GEP）是一个源于国外生态系统生产总值并经过中国特色化发展的概念，具体是指一个地区的生态系统为人类福祉和经济社会发展提供的所有最终生态产品价值的总和。生态产品涵盖生态系统为人类提供的生态物质产品、调节服务产品和文化服务产品三种类别，生态产品价值就是上述三种类别产品的加总。GEP 核算的作用主要表现在三个方面，一是评估一个地区的生态保护成效，二是衡量生态系统对人类福祉的贡献，三是测算生态系统对经济社会发展的支持。通过 GEP 核算，可以进一步完善区域发展成果考核评价体系，也能够对行政部门政绩考核制度提供具体指标。

试点开展以来，丽水市联合中科院生态环境中心、中国（丽水）两山

学院等科研院所开展生态产品价值核算理论研究和实践，形成包括生态物质产品、生态调节服务产品、生态文化服务产品3个一级指标，包括农业产品、水源涵养、旅游休憩等15个二级指标以及粮食、豆类、果蔬等46个三级指标的核算体系，发布《生态产品价值核算指南》地方标准。通过开展市、县、乡（镇）、村四级GEP核算，为生态系统功能类型复杂、生态产品属性差异较大、生态价值量化评估困难等问题提供了破解之道，为生态产品从"无价"到"有价"提供了科学依据。据中科院测算，丽水市2017年、2018年、2019年度GEP分别为4672.89亿元、5024.47亿元、5314.43亿元，按可比价计算，增幅分别为5.12%、3.72%。在GEP构成中，生态调节服务价值占比最高，比如，丽水市2019年度GEP中生态物质产品、生态调节服务、生态文化服务价值占比分别约为3.52%、70.03%、26.45%。但调节服务价值难以通过直接交易的方式实现，比如固碳释氧的价值，国家通过公益林补偿的形式购买实现该功能价值；气候调节的价值，可以通过因地制宜建设康养小镇实现价值；水质净化的价值，可以通过对水的精细化检测分析与分类，根据水的不同特性精准开发产品实现价值。

2. 核算成果应用机制逐步完善

核算成果主要应用在四个方面，一是在GEP核算实践经验基础上，丽水市于2021年开始研发拓展GEP应用场景，推出GEP实时测算展示应用场景、GEP信用积分激励应用场景、基于GEP的生态补偿应用场景、基于GEP的经营开发应用场景等；二是印发《关于促进GEP核算成果应用的实施意见》，推进GEP"六进"（进规划、进决策、进项目、进交易、进监测、进考核）应用创新；三是将GEP和GDP作为"融合发展共同体"，将两者都确立为核心发展指标，并纳入丽水市国民经济和社会发展第十四个五年规划纲要；四是建立GDP和GEP双量化双考核机制，并将考核结果纳入自然资源资产离任审计内容和评价依据。为进一步拓展运用效能，丽水市加快数字化改革步伐，构建"天眼＋地眼＋人眼"的数字化生态监管服务平台，实现了对市域生态底数及变量的实时获取和分析管控，集成"空、天、地"一体化数据库和GEP核算标准模型，实现市、县、乡三级

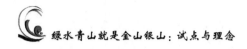

行政区域和任一区域 GEP 一键核算、一键报告。

3. 生态产品政府购买机制初步建立

建立丽水市域范围的瓯江流域上下游生态补偿机制，结合山区性河流季节性流量变化特征，创新建立依据水质、水量、水效综合测算指数分配补偿资金的机制。当前，已连续三年对丽水市瓯江干流 8 县（市、区）7 个断面进行考核和补偿，每年横向生态补偿资金的金额达到 3500 万元。省、市、县三级均建立了基于 GEP 核算的生态产品政府购买机制，省级层面在丽水试行与生态产品质量和价值相关挂钩的绿色发展财政奖补机制；市级层面研究制定丽水市（森林）生态产品政府购买制度，统筹省财政奖补资金和市、县配套资金推进生态产品政府购买；县级层面出台生态产品政府采购试点暂行办法，并依据办法向乡镇"生态强村公司"支付购买资金。

（二）激发市场活力，健全生态产品市场交易体系

1. 创新培育"生态强村公司"

为解决生态产品供给主体缺失问题，丽水市成立了市、县两级共 39 个"生态强村公司"。鉴于生态产品的公共属性，以及广大乡村地区生态环境优越，自然资源丰富，是生态产品的主要供给者和保障者。在全市 12 家县级强村公司、176 家乡镇级强村公司的基础上，选取生态产品价值实现机制试点乡镇组建"生态强村公司"，主要负责生态环境保护与修复、自然资源管理与开发等，作为公共生态产品的供给主体和政府购买生态产品、生态产品市场化交易主体。

2. 建立生态产品价值交易制度体系

为解决生态产品市场需求主体缺失问题，丽水市建立了生态产品价值交易制度体系。坚持"生态有价、有偿使用""生态占补平衡"原则，制定出台《丽水市（森林）生态产品市场交易管理办法》，建立健全了一级、二级交易市场，初步规范了市、县两级森林生态产品的市场化交易规则。这对引导和鼓励生态产品利用型企业参与市场化交易起到了积极作用。

3. 建立生态产品市场化定价机制

生态产品市场化定价机制解决了生态产品价值"市场认可"问题。丽水市依据生态环境禀赋资源，对清新空气、清洁水源和优美环境进行价值折算，实现生态产品"明码标价"。其中空气、水源、环境的市场化定价机制标准为 GEP 价值量。同时，探索土地资源的生态溢价价值评估，科学量化出让地块的生态价值，促进"美丽生态"向"美丽经济"转化。截至目前，丽水市云和县共有 6 宗"生态地"成功出让，共计提生态环境增值 143.16 万元。

4. 构建"两山金融"服务体系

"两山金融"服务体系，解决了生态产品融资的"信用背书"问题。在推进农村金融改革方面，丽水市通过对农村土地承包经营权、宅基地使用权、农房所有权、林权、水权、村集体经济股权"六权"的确权、赋权和活权，基本实现了涵盖所有生态资源的产权及未来收益权交易、抵押和贷款。在生态信用体系建设方面，丽水市印发《关于金融助推生态产品价值实现的指导意见》，创新推行基于个人生态信用评价的"两山贷"金融惠民产品，将生态信用评定结果作为贷款准入、额度、利率的参考依据，以生态信用评级兑现金融信贷支持。截至 2020 年，林权、GEP 未来收益权等各类"生态抵（质）押贷"的余额为 187.5 亿元，其中林权抵押贷款余额 3.7 万笔、66.9 亿元，贷款余额继续占浙江省一半以上份额、居全国各地市第一；累计发放"两山贷"3439 笔 3.73 亿元，贷款余额 3.32 亿元。

（三）坚持因地制宜，创新生态产品价值实现路径

1. 品牌赋能提高生态溢价

充分依托特色资源禀赋，丽水市持续培育、打造"山"字系品牌，构建形成"丽水山耕"（生态农产品）"丽水山景"（生态旅游）"丽水山居"（生态民宿）"丽水山泉"（生态水）等品牌体系，促进了生态产品的附加值提升；丽水市通过生态产业绿色发展标准体系、生态产品标准体系建设，促进生态产品附加值进一步提升。经过多年实践，丽水生态产业品牌

溢价成效明显，已实现由"初级产品"向"生态精品"的转变，初步实现由"低价竞争"向"品牌战略竞争"的转变。实施"对标欧盟·肥药双控""丽水山居"民宿服务质量标准等体系建设。创新开展土壤数字化平台建设，以品牌化打造、标准体系构建、智慧监管网格化，实现肥药减量、品质提升，提高生态产品溢价率。

2. 生态优势提升产业竞争优势

依托"绿水青山"资源价值、生态环境的比较优势带来的生态溢价能力和产业发展竞争力的优势，大力引进和培育肖特集团、国镜药业、紧水滩水冷式绿色数据中心等健康医药、绿色能源等生态利用型企业和项目，以产业化助推生态价值高效实现。创新"飞地互飞"机制，与上海、杭州、宁波等地建立"生态飞地""科技飞地""产业飞地"等21个，宁波等地在丽水九龙湿地公园建立"生态飞地"，发展康旅产业，通过政策互惠、以地易地模式，合作探索生态产品价值异地转化。

3. 修旧如旧实现古村复兴

丽水市全面推广古村复兴模式，持续总结"拯救老屋"行动经验，全面启动257个中国传统村落（占浙江省总数的40.5%）、484个历史文化村落（占浙江省的23.64%）保护利用工作。在不破坏村落整体形态的前提下，活化利用具有历史记忆的古屋、古桥、古巷，传承发展非遗文化、农耕文化、民间技艺和乡风民俗。依托特色传统村落发展乡间客栈、文化驿站等乡村旅游新业态，有效激活了农村闲置农房、农田等资源，有效复活了传统村落的生命力和经济活力。

（四）凝聚价值共识，系统推动企业和社会各界参与

1. 构建完备的生态管控体系

按照国家公园的理念和标准，系统推进百山祖国家公园创建。发布"三线一单"，将全市75.67%的国土面积规划为生态优先保护空间，其中生态红线区达31.8%。在浙江省率先开展土壤污染防治工作，全面建立"政府主导、企业施治、市场驱动、公众参与"的土壤污染防治机制。推进"花园云""天眼守望"数字化服务平台建设，构建"空、天、地"全

方位、一体化、大综合的生态产品空间信息数据资源库，实现涉水、涉气、污染源排放等生态治理数字化协同监管。同时，丽水市成立全国首个生态环境健康体检中心——浙西南生态环境健康体检中心，对全市域的重点流域、重点区域、重点行业逐步开展生态环境监测和评估，为生态文明建设和环境管理提供技术支撑。

2. 构建全民参与的生态保护体系

丽水市在全国首创生态信用制度。构建了包括生态环境保护与修复、生态资源资产经营与管理、绿色生活方式、生态文化传承、企业和个人的生态社会责任五个维度的生态信用体系。细化生态信用行为要求，形成正负面清单，对村（社）、企业、个人三个层面的主体进行"绿谷分"（信用积分）动态量化评分管理。同时，不断创新 GEP 核算运用场景和生态信用应用场景建设。根据生态信用积分，不同主体可以享受"信易游""信易贷""信易购"等 10 大类 53 项守信激励政策。"守信激励、失信惩戒"，让无形的信用成为群众看得见、摸得着、感受得到的有形价值，以生态信用推动全社会不断增强生态保护意识，使生态保护成为行动自觉。基于生态信用体系的创新与引用，丽水市在国家城市信用状况监测持续提高，2020 年丽水在全国 261 个地级市中列第 13 名，排名较 2018 年初提升165 位。

3. 建立人才科技集聚平台

丽水市与斯坦福大学、昆士兰大学、中科院、国务院发展研究中心等国内外科研院所合作，聘请美国科学院院士、总统科技顾问委员会委员、斯坦福大学教授格蕾琴·戴利等 6 位专家担任绿色发展顾问，培育壮大中国（丽水）两山学院，聚焦生态产品价值实现前沿领域开展理论研究。与国务院发展研究中心资环所合作在丽水建立习近平生态文明思想实践固定调研点，长期跟踪、分析生态产品价值实现机制改革方面的新进展、新问题，总结、提炼和推介丽水市相关成功做法、典型经验。与中国信息化百人会、航天五院、中国四维集团、中国质量认证中心、中国生态文明研究与促进会、清华长三角研究院等机构合作，有效提升信息化、数字化支撑生态产品价值实现的能力。连续两年成功举办生态产品价值实现机制国际

大会，交流研讨国际经验、实现路径，在社会各界引起了热烈反响。

4. 全面建立试点推进机制

丽水市成立以市委书记为组长、市长为副组长的领导小组和由各分管市领导牵头的财政支撑、项目推进、生态农业、生态工业、生态旅游康养、生态经济数字化、理论研究、生态文化、市场交易、自然资源管理等10个专项小组。印发《浙江（丽水）生态产品价值实现机制试点实施方案》，明确了各地、各部门责任分工。建立试点领导小组及办公室例会、点评、督查、通报等制度，全方位、多领域、多层次推进试点建设。2022年，丽水市出台《关于全面推进生态产品价值实现机制示范区建设的决定》，率先推动生态产品价值实现机制由先行试点走向先验示范；研究制定《丽水市生态产品价值实现机制"十四五"规划》，明确"十四五"时期改革的方向、目标；探索构建"1＋N"体系的生态产品价值实现创新平台，龙泉市平台已通过省发改委、省自然资源局批复。

5. 开展生态产品价值实现示范创建

丽水市人大做出《关于推进生态产品价值实现机制改革的决定》，将试点转化为全市人民的共同意志和行动。推进19个乡镇开展生态产品价值实现机制示范创建，建立示范乡（镇）创建工作联系指导制度，形成了首笔生态产品政府购买、GEP贷、"两山贷"，首家生态强村公司、首例调节服务类生态产品市场交易等创新系列创新成果。试点以来，丽水已先后培育生态产品价值实现示范企业33家、示范村（社区）27家、示范学校9家、示范医院1家，努力推动企业和社会各界参与试点，形成正向影响。

二 未来展望

未来几年，丽水应以率先建成全国生态产品价值实现机制示范区为目标，以系统思维进一步全面谋划和持续深入推进生态产品价值实现机制改革，进一步拓展"绿水青山就是金山银山"转化通道，探索走出从产品直供到机制创新、功能拓展、标准创设、路径拓宽、模式输出的改革路径。

（一）产品直供

一是以"订单农业"为抓手，积极拓展农业订单签约的线上线下、国内国外领域，扶持农业生产与销售终端的直接对接，引导农业走产业特色化、规模适度化的道路。二是坚持基地直供、检测准入、全程追溯原则，以"丽水山耕"区域公用品牌为引领，健全农产品全产业链，建成"丽水山耕"生态农产品直供出口基地，开发推出具有市场影响力和鲜明地域特色的"丽水山耕"拳头产品。三是深入推进"互联网＋寄递"，引导寄递企业拓宽服务领域、丰富产品内容、提高服务质量，形成差异化发展格局，推广"寄递＋合作社（家庭农场）＋农产品"模式，发展原产地直供直递模式。

（二）机制创新

一是创新构建生态资产价值评估机制。强化与中科院生态环境研究中心合作，探索构建特定地域单元生态资产价值评估体系。比如，针对生态旅游项目，探索以特定生态旅游资源、历史文化资源等为本底，建立生态旅游项目策划、潜在价值评估、经营开发权交易机制。对具备潜在开发价值的生态资源进行项目包装和价值评估，并可在华东林交所挂牌交易，吸引各类投资主体参与交易和经营开发。

二是创新建设区域性生态产品交易中心。中办、国办的《关于建立健全生态产品价值实现机制的意见》明确要求推动生态产品交易中心建设。试点以来，丽水市在生态产品市场交易体系建设方面进行了许多创新性探索，取得了积极成效。以新华东林交所重组落地丽水为契机，开展以林权、碳排放权等为引领的生态资产产权交易，以"丽水山耕"农林产品为主的物质供给类生态产品交易和以碳汇交易为主的生态资源权益交易。推进生态产品供给方与需求方、资源方与投资方高效对接，推进更多优质生态产品以便捷的渠道和方式开展交易。

三是探索推进调节服务类产品变现机制。一方面，完善公益林补偿标准。当前公益林补偿仅以公益林面积为标准，未充分体现不同林分构成的森林生态产品的服务功能价值。积极争取提高补偿标准，在现状与公益林面积相挂钩补偿标准不变的基础上，结合生态产品价值、碳汇、森林蓄积量、林相等要素科学合理分配新增部分补偿资金，实现生态产品优质优价。另一方面，创新水资源费分配方式。当前，各地对本行政区域内利用取水工程或者设施直接从江河、湖泊、地下取用水资源的，由取水口所在地征收水资源费，未全面考虑水资源的流域性质，上游地区通过限制产业发展、开展生态保护修复，为下游提供了优质水资源未在水资源费分成上得到体现。丽水应积极探索水资源费收费标准提升以及分成比例改革，应当要按取水口以上流域面积确定水资源费的分成，并综合流域面积、水质、水量等要素，合理确定分成比例，并适时争取中央、省级支持推广。

四是深化生态产品市场化定价机制。进一步提升完善民宿"生态价"定价机制，结合"花园云""天眼守望"数字化服务平台的生态环境监测体系，建立与生态环境质量瞬时联动的生态产品价格上下浮动机制，使受空气的清新度、环境的优美度、风景指数等"生态价"实现动态变化，并运用区块链技术使"生态价"逐步得到市场认可，真正实现绿水青山的经济价值的定量化。

五是深化 GEP 核算转化及应用数字化平台。围绕 GEP 核算辅助决策这个主题，按照全省数字政府首批"一地创新、全省共享"建设应用主体要求，深入研究调查评价"一图了然"、开发经营"一链通达"、保护补偿"一策奖补"等业务应用，深化丽水市 GEP 核算转化及应用平台的价值核算、经营开发、保护补偿、金融支持、考核引导等核心业务，加快形成"天、空、地"一体化的生态产品空间信息数据资源库。

（三）功能拓展

一是创新 GEP 核算机制衡量绿水青山。GEP 核算就是给自然"体检"，即以 GEP 核算结果反映生态系统运行的总体状况及变化趋势，直观揭示生态系统对经济社会发展和人类福祉的贡献度，分析区域之间的生态关联，衡量生态环境保护的成效和生态产业发展水平。一方面，积极完善生态产品价值核算标准化。另一方面，积极推进数字赋能核算过程。加快成立全国首个生态环境健康体检中心——浙西南生态环境健康体检中心，进一步推进"花园云"生态环境智慧监管平台和"天眼守望"卫星遥感数字化服务平台建设，构建起环境空间一体化的生态产品空间信息数据资源库。增加生态数据展示点位，形成"大气环境""水环境""土壤环境"等生态地图，绘制全市实时"生态价值地图"。

二是创新 GEP 融资体系激活"沉睡"资产。GEP 融资是指利用金融的筹措资本、配置资源、强化激励约束等功能，在明晰自然资源产权的基础上，通过政府财政资金的竞争性分配、金融机构的金融产品创新，有效动员和激励更多的社会资本投入绿色产业，推动培育和形成新的经济增长点，为生态环境保护投融资和供给侧结构性改革注入新的活力。一方面，以编制自然资源资产负债表为契机，以生态强村公司、两山合作社、农村产权交易平台建设为基础，搭建"市、县、乡"三级生态产品权属交易平台，实现生态资产收储登记和流转交易。另一方面，通过"制度＋政策"的集成融合，创新主要污染物排放、单位生产总值能耗、出境水水质、森林质量、生态公益林补偿、流域上下游横向生态保护补偿等重点生态环保领域的资金分配方式，优化制度供给，强化政策保障，不断更新迭代，打开"绿水青山就是金山银山"转化通道的财政密码。再则，健全"两山合作社"服务功能，持续创新推出与 GEP 挂钩的"生态贷""两山贷"等生态金融产品，设立政府间合作的"生态基金"（两山转化产业投资基金），持续开发全气象指数等"生态保险"产品，打通"绿水青山就是金山银山"转化通道的金融密码。

三是创新 GEP 政府采购宣示生态价值。GEP 政府采购是指行政辖区内各级人民政府及其组成部门使用各类财政性资金，向各类法人、农村集体经济组织等其他组织或自然人采购生态产品的行为。丽水市积极探索基于 GEP 的政府购买生态产品，撬动社会资本投入生态产业，引导组织和个人重视生态保护，实现发展方式转变。试点实践中，政府采购可分三步走：第一步，以乡镇为单位，组建乡镇出资、村集体入股的"绿水青山就是金山银山"公司，负责生态产品的保护开发与经营管理，村集体按照基准年 GEP 折算股份入股并获得分红。第二步，县级政府通过整合生态补偿、生

态建设项目资金设立"生态产品政府采购专项基金"，根据年度 GEP 核算结果，对每个乡（镇）GEP 中生态调节服务价值的年度增量或价值量，按照一定标准向"绿水青山就是金山银山"公司进行定向采购。第三步，"绿水青山就是金山银山"公司将采购资金投入环境保护和基础设施建设，进一步增强生态产业发展后劲和绿色招商引资吸引力。

四是创新 GEP 考核机制增强绿色动能。GEP 考核是指将 GEP 纳入领导干部政绩考核体系，推行领导干部离任 GEP 审计，推进让 GEP 成为政府决策的行为指引和硬约束。政府部门应找到特定区域发展生态产业的优势、潜力、"痛点"和堵点，精准引导特定区块的环境保护、资源利用、产业布局、项目招商、业态创新，在严守生态系统"最低安全底线"的前提下通过生态制度、生态技术、生态经营将该区块生态系统服务的"盈余"和"增量"转化为生态产品和服务。并在此基础上，进一步加大环境保护与修复力度，从 GDP 中拿出一部分钱来"向自然投资"，做大绿水青山、做强金山银山，进而在更高 GEP 上产出更多的 GDP，开拓双增长、双转化的"绿水青山就是金山银山"道路。

五是创新 GEP 信用机制呵护绿水青山。GEP 信用就是一定区域范围内的人类及其组织一切活动必须遵循人、自然、社会和谐发展的客观规律，必须把握人与自然、人与人、人与社会和谐共生、良性循环、全面发展、持续繁荣的基本要义，并为此应当承担相应的道义和履行法定的或约定的义务。GEP 信用是生态产品价值实现的重要任务和保障要素。其一是完善 GEP 信用管理制度，完善生态信用守信激励、失信惩戒机制，强化生态信用守信意识，构筑"生态信用守信者处处受益"的社会氛围。其二是完善 GEP 信用守信激励工程。丽水市以乡为单位，建立涵盖个人、企业、行政村三个主体的生态信用评价与运用体系。个人层面，推行"信易行""信易游""信易购"等 10 大类 53 项 GEP 信用积分激励应用场景，对植树造林、保护环境、绿色出行等行为给予个人信用加分，GEP 信用评级优秀者可用积分兑换物品、申请低息贷款，优享购票、住宿、用餐等信用旅游服务。村庄层面，深化生态信用村评级，GEP 信用等级优秀村庄享受绿色金融、财政补助、科技服务、创业创新、生态产业扶持等多项正向激励政策。企业层面，深化"环保论英雄"改革，发布生态信用指数，推行生态信用与企业的金融信贷、行政审批、转移支付等直接挂钩的联动奖惩机制。

（四）标准创设

鉴于目前中国生态产品生产有效供给能力不足、生态产品交易市场规则不健全、生态修复责任主体不明晰等现状，丽水市应积极在基础通用、生态环境保护、生态资源利用、生态产品开发、生态价值转化、生态市场管理等方面开展标准创设工作。

一是基础通用标准的创设应包括生态产品价值实现的术语分类、图形标志、数值与数据等方面。二是生态环境保护标准的创设应包括环境保护与修复、环境质量评价、环境权益交易等方面。在现有的国家、行业、省级地方标准基础上制定评价、权益交易（如排污权交易、用能权交易、碳汇交易）相关标准，用于明确生态产品核算范围。三是生态资源利用标准的创设应包括生态资源评估、生态资源产权、生态资产交易等方面，通过制定林权抵押、农村土地承包经营权流转、公益林补偿收益权质押融资等标准明确资产产权。四是生态产品开发标准的创设应包括生态物质产品、生态调节服务、生态文化服务等方面。实践中，可以通过制定生态产品的设计、生产（建设）、经营、流通等标准，进一步挖掘生态产品的直接利用价值、间接利用价值、选择价值、存在价值等多元价值。五是生态价值转化的创设应包括公共产品价值转化（如维系生态安全、保障生态调节功能、提供良好人居环境）、准公共产品（如俱乐部产品和公共池塘产品）的价值转化以及私人物品的价值转化。实践中，可以通过制定核算技术规范、转化指数设置、价值核算体系等标准，将生态产品的价值通过货币量来衡量，从产品转化率探索对生态环境的保护。六是生态市场管理的创设应包括生态信用管理、生态技术管理、生态制度管理、生态文化管理等方面。实践中，可以通过生态信用的评价与应用、生态技术的研发与推广、数字技术的运用与融合、生态交易规制的构建与创新、生态文化的传承与创新，探索政府主导、企业和社会各界参与、市场化运作、可持续的生态

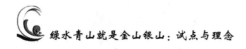

产品价值实现路径。

（五）模式输出

丽水市在生态产品价值实现机制方面的先行先试、善作善成，以生动实践验证了"绿水青山就是金山银山理念"的科学性，并为全国山区高质量发展提供了丽水案例、丽水方案、丽水智慧。

1. 模式一：以"标准引领＋制度创新"保有绿水青山"金饭碗"

丽水素有"中国生态第一市"和"华东氧吧"的美誉，森林覆盖率高达81.7%，是华东地区的重要生态屏障和绿色基因库。生态环境优美，但交通条件不好、区位优势不便、产业基础薄弱，经济发展一直不尽如人意。如何将生态优势变成经济优势和发展优势，一直是丽水人祖祖辈辈苦苦思考的问题。习近平总书记提出的"绿水青山就是金山银山"理念，成为丽水以及类似地区的高质量绿色发展的指南针。

近年来，丽水市紧紧遵循习近平总书记的重要嘱托，并于2019年成为全国首个生态产品价值实现机制试点市，在生态产品的度量、抵押、交易、变现等短板上取得突破性进展，形成了可复制、可推广的模式。首先，以量化生态资源价值作为生态产品价值实现的破题关键。丽水是GEP和GDP融合发展的一个共同体，两者在一定条件下可以相互转化。转化的条件之一是我们需要知道GEP的价值是多少。丽水市在生态产品价值核算指标和核算标准方面进行了大胆创新，制定出台全国首个山区生态产品价值核算的地方标准，选取试点乡镇先行探索GEP功能量和价值量的核算，并发布了市、县、乡、村四个层级的GEP核算结果。其次，坚定"守望"绿水青山，守住可持续发展的基础。推进数字赋能生态产品价值实现，依托"花园云"生态环境智慧监管平台，构建了"天眼＋地眼＋人眼"数字化监管体系，初步实现了对全市域生态底数及变量的实时获取和分析管控。再次，建立健全生态产品价值实现的核心是市场交易机制。在破解"交易难"方面，通过发展县、乡两级"生态强村公司"，通过创新建立生态产品的政府购买制度，解决公共性和准公共性生态产品的供给主体和市场化交易主体确实难题。最后，丽水市还积极谋划跨区域、专业性的市场化交易平台，如华东林交所，探索完善碳排放权、用能权等生态权益交易制度。

2. 模式二：以"金融赋值＋生态信用"开启价值转化"金钥匙"

金融是生态产品价值转化的"金钥匙"。浙江省中国人民银行积极支持在生态产品价值转化领域业务创新和产品创新，各大银行创新推出与生态产品价值核算直接挂钩的"生态贷""两山贷"产品，实现 GEP 的可质押、可变现、可融资。近年来，丽水创新推出以生态信用为金融赋值的衡量标准，建立了评价生态信用行为的正负面清单，衡量个人、企业和村庄进行信用的管理机制，形成"1＋3"生态信用体系。生态保护等正面行为可以获得积分，根据信用得分，可以享受多项激励政策。同时，发现河道采砂等负面行为后需要进行评估，差异化赋值授信额度和信贷利率优惠。截至 2021 年 4 月，丽水市累计发放各类"生态贷"产品的余额为 200 多亿元，贷款余额连续 13 年居浙江省第一。

3. 模式三：以"产业培育＋协同发展"打造共同富裕"金名片"

丽水市在生态文明建设、生态产品价值实现等方面的创新实践，使丽水人人成为生态的保护者、经营者和受益者，形成了释放生态红利实现共同富裕的典型模式。有一组数据可以量化表达这一观点，即丽水市的生态环境状况指数连续 18 年位居全省第一，发展进程指数连续 18 年位居全省第一，农民人均可支配收入增幅连续 13 年位居全省第一。

近年来，丽水市聚焦共同富裕目标，大力拓展生态资源产品化、产业化变现渠道。其中，典型的做法，比如持续促进"丽水山耕""丽水山居""丽水山泉"等"山"字系品牌集成发展，有效带动生态精品农业、全域旅游等第一、二、三产协同发展。截至 2021 年，"丽水山耕"已整合近 700 家有潜力的农业生产新型主体，实现绿色生态产品溢价超过 30%，最高溢价达到 10 倍；全市 300 多个品种的生态农产品价值转化效益凸显，年销售额达 108 亿元。比如，青田推广"一亩田、百斤鱼、千斤粮、万元钱"的新型种养模式，为全球重要农业文化遗产—稻鱼共生系统的传承与发展做出了重要贡献，并且促使稻鱼产品远销世界各国。截至 2021 年，丽水市累计培育民宿 3380 家，近三年年均接待游客超 2500 万人次、累计营收超 90 亿元。丽水民宿不仅注册了"丽水山居"区域公用品牌，还创新推出对空气、水体、风景进行"明码标价"的"民宿生态价"。其中，莲都区下南山的古村落已开发成为生态产品价值实现的全国样板。截至 2021 年，丽水市根据泉水偏硅酸高、钠含量低、口感甘醇清冽、柔顺爽滑的特点，注册"丽水山泉"商标，开发饮用水、化妆水、输液水等不同产品。

习近平总书记在不同场合讲生态屏障区的六个典型都可以是金山银山，从产品直供到模式创供，中国（丽水）两山学院与具有不同资源特色的地方建立了合作伙伴关系、设立了分院，探索多样化的生态资源价值实现路径。在"大江大河也是金山银山"的探索实践中，设立了宜宾分院、古蔺分院、叙永分院、照金分院、铜川分院；在"冰天雪地也是金山银山"的探索实践中，设立了梅河口分院；在"戈壁沙漠也是金山银山"的探索实践中，设立了新和分院、新疆理工学院研究院；通过与各地政府、各地党校、相关院校共同研究"两山转化"途径、共同探索"两山转化"道路，持续创新生态产品价值实现机制，充分发挥产学研合作优势，真正走出一条以高质量绿色发展助力共同富裕的现代化中国建设之路。

丽水市生态产品价值实现
机制政策汇编

1.《丽水市生态信用行为正负面清单（试行）》

生态信用作为社会信用体系的新兴领域，是指社会成员在"人与自然和谐共生"问题上遵守法律法规或社会约定、践行承诺，而建立的人与生态之间的信用关系。生态信用是生态产品价值实现机制试点的重要内容，也是落实十九届四中全会精神，全面提升公民生态文明素养，高水平推进市域治理现代化的重要基石。为更好保障生态信用制度落地实施，护航生态产品价值高效变现，促进绿色高质量发展，特编制丽水市企业和个人生态信用行为正负面清单。

一 生态信用行为正面清单

分为生态保护、生态经营、绿色生活、生态文化、社会监督五个维度共18条。

（一）生态保护

第1条 生态资源保护

1.1 参与植树造林。

1.2 开展退耕还林还湿还草。

1.3 参与生态公益林保护。

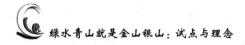

1.4 参与水源保护地保护。

1.5 完成绿色矿山建设。

第 2 条 环境治理

2.1 大气主要污染物排放符合国家标准。

2.2 履行矿山地质环境治理恢复与土地复垦义务。

2.3 完成农用地土壤超标点位"对账销号"；涉重金属重点行业企业完成整治；危废安全处置率达到100%。

2.4 水污染物排污口监测符合要求。

2.5 严守水土保持相关法律法规，落实水土流失治理措施，完成水土流失治理。

2.6 参与碳减排交易、碳中和行动。

2.7 企业进驻前开展"验地、验气、验水"三验承诺。

第 3 条 清洁能源

3.1 开展或参与清洁能源的普查、规划、建设。

3.2 开展煤（油）改气。

第 4 条 生物多样性保护

4.1 开展或参与生物多样性保护宣传和教育。

4.2 自觉开展保护野生动植物行动。

（二）生态经营

第 5 条 生态品牌

5.1 符合"丽水山耕""丽水山居"等品牌管理和经营要求。

5.2 开展气候品牌创建、特色农产品气候品质认证。

5.3 开展气象景观资源挖掘与利用、美丽气象与气象景观地创建工作。

5.4 制定生态农产品市级以上地方标准、团体标准、企业标准，承担市级以上农业标准化示范试点项目、获得"品字标丽水山耕"品牌认证、荣获县级以上质量奖类的。

5.5 农林产品列入"三品一标"。

第 6 条　食品安全

6.1　参评被评为餐饮服务食品安全量化等级 B 级以上单位。

6.2　符合浙江省名特优食品作坊评比条件。

6.3　符合省级农资诚信示范店评比条件。

6.4　农资领域使用绿色惠农卡。

第 7 条　绿色生产

7.1　农药化肥双控达到欧盟标准及以上。

7.2　开展农业生态循环利用。

7.3　实施节水节能作业。

7.4　节能减排符合相关规定。

7.5　水电站下泄生态流量符合相关规定。

7.6　被评为农村信用户。

第 8 条　产研结合

8.1　承担生态科研或成果推广项目的单位和项目负责人。

8.2　开展或参与生态科普等公益活动。

（三）绿色生活

第 9 条　垃圾处理

9.1　生活垃圾处理符合相关规定。

9.2　处置建筑垃圾符合相关规定。

第 10 条　绿色消费

10.1　开展或参与光盘行动。

10.2　使用有绿色标识、低碳、有机产品认证及环保标志的产品。

10.3　使用节水标志产品。

第 11 条　绿色出行

11.1　购买新能源汽车。

11.2　乘坐公交车、租用公共自行车。

11.3　租赁出行新能源汽车、共享单车。

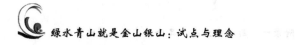

第12条　绿色建筑

12.1　使用绿色建材、环保装饰材料。

（四）生态文化

第13条　文明祭祀、生态殡葬

13.1　采用敬献鲜花、植树绿化、网上祭奠等文明祭扫方式事迹突出。

13.2　生前申请采取树葬、草坪葬等不保留骨灰的生态安葬方式。

13.3　拆除迁移违规私建的建筑性坟墓。

第14条　先进示范

14.1　获评道德模范、道德户、"五好"家庭、"丽水好人"等荣誉称号。

14.2　获得各级美丽庭院、绿色学校、绿色家庭等荣誉。

14.3　企业环境信用评价等级为绿色。

第15条　文化公益

15.1　创作生态文化宣传作品。

15.2　开展生态文化学习教育，传播生态文化。

15.3　参与生态文化主题活动、生态公益行为。

（五）社会监督

第16条　群众监督

16.1　举报非法猎捕、贩卖以及走私野生动植物。

16.2　举报非法倾倒建筑垃圾。

16.3　举报其他违法生态环境保护的行为。

第17条　践诺监督

17.1　在社会公开承诺遵守生态信用。

17.2　自觉履行生态信用承诺，无失信记录。

第18条　媒体监督

18.1　媒体报道生态信用守信行为。

二　生态信用行为负面清单

分为生态保护、生态治理、生态经营、环境管理、社会监督五个维度共30条。

（一）生态保护

第1条　森林生态

1.1　擅自改变林地用途的；临时占用林地，逾期不归还的。

1.2　违法运输木材的。

1.3　组织盗伐、滥伐林木，违法收购明知是盗伐、滥伐林木的。

1.4　造成森林火灾的。

1.5　拒不补种树木或者补种不符合国家有关规定的。

1.6　非法开垦、采石、采砂、采土、采种、采脂和其他活动，致使森林、林木受到毁坏的违法行为的。

1.7　违反松材线虫病疫区管理规定的；违法违规采伐、运输、经营、加工、利用、使用疫木及其制品行为的。

1.8　非法烧制木炭的。

第2条　淡水生态

2.1　未经批准或未按批准要求占用水域的。

2.2　擅自在河道管理范围内采砂的。

2.3　在河道管理范围内未经批准从事爆破、打井、钻探、挖窖、挖筑鱼塘、采石、取土、开采地下资源、考古发掘等活动的。

2.4　侵占、毁坏水工程及有关设施的。

2.5　围湖造地或者未经批准围垦河道的。

2.6　未经批准在河道管理范围内建设防洪工程、水电站和其他水工程以及跨河、穿河、穿堤、临河的桥梁、码头、护岸、道路、渡口、管道、缆线、取水、排水等建筑物或者构筑物的；未经批准临时筑坝围堰、开挖堤坝、管道穿越堤坝、修建阻水便道便桥的。

2.7　侵占、损毁具有历史文化价值的水利工程的。

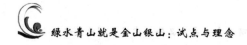

2.8 水电站下泄生态流量不符合相关规定，以及没有安装生态流量监测设备的。

第3条 农田生态

3.1 非法占用基本农田的。

3.2 非法占用基本农田建房、建窑、建坟、挖砂、采矿、取土、堆放固体废弃物或者从事其他活动破坏基本农田，毁坏种植条件的。

3.3 侵占或者破坏基本农田设施的。

3.4 擅自将农用地改为建设用地的。

3.5 拒不履行土地复垦义务的。

第4条 城市生态

4.1 损坏城市绿地或绿化设施的。

4.2 在公园绿地范围内从事商业服务摊点或广告经营等业务的单位和个人违反公园绿地有关规定的。

4.3 在城市绿地范围内进行拦河截溪、取土采石、设置垃圾堆场、排放污水以及其他对城市生态环境造成破坏活动的。

4.4 在公路上及公路用地范围内摆摊设点、堆放物品、倾倒垃圾、设置障碍、挖沟引水、利用公路边沟排放污物或者进行其他损坏、污染公路和影响公路畅通的。

4.5 在生态红线内违法建筑的。

第5条 生物多样性

5.1 未取得采集证或者未按照采集证的规定采集国家重点保护野生植物的；出售、收购国家重点保护野生植物的；非法进出口野生植物的。

5.2 在相关自然保护区域、禁猎（渔）区、禁猎（渔）期猎捕国家重点保护野生动物，未取得特许猎捕证、未按照特许猎捕证规定猎捕、杀害国家重点保护野生动物，或者使用禁用的工具、方法猎捕国家重点保护野生动物的。

5.3 在相关自然保护区域、禁猎（渔）区、禁猎（渔）期猎捕非国家重点保护野生动物，未取得狩猎证、未按照狩猎证规定猎捕非国家重点保护野生动物，或者使用禁用的工具、方法猎捕非国家重点保护野生动物的；未取得持枪证持枪猎捕野生动物，构成违反治安管理行为的。

5.4　种养殖、销售未经国家或者省批准的外来物种的。

5.5　未取得人工繁育许可证繁育国家重点保护野生动物或者法律规定的其他野生动物的。

5.6　未经批准、未取得或者未按照规定使用专用标识，或者未持有、未附有人工繁育许可证、批准文件的副本或者专用标识出售、购买、利用、运输、携带、寄递国家重点保护野生动物及其制品的。

5.7　生产、经营使用国家重点保护野生动物及其制品或者没有合法来源证明的非国家重点保护野生动物及其制品制作食品，或者为食用非法购买国家重点保护的野生动物及其制品的。

5.8　为违法出售、购买、利用野生动物及其制品或者禁止使用的猎捕工具提供交易服务的。

5.9　使用炸鱼、毒鱼、电鱼等破坏渔业资源方法进行捕捞，违反关于禁渔区、禁渔期的规定进行捕捞，使用禁用的渔具、捕捞方法和小于最小网目尺寸的网具进行捕捞或者渔获物中幼鱼超过规定比例的。

第6条　矿产资源

6.1　未取得采矿许可证擅自采矿的、擅自开采国家规定实行保护性开采的特定矿种的；超越批准的矿区范围采矿的。

6.2　采取破坏性的开采方法开采矿产资源的。

第7条　古建筑、古树名木保护

7.1　盗掘古文化遗址、古墓葬的；故意或者过失损毁国家保护的珍贵文物的；以牟利为目的倒卖国家禁止经营的文物的；擅自迁移、拆除不可移动文物的；擅自修缮不可移动文物，明显改变文物原状的；擅自在原址重建已全部毁坏的不可移动文物，造成文物破坏的。

7.2　损害古树名木的。

(二) 生态治理

第8条　水治理

8.1　拒绝水污染防治检查或检查时弄虚作假的。

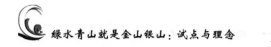

8.2 未按照规定对所排放的水污染物自行监测，或者未保存原始监测记录的；未按照规定安装水污染物排放自动监测设备，未按照规定与环境保护主管部门的监控设备联网，或者未保证监测设备正常运行的；未按照规定对有毒有害水污染物的排污口和周边环境进行监测，或者未公开有毒有害水污染物信息的。

8.3 未依法取得排污许可证排放水污染物的；超过水污染物排放标准或者超过重点水污染物排放总量控制指标排放水污染物的；利用渗井、渗坑、裂隙、溶洞，私设暗管，篡改、伪造监测数据，或者不正常运行水污染防治设施等逃避监管的方式排放水污染物的；未按照规定进行预处理，向污水集中处理设施排放不符合处理工艺要求的工业废水的。

8.4 排水户将污水排入雨水管网；排水户未经许可向城镇排水设施排放的。

8.5 在饮用水水源保护区内设置排污口的。

8.6 违法设置排污口的。

8.7 违法向水体排放相关污染物的。

8.8 违法在饮用水水源保护区建设项目的。

8.9 在饮用水水源一级保护区内从事网箱养殖或组织旅游、垂钓或其他可能污染饮用水水体的活动以及个人游泳、垂钓或者从事其他可能污染饮用水水体的活动的。

8.10 未按规定制定水污染事故应急方案、未及时启动水污染事故应急方案采取有关应急措施的。

8.11 造成水污染事故的。

8.12 在饮用水水源保护区范围内堆放、存贮可能造成水体污染的固体废弃物和其他污染物的。

8.13 损毁、涂改或者擅自移动饮用水水源保护区地理界标、警示标志、隔离防护设施的，在饮用水水源准保护区新建、扩建水上加油站、油库、规模化畜禽养殖场等严重污染水体的建设项目的，或者设置装卸垃圾、粪便、油类和有毒物品的码头的。

8.14 医疗卫生机构将未达标的污水、传染病病人或者疑似传染病病人的排泄物排入城市排水管网造成环境污染的。

8.15　违反洗染业管理相关规定的。

8.16　污水集中处理厂超过排放标准向环境排放污水的；污水集中处理厂运行中所产生的污泥未按规定进行处理而在陆域倾倒、堆放的。

8.17　影响城镇污水集中处理设施正常运行和危及城镇污水集中处理设施安全的。

第9条　大气治理

9.1　违规燃放烟花爆竹的。

9.2　从事烟花爆竹批发的企业向从事烟花爆竹零售的经营者供应非法生产、经营的烟花爆竹，或者供应按照国家标准规定应由专业燃放人员燃放的烟花爆竹；从事烟花爆竹零售的经营者销售非法生产、经营的烟花爆竹，或者销售按照国家标准规定应由专业燃放人员燃放的烟花爆竹的。

9.3　新建、扩建燃煤（燃油）锅炉、窑炉不符合规定，或不符合规定的现有燃煤（燃油）锅炉、窑炉未在规定期限内拆除或改用清洁能源的。

9.4　擅自拆除、闲置机动车排气污染控制装置的；未按照规定向环境保护主管部门报送机动车排气污染检测信息的；从事机动车排气污染维修业务的；在检测中弄虚作假的。

9.5　以拒绝进入现场等方式拒不接受生态环境主管部门及其环境执法机构或者其他负有大气环境保护监督管理职责的部门的监督检查，或者在接受监督检查时弄虚作假的。

9.6　未依法取得排污许可证排放大气污染物的；超过大气污染物排放标准或者超过重点大气污染物排放总量控制指标排放大气污染物的；通过逃避监管的方式排放大气污染物的。

9.7　单位燃用不符合质量标准的煤炭、石油焦的。

9.8　在禁燃区内新建、扩建燃用高污染燃料的设施，或者未按照规定停止燃用高污染燃料，或者在城市集中供热管网覆盖地区新建、扩建分散燃煤供热锅炉，或未按照规定拆除已建成的不能达标排放的燃煤供热锅炉的。

9.9　生产、进口、销售或者使用不符合规定标准或者要求的锅炉。

9.10 产生含挥发性有机物废气的生产和服务活动，未在密闭空间或者设备中进行，未按照规定安装、使用污染防治设施，或者未采取减少废气排放措施的；工业涂装企业未使用低挥发性有机物含量涂料或者未建立、保存台账的；石油、化工以及其他生产和使用有机溶剂的企业，未采取措施对管道、设备进行日常维护、维修，减少物料泄漏或者对泄漏的物料未及时收集处理的；储油储气库、加油加气站和油罐车、气罐车等，未按照国家有关规定安装并正常使用油气回收装置的；钢铁、建材、有色金属、石油、化工、制药、矿产开采等企业，未采取集中收集处理、密闭、围挡、遮盖、清扫、洒水等措施，控制、减少粉尘和气态污染物排放的；工业生产、垃圾填埋或者其他活动中产生的可燃性气体未回收利用，不具备回收利用条件未进行防治污染处理，或者可燃性气体回收利用装置不能正常作业，未及时修复或者更新的。

9.11 伪造机动车、非道路移动机械排放检验结果或者出具虚假排放检验报告的；以临时更换机动车污染控制装置等弄虚作假的方式通过机动车排放检验或者破坏机动车车载排放诊断系统的。

9.12 使用排放不合格的非道路移动机械，或者在用重型柴油车、非道路移动机械未按照规定加装、更换污染控制装置的；在禁止使用高排放非道路移动机械的区域使用高排放非道路移动机械的。

9.13 未密闭煤炭、煤矸石、煤渣、煤灰、水泥、石灰、石膏、砂土等易产生扬尘的物料的；对不能密闭的易产生扬尘的物料，未设置不低于堆放物高度的严密围挡，或者未采取有效覆盖措施防治扬尘污染的；装卸物料未采取密闭或者喷淋等方式控制扬尘排放的；存放煤炭、煤矸石、煤渣、煤灰等物料，未采取防燃措施的；码头、矿山、填埋场和消纳场未采取有效措施防治扬尘污染的。

9.14 从事服装干洗和机动车维修等服务活动，未设置异味和废气处理装置等污染防治设施并保持正常使用，影响周边环境的。

9.15 销售不符合质量标准的煤炭、石油焦的；生产、销售挥发性有机物含量不符合质量标准或者要求的原材料和产品的；生产、销售不符合标准的机动车船和非道路移动机械用燃料、发动机油、氮氧化物还原剂、燃料和润滑油添加剂以及其他添加剂的；在禁燃区内销售高污染燃料的。

9.16 施工单位对施工工地未采取设置硬质密闭围挡，或者未采取覆盖、分段作业、择时施工等有效防尘降尘措施的；建筑土方、工程渣土、建筑垃圾未及时清运，或者未采用密闭式防尘网遮盖的；建设单位未对暂时不能开工的建设用地的裸露地面进行覆盖，或者未对超过三个月不能开工的建设用地的裸露地面进行绿化、铺装或者遮盖的。

9.17 排放有毒有害大气污染物名录中所列有毒有害大气污染物的企业事业单位，未按照规定建设环境风险预警体系或者对排放口和周边环境进行定期监测、排查环境安全隐患并采取有效措施防范环境风险的；向大气排放持久性有机污染物的企业事业单位和其他生产经营者以及废弃物焚烧设施的运营单位，未按照国家有关规定采取有利于减少持久性有机污染物排放的技术方法和工艺，配备净化装置的；未采取措施防止排放恶臭气体的。

9.18 排放油烟的餐饮服务业经营者未安装油烟净化设施、不正常使用油烟净化设施或者未采取其他油烟净化措施，超过排放标准排放油烟的；在当地人民政府禁止的时段和区域内露天烧烤食品或者为露天烧烤食品提供场地的。

9.19 在居民住宅楼、未配套设立专用烟道的商住综合楼、商住综合楼内与居住层相邻的商业楼层内新建、改建、扩建产生油烟、异味、废气的餐饮服务项目的。

9.20 在人口集中地区对树木、花草喷洒剧毒、高毒农药，或者露天焚烧秸秆、落叶等产生烟尘污染的物质；在人口集中地区和其他依法需要特殊保护的区域内，焚烧沥青、油毡、橡胶、塑料、皮革、垃圾以及其他产生有毒有害烟尘和恶臭气体物质的。

第 10 条 土壤治理

10.1 向农用地排放重金属或者其他有毒有害物质含量超标的污水、污泥，以及可能造成土壤污染的清淤底泥、尾矿、矿渣等的。

10.2 未按照规定及时回收肥料等农业投入品的包装废弃物或者农用薄膜，或者未按照规定及时回收农药包装废弃物交由专门的机构或者组织

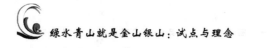

进行无害化处理的。

10.3 将重金属或者其他有毒有害物质含量超标的工业固体废物、生活垃圾或者污染土壤用于土地复垦的。

第 11 条 水土流失治理

11.1 在崩塌、滑坡危险区或者泥石流易发区从事取土、挖砂、采石等可能造成水土流失活动的。

11.2 在禁止开垦坡度以上陡坡地开垦种植农作物，或者在禁止开垦、开发的植物保护带内开垦、开发的。

11.3 在林区采伐林木不依法采取防止水土流失措施的；在林区采伐林木不依法采取防止水土流失措施，造成水土流失的。

11.4 依法应当编制水土保持方案的生产建设项目，未编制水土保持方案或者编制的水土保持方案未经批准而开工建设的；生产建设项目的地点、规模发生重大变化，未补充、修改水土保持方案或者补充、修改的水土保持方案未经原审批机关批准的；水土保持方案实施过程中，未经原审批机关批准，对水土保持措施做出重大变更的；水土保持设施未经验收或者验收不合格将生产建设项目投产使用的。

11.5 在水土保持方案确定的专门存放地以外的区域倾倒砂、石、土、尾矿、废渣等的。

11.6 开办生产建设项目或者从事其他生产建设活动造成水土流失，不进行治理的。

11.7 拒不缴纳水土保持补偿费的，逾期不缴纳的。

第 12 条 固废治理

12.1 商品零售场所违法销售使用塑料购物袋行为的。

12.2 销售、经营使用不可降解的一次性餐具或者其他一次性塑料制品及其复合制品的。

12.3 伪造、变造废弃电器电子产品处理资格证书的；倒卖、出租、出借或者以其他形式非法转让废弃电器电子产品处理资格证书的。

12.4 违反尾矿污染环境管理相关规定的。

12.5 未按规定申领、填写联单的；未按规定运行联单的；未按规定期限向环境保护行政主管部门报送联单的；未在规定的存档期限保管联单的；拒绝接受有管辖权的环境保护行政主管部门对联单运行情况进行检查的。

12.6 买卖或者转让进口固体废物的；回收利用医疗废物的；不具备规定的条件从事利用和处置有害废物经营活动的；不具备规定的条件从事拆解、利用电子废物经营活动的。

12.7 回收利用废塑料、废布料过程中造成环境污染的。

12.8 危险废物产生者不处置其产生的危险废物又不承担处置费用的。

12.9 随意倾倒、堆放、抛撒危险废物，非法侵占、毁损危险废物的贮存、处置场所和设施，或者填埋场运营管理单位未建立填埋的永久性档案、识别标志并报备案的。

12.10 将秸秆、食用菌菌糠和菌渣、废农膜随意倾倒或者弃留的。

12.11 领取危险废物收集经营许可证的单位未与处置单位签订接收合同的。

12.12 采用国家明令淘汰的技术和工艺处理废弃电器电子产品的。

12.13 未采取相应防范措施，造成工业固体废物扬散、流失、渗漏或者造成其他环境污染的。

12.14 未分类投放生活垃圾的，生活垃圾分类投放管理责任人未履行生活垃圾分类投放管理责任的，生活垃圾收集、运输单位对分类投放的生活垃圾混合收集、运输的，负有垃圾处置责任的单位未签订协议或者未核实最终贮存、处置、利用情况的。

12.15 在公共场所乱倒垃圾、污水、污油、粪便，乱扔动物尸体的；将责任区内的垃圾等废弃物清扫或者堆放至公共场所的；在露天场所和垃圾收集容器内焚烧树叶、秸秆、塑料制品、垃圾或者其他废弃物的。

第 13 条　噪声治理

13.1 需要配套建设的环境噪声污染防治设施没有建成或者没有达到国家规定的要求擅自投入生产或者使用的。

13.2 在城市市区噪声敏感建筑物集中区域内，夜间进行产生环境噪声污染的建筑施工作业的；在城市市区的内河航道航行时未按照规定使用

声响装置的。

13.3 未经生态环境主管部门批准，擅自拆除或者闲置环境噪声污染防治设施，致使环境噪声排放超过规定标准的。

13.4 在城市市区噪声敏感建筑物集中区域内使用高音广播喇叭的；违反规定在城市市区街道、广场、公园等公共场所组织娱乐、集会等活动，使用音响器材，产生干扰周围生活环境的过大音量的；从家庭室内发出严重干扰周围居民生活的环境噪声的；在商业经营活动中使用高音广播喇叭或者采用其他发出高噪声的方法招揽顾客的。

13.5 经营中的文化娱乐场所，边界噪声超过国家规定的环境噪声排放标准的；在商业经营活动中使用空调器、冷却塔等产生噪声污染超过国家规定的。

第 14 条　畜禽养殖治理

14.1 畜禽养殖户在禁止养殖区域从事畜禽养殖活动的；未经处理直接向环境排放畜禽养殖废弃物或未采取有效措施导致废弃物渗出、泄漏的。

14.2 未建立污染防治设施运行管理台账的。

14.3 未对染疫畜禽和病害畜禽养殖废弃物进行无害化处理的。

（三）生态经营

第 15 条　产品标准

15.1 销售的农产品含有国家禁止使用的农药、兽药、致病性寄生虫、微生物或者生物毒素等有毒有害物质和其他不符合农产品质量安全标准规定的。

15.2 生产、销售经检测不符合农产品质量安全标准的农产品的。

15.3 规模农产品生产者和从事农产品收购的单位、个人未按照规定对其销售的农产品进行包装或者附加标识的。

第 16 条　品牌管理

16.1 未经授权使用品牌商标或品牌商标使用不规范；违规使用"丽水山耕"品牌商标的。

16.2 冒用农产品质量标志的。

16.3 伪造产品产地，伪造或者冒用他人厂名、厂址，伪造或者冒用认证标志等质量标志的。

第17条 质量管理

17.1 无农产品生产记录或者伪造生产记录、规模农产品生产者销售未检测或者检测不合格的农产品的。

17.2 销售、供应未经检验合格的种苗或者未附具标签、质量检验合格证、检疫合格证种苗的。

17.3 伪造、变造、冒用、非法买卖、转让、涂改有机产品认证证书的。

17.4 违规使用禁（限）用农药的。

17.5 农产品产品质量安全存在缺陷，且被责令召回的。

17.6 违规使用有机产品认证标志的。

17.7 销售假冒伪劣产品的。

第18条 食品药品安全

18.1 违反食品药品法律法规，情节严重，被吊销许可证或者被撤销产品批准证明文件的。

18.2 隐瞒有关情况、提供虚假证明或者采取其他欺骗、贿赂等不正当手段，取得相关行政许可、批准证明文件或者其他资格的。

18.3 使用非食品原料、添加食品添加剂以外的化学物质和其他可能危害人体健康物质生产食品的，或者用回收食品作为原料生产食品的；使用禁用或未经批准的原料、辅料和其他可能危害人体健康物质违法生产药品的。

18.4 生产经营病死、毒死或者死因不明的禽、畜、兽、水产动物肉类及其制品的；经营未按规定进行检疫或者检疫不合格的肉类，或者生产经营未经检验或者检验不合格的肉类制品的。

18.5 逃避监督检查或者拒绝提供有关情况和资料，或者通过伪造相关资料、破坏现场等方式干扰食品药品监管执法的。

18.6 违反食品药品法律法规规定，造成其他严重后果或者严重社会影响的。情形包括：发生重大食物中毒一次性发生急性中毒确诊病例100

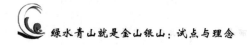

人以上并出现死亡病例，或死亡 10 人以上的重大食品安全事故；发生 III 级、IV 级药品安全事故的。

第 19 条　农业投入品安全

19.1　生产经营假劣农资的。

19.2　农产品生产经营者超范围、超标准使用农业投入品，将人用药、原料药或者危害人体健康的物质用于农产品生产、清洗、保鲜、包装和贮存的。

19.3　不执行农药采购台账、销售台账制度；在卫生用农药以外的农药经营场所内经营食品、食用农产品、饲料等；未将卫生用农药与其他商品分柜销售；不履行农药废弃物回收义务。

第 20 条　绿色金融

20.1　绿色债券、绿色信贷等发生违约的。

（四）环境管理

第 21 条　建设项目管理

21.1　未报批环评报告书、报告表，或未按规定重新报批或者报请重新审核擅自开工建设的；环评报告书、报告表未经批准或未经原审批部门重新审核同意，擅自开工建设的；未依法备案环境影响登记表的。

21.2　建设项目需要配套建设的环境保护设施未建成、未经验收或者经验收不合格，主体工程正式投入生产或者使用的，或者在环境保护设施验收中弄虚作假的。

第 22 条　清洁生产管理

22.1　未公布能源消耗或重点污染物产生、排放情况的。

22.2　不实施强制性清洁生产审核或者在清洁生产审核中弄虚作假的，或者实施强制性清洁生产审核的企业不报告或者不如实报告审核结果的。

第 23 条　自然保护区管理

23.1　污染和破坏自然保护区环境的。

23.2　在自然保护区进行砍伐、放牧、狩猎、捕捞、采药、开垦、烧荒、开矿、采石、挖砂等活动的。

第 24 条　应急管理

24.1　未按规定开展突发环境事件风险评估工作，确定风险等级的；未按规定开展环境安全隐患排查治理工作，建立隐患排查治理档案的；未按规定将突发环境事件应急预案备案的；未按规定开展突发环境事件应急培训，如实记录培训情况的；未按规定储备必要的环境应急装备和物资；未按规定公开突发环境事件相关信息的。

第 25 条　危化品管理

25.1　生产实施重点环境管理的危险化学品的企业或者使用实施重点环境管理的危险化学品从事生产的企业未按规定报告相关信息的。

第 26 条　排污管理

26.1　依法应当申请排污许可证但未申请，或者申请后未取得排污许可证排放污染物的；排污许可证有效期限届满后未申请延续排污许可证，或者延续申请未经核发环保部门许可仍排放污染物的；被依法撤销排污许可证后仍排放污染物的；法律法规规定的其他无排污许可证排放污染物情形的。

26.2　排污单位涂改、出租、出借或者非法转让排污许可证的。

26.3　未按照规定缴纳环境保护税的。

第 27 条　节能减排

27.1　生产、进口、销售国家明令淘汰的用能产品、设备的，使用伪造的节能产品认证标志或者冒用节能产品认证标志的。

（五）社会监督

第 28 条　群众监督

28.1　确实因环境问题而被信访、投诉的。

第 29 条　媒体监督

29.1　因生态信用失信行为遭新闻媒体曝光的。

第 30 条　信息公开

30.1　重点排污单位不公开或者不如实公开环境信息。

附件：丽水市生态信用行为正负面清单

丽水市生态信用行为正面清单（共18条）

一级目录	条目	二级目录	序号	内容	数源单位
生态保护（1—4条）	1	生态资源保护	1.1	参与植树造林	市自然资源和规划局
			1.2	开展退耕还林还湿还草	市自然资源和规划局
			1.3	参与生态公益林保护	市自然资源和规划局
			1.4	参与水源保护地保护	市水利局、市生态环境局
			1.5	完成绿色矿山建设	市自然资源和规划局、市生态环境局
	2	环境治理	2.1	大气主要污染物排放符合国家标准	市生态环境局
			2.2	履行矿山地质环境治理恢复与土地复垦义务	市自然资源和规划局
			2.3	完成农用地土壤超标点位"对账销号"；涉重金属重点行业企业完成整治；危废安全处置率达到100%	市生态环境局、市农业农村局
			2.4	水污染物排污口监测符合要求	市生态环境局
			2.5	严守水土保持相关法律法规，落实水土流失治理措施，完成水土流失治理	市水利局
			2.6	参与碳减排交易、碳中和行动	市生态环境局
			2.7	企业进驻前开展"验地、验气、验水"三验承诺	市经济开发区、各县（市、区）人民政府
	3	清洁能源	3.1	开展或参与清洁能源的普查、规划、建设	市发改委
			3.2	开展煤（油）改气	市发改委
	4	生物多样性保护	4.1	开展或参与生物多样性保护宣传和教育	市生态环境局、市自然资源和规划局、市农业农村局、市教育局
			4.2	自觉开展保护野生动植物行动	市自然资源和规划局、市农业农村局
生态经营（5—8条）	5	生态品牌	5.1	符合"丽水山耕""丽水山居"等品牌管理和经营要求	市农投公司、市农业农村局
			5.2	开展气候品牌创建、特色农产品气候品质认证	市气象局
			5.3	开展气象景观资源挖掘与利用、美丽气象与气象景观地创建工作	市气象局
			5.4	制定生态农产品市级以上地方标准、团体标准、企业标准，承担市级以上农业标准化示范试点项目，获得"品字标丽水山耕"品牌认证、荣获县级以上质量奖类的	市农业农村局、市市场监管局
			5.5	农林产品列入"三品一标"	市市场监管局、市农业农村局

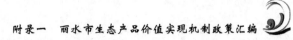

续表

一级目录	条目	二级目录	序号	内容	数源单位
生态经营（5—8条）	6	食品安全	6.1	参评被评为餐饮服务食品安全量化等级 B 级以上单位	市市场监管局
			6.2	符合浙江省名特优食品作坊评比条件	市市场监管局
			6.3	符合省级农资诚信示范店评比条件	市农业农村局
			6.4	农资领域使用绿色惠农卡	市农业农村局
	7	绿色生产	7.1	农药化肥双控达到欧盟标准及以上	市农业农村局
			7.2	开展农业生态循环利用	市农业农村局
			7.3	实施节水节能作业	市水利局、市农业农村局、市发改委
			7.4	节能减排符合相关规定	市发改委、市经信局、市生态环境局
			7.5	水电站下泄生态流量符合相关规定	市水利局、市生态环境局、市发改委
			7.6	被评为农村信用户	人行市中心支行
	8	产研结合	8.1	承担生态科研或成果推广项目的单位和项目负责人	市科技局
			8.2	开展或参与生态科普等公益活动	市科协、市生态环境局、市自然资源和规划局、市农业农村局、市文广旅体局
绿色生活（9—12条）	9	垃圾处理	9.1	生活垃圾处理符合相关规定	市建设局、市农业农村局
			9.2	处置建筑垃圾符合相关规定	市建设局
	10	绿色消费	10.1	开展或参与光盘行动	市文明办、市商务局
			10.2	使用有绿色标识、低碳、有机产品认证及环保标志的产品	市农业农村局、市市场监管局
			10.3	使用节水标志产品	市水利局、市市场监管局
	11	绿色出行	11.1	购买新能源汽车	市公安局
			11.2	乘坐公交车、租用公共自行车	市交通运输局
			11.3	租赁出行新能源汽车、共享单车	市发改委、市交通运输局、市综合行政执法局
	12	绿色建筑	12.1	使用绿色建材、环保装饰材料	市建设局
生态文化（13—15条）	13	文明祭祀、生态殡葬	13.1	采用敬献鲜花、植树绿化、网上祭奠等文明祭扫方式事迹突出	市民政局、市文明办
			13.2	生前申请采取树葬、草坪葬等不保留骨灰的生态安葬方式	市民政局、市文明办
			13.3	拆除迁移违规私建的建筑性坟墓	市民政局

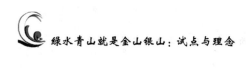
续表

一级目录	条目	二级目录	序号	内容	数源单位
生态文化（13—15条）	14	先进示范	14.1	获评道德模范、道德户、"五好"家庭、"丽水好人"等荣誉称号	市委宣传部
			14.2	获得各级美丽庭院、绿色学校、绿色家庭等荣誉	市妇联、市生态环境局、市教育局
			14.3	企业环境信用评价等级为绿色	市生态环境局
	15	文化公益	15.1	创作生态文化宣传作品	市委宣传部
			15.2	开展生态文化学习教育，传播生态文化	市委宣传部
			15.3	参与生态文化主题活动、生态公益行为	市委宣传部
社会监督（16—18条）	16	群众监督	16.1	举报非法猎捕、贩卖以及走私野生动植物	市信访局
			16.2	举报非法倾倒建筑垃圾	市信访局
			16.3	举报其他违法生态环境保护的行为	市信访局
	17	践诺监督	17.1	在社会公开承诺遵守生态信用	市信用办
			17.2	自觉履行生态信用承诺，无失信记录	市信用办
	18	媒体监督	18.1	媒体报道生态信用守信行为	市委宣传部

丽水市生态信用行为负面清单（共30条）

一级目录	条目	二级目标	序号	内容	数源单位	依据
生态保护（1—7条）	1	森林生态	1.1	擅自改变林地用途的；临时占用林地，逾期不归还的	市自然资源和规划局	《中华人民共和国森林法实施条例》第43条
			1.2	违法运输木材的	市自然资源和规划局	《中华人民共和国森林法实施条例》第44条
			1.3	组织盗伐、滥伐林木，违法收购明知是盗伐、滥伐林木的	市自然资源和规划局	《中华人民共和国森林法》第39条、第43条
			1.4	造成森林火灾的	市应急管理局	《森林防火条例》第53条
			1.5	拒不补种树木或者补种不符合国家有关规定的	市自然资源和规划局	《中华人民共和国森林法》第39条、第44条，《中华人民共和国森林法实施条例》第41条
			1.6	非法开垦、采石、采砂、采土、采种、采脂和其他活动，致使森林、林木受到毁坏的违法行为的	市自然资源和规划局	《中华人民共和国森林法》第44条、《中华人民共和国森林法实施条例》第41条

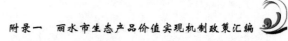

续表

一级目录	条目	二级目标	序号	内容	数源单位	依据
生态保护（1—7条）	1	森林生态	1.7	违反松材线虫病疫区管理规定的；违法违规采伐、运输、经营、加工、利用、使用疫木及其制品行为的	市自然资源和规划局	《松材线虫病疫区和疫木管理办法（林生发〔2018〕117号）》第20条
			1.8	非法烧制木炭的	市自然资源和规划局	《浙江省森林管理条例》第57条
	2	淡水生态	2.1	未经批准或未按批准要求占用水域的	市水利局	《浙江省建设项目占用水域管理办法》第27条
			2.2	擅自在河道管理范围内采砂的	市水利局	《浙江省河道管理条例》第39条和第47条
			2.3	在河道管理范围内未经批准从事爆破、打井、钻探、挖窖、挖筑鱼塘、采石、取土、开采地下资源、考古发掘等活动的	市水利局	《浙江省河道管理条例》第44条
			2.4	侵占、毁坏水工程及有关设施的	市水利局	《中华人民共和国水法》第72条、《中华人民共和国防洪法》第61条
			2.5	围湖造地或者未经批准围垦河道的	市水利局	《中华人民共和国防洪法》第56条
			2.6	未经批准在河道管理范围内建设防洪工程、水电站和其他水工程以及跨河、穿河、穿堤、临河的桥梁、码头、护岸、道路、渡口、管道、缆线、取水、排水等建筑物或者构筑物的；未经批准临时筑坝围堰、开挖堤坝、管道穿越堤坝、修建阻水便道便桥的	市水利局	《浙江省河道管理条例》第45、46条
			2.7	侵占、损毁具有历史文化价值的水利工程的	市水利局	《浙江省水利工程安全管理条例》第48条违反本条例第30条规定
			2.8	水电站下泄生态流量不符合相关规定，以及没有安装生态流量监测设备的	市水利局、市生态环境局、市发改委	《水利部 生态环境部关于加强长江经济带小水电站生态流量监管的通知》（水电〔2019〕241号）
	3	农田生态	3.1	非法占用基本农田的	市自然资源和规划局	《基本农田保护条例》第30条
			3.2	非法占用基本农田建房、建窑、建坟、挖砂、采矿、取土、堆放固体废弃物或者从事其他活动破坏基本农田，毁坏种植条件的	市自然资源和规划局	《基本农田保护条例》第33条

续表

一级目录	条目	二级目标	序号	内容	数源单位	依据
生态保护（1—7条）	3	农田生态	3.3	侵占或者破坏基本农田设施的	市自然资源和规划局	《浙江省基本农田保护条例》第16条
			3.4	擅自将农用地改为建设用地的	市自然资源和规划局	《中华人民共和国土地管理法》第74条
			3.5	拒不履行土地复垦义务的	市自然资源和规划局	《中华人民共和国土地管理法》第76条
	4	城市生态	4.1	损坏城市绿地或绿化设施的	市综合行政执法局	《浙江省城市绿化管理办法》（省政府令第206号、第293号、第321号、第357号）第31条
			4.2	在公园绿地范围内从事商业服务摊点或广告经营等业务的单位和个人违反公园绿地有关规定的	市综合行政执法局	《浙江省城市绿化管理办法》（省政府令第206号、第293号、第321号、第357号）第29条
			4.3	在城市绿地范围内进行拦河截溪、取土采石、设置垃圾堆场、排放污水以及其他对城市生态环境造成破坏活动的	市综合行政执法局	《城市绿线管理办法》（建设部令第112号，住房和城乡建设部令第9号）第17条
			4.4	在公路上及公路用地范围内摆摊设点、堆放物品、倾倒垃圾、设置障碍、挖沟引水、利用公路边沟排放污物或者进行其他损坏、污染公路和影响公路畅通的	市交通运输局	《中华人民共和国公路法》第77条、《浙江省公路路政管理条例》第50条、《浙江省高速公路运行管理办法》第47条
			4.5	在生态红线内违法建筑的	市自然资源和规划局、市水利局、市交通运输局、市综合行政执法局	《浙江省城乡规划条例》第59条、第61条，《中华人民共和国土地管理法》第77条，《中华人民共和国土地管理法实施条例》第36条
	5	生物多样性	5.1	未取得采集证或者未按照采集证的规定采集国家重点保护野生植物的；出售、收购国家重点保护野生植物的；非法进出口野生植物的	市自然资源和规划局、市市场监管局、丽水海关	《中华人民共和国野生植物保护条例》第23条、第24条、第25条
			5.2	在相关自然保护区域、禁猎（渔）区、禁猎（渔）期猎捕国家重点保护野生动物，未取得特许猎捕证、未按照特许猎捕证规定猎捕、杀害国家重点保护野生动物，或者使用禁用的工具、方法猎捕国家重点保护野生动物的	市自然资源和规划局、市水利局、市农业农村局	《中华人民共和国野生动物保护法》第45条

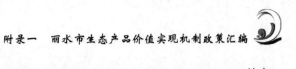

续表

一级目录	条目	二级目标	序号	内容	数源单位	依据
生态保护（1—7条）	5	生物多样性	5.3	在相关自然保护区域、禁猎（渔）区、禁猎（渔）期猎捕非国家重点保护野生动物，未取得狩猎证、未按照狩猎证规定猎捕非国家重点保护野生动物，或者使用禁用的工具、方法猎捕非国家重点保护野生动物的；未取得持枪证持枪猎捕野生动物，构成违反治安管理行为的	市自然资源和规划局、市农业农村局、市公安局	《中华人民共和国野生动物保护法》第46条
			5.4	种养殖、销售未经国家或者省批准的外来物种的	市自然资源和规划局、市农业农村局	《浙江省渔业管理条例》第57条
			5.5	未取得人工繁育许可证繁育国家重点保护野生动物或者法律规定的其他野生动物的	市自然资源和规划局、市农业农村局、市市场监管局	《中华人民共和国野生动物保护法》第47条
			5.6	未经批准、未取得或者未按照规定使用专用标识，或者未持有、未附有人工繁育许可证、批准文件的副本或者专用标识出售、购买、利用、运输、携带、寄递国家重点保护野生动物及其制品的	市自然资源和规划局、市农业农村局、市市场监管局	《中华人民共和国野生动物保护法》第48条
			5.7	生产、经营使用国家重点保护野生动物及其制品或者没有合法来源证明的非国家重点保护野生动物及其制品制作食品，或者为食用非法购买国家重点保护的野生动物及其制品的	市自然资源和规划局、市农业农村局、市市场监管局	《中华人民共和国野生动物保护法》第49条
			5.8	为违法出售、购买、利用野生动物及其制品或者禁止使用的猎捕工具提供交易服务的	市市场监管局	依据《中华人民共和国野生动物保护法》第51条
			5.9	使用炸鱼、毒鱼、电鱼等破坏渔业资源方法进行捕捞，违反关于禁渔区、禁渔期的规定进行捕捞，使用禁用的渔具、捕捞方法和小于最小网目尺寸的网具进行捕捞或者渔获物中幼鱼超过规定比例的	市农业农村局	《中华人民共和国渔业法》第38条

续表

一级目录	条目	二级目标	序号	内容	数源单位	依据
生态保护（1—7条）	6	矿产资源	6.1	未取得采矿许可证擅自采矿的、擅自开采国家规定实行保护性开采的特定矿种的；超越批准的矿区范围采矿的	市自然资源和规划局	《中华人民共和国矿产资源法》第39条、《矿产资源开采登记管理办法》第17条
			6.2	采取破坏性的开采方法开采矿产资源的	市自然资源和规划局	《中华人民共和国矿产资源法》第44条
	7	古建筑、古树名木保护	7.1	盗掘古文化遗址、古墓葬的；故意或者过失损毁国家保护的珍贵文物的；以牟利为目的倒卖国家禁止经营的文物的；擅自迁移、拆除不可移动文物的；擅自修缮不可移动文物，明显改变文物原状的；擅自在原址重建已全部毁坏的不可移动文物，造成文物破坏的	市文广旅体局	《中华人民共和国文物保护法》第64条、第66条
			7.2	损害古树名木的	市自然资源和规划局	《浙江省古树名木保护办法》第17条、《浙江省森林管理条例》第30条
生态治理（8—14条）	8	水治理	8.1	拒绝水污染防治检查或检查时弄虚作假的	市生态环境局	《中华人民共和国水污染防治法》第81条
			8.2	未按照规定对所排放的水污染物自行监测，或者未保存原始监测记录的；未按照规定安装水污染物排放自动监测设备，未按照规定与环境保护主管部门的监控设备联网，或者未保证监测设备正常运行的；未按照规定对有毒有害水污染物的排污口和周边环境进行监测，或者未公开有毒有害水污染物信息的	市生态环境局	《中华人民共和国水污染防治法》第82条
			8.3	未依法取得排污许可证排放水污染物的；超过水污染物排放标准或者超过重点水污染物排放总量控制指标排放水污染物的；利用渗井、渗坑、裂隙、溶洞，私设暗管，篡改、伪造监测数据，或者不正常运行水污染防治设施等逃避监管的方式排放水污染物的；未按照规定进行预处理，向污水集中处理设施排放不符合处理工艺要求的工业废水的	市生态环境局	《中华人民共和国水污染防治法》第83条

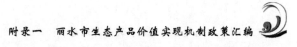

续表

一级目录	条目	二级目标	序号	内容	数源单位	依据
生态治理（8—14条）	8	水治理	8.4	排水户将污水排入雨水管网；排水户未经许可向城镇排水设施排放的	市综合行政执法局、市建设局	《城镇排水与污水处理条例》第49条、第50条
			8.5	在饮用水水源保护区内设置排污口的	市生态环境局	《中华人民共和国水污染防治法》第84条第1款
			8.6	违法设置排污口的	市生态环境局	《中华人民共和国水污染防治法》第84条第2款
			8.7	违法向水体排放相关污染物的	市生态环境局	《中华人民共和国水污染防治法》第85条
			8.8	违法在饮用水水源保护区建设项目的	市生态环境局	《中华人民共和国水污染防治法》第91条第1款
			8.9	在饮用水水源一级保护区内从事网箱养殖或组织旅游、垂钓或其他可能污染饮用水水体的活动以及个人游泳、垂钓或者从事其他可能污染饮用水水体的活动的	市生态环境局	《中华人民共和国水污染防治法》第91条第2款
			8.10	未按规定制定水污染事故应急方案、未及时启动水污染事故应急方案采取有关应急措施的	市生态环境局	《中华人民共和国水污染防治法》第93条
			8.11	造成水污染事故的	市生态环境局	《中华人民共和国水污染防治法》第94条
			8.12	在饮用水水源保护区范围内堆放、存贮可能造成水体污染的固体废弃物和其他污染物的	市生态环境局	《浙江省水污染防治条例》第56条
			8.13	损毁、涂改或者擅自移动饮用水水源保护区地理界标、警示标志、隔离防护设施的，在饮用水水准保护区新建、扩建水上加油站、油库、规模化畜禽养殖场等严重污染水体的建设项目的，或者设置装卸垃圾、粪便、油类和有毒物品的码头的	市生态环境局	《浙江省饮用水水源保护条例》第40条
			8.14	医疗卫生机构将未达标的污水、传染病病人或者疑似传染病病人的排泄物排入城市排水管网造成环境污染的	市综合行政执法局、市建设局、市卫健委	《医疗废物管理条例》第48条、《医疗废物管理行政处罚办法》第15条
			8.15	违反洗染业管理相关规定的	市商务局、市市场监管局、市生态环境局	《洗染业管理办法》第22条

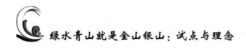

续表

一级目录	条目	二级目标	序号	内容	数源单位	依据
生态治理（8—14条）	8	水治理	8.16	污水集中处理厂超过排放标准向环境排放污水的；污水集中处理厂运行中所产生的污泥未按规定进行处理而在陆域倾倒、堆放的	市综合行政执法局、市建设局	《浙江省城镇污水集中处理管理办法》第42条
			8.17	影响城镇污水集中处理设施正常运行和危及城镇污水集中处理设施安全的	市综合行政执法局、市建设局	《浙江省城镇污水集中处理管理办法》第41条
	9	大气治理	9.1	违规燃放烟花爆竹的	市公安局	《中华人民共和国治安管理处罚法》第24条、《烟花爆竹安全管理条例》第42条、《浙江省烟花爆竹安全管理办法》第51条、《中华人民共和国大气污染防治法》第82条、《浙江省高层建筑消防安全管理规定》第6条
			9.2	从事烟花爆竹批发的企业向从事烟花爆竹零售的经营者供应非法生产、经营的烟花爆竹，或者供应按照国家标准规定应由专业燃放人员燃放的烟花爆竹的；从事烟花爆竹零售的经营者销售非法生产、经营的烟花爆竹，或者销售按照国家标准规定应由专业燃放人员燃放的烟花爆竹的	市应急管理局、市公安局	《烟花爆竹安全管理条例》（国务院令第455号，根据国务院令666号修改）第38条
			9.3	新建、扩建燃煤（燃油）锅炉、窑炉不符合规定，或不符合规定的现有燃煤（燃油）锅炉、窑炉未在规定期限内拆除或改用清洁能源的	市生态环境局	《浙江省大气污染防治条例》第60条
			9.4	擅自拆除、闲置机动车排气污染控制装置；未按照规定向环境保护主管部门报送机动车排气污染检测信息的；从事机动车排气污染维修业务的；在检测中弄虚作假的	市生态环境局	《浙江省机动车排气污染防治条例》第35条、第36条
			9.5	以拒绝进入现场等方式拒不接受生态环境主管部门及其环境执法机构或者其他负有大气环境保护监督管理职责的部门的监督检查，或者在接受监督检查时弄虚作假的	市生态环境局	《中华人民共和国大气污染防治法》第98条

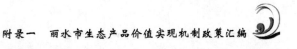

续表

一级目录	条目	二级目标	序号	内容	数源单位	依据
生态治理（8—14条）	9	大气治理	9.6	未依法取得排污许可证排放大气污染物的；超过大气污染物排放标准或者超过重点大气污染物排放总量控制指标排放大气污染物的；通过逃避监管的方式排放大气污染物的	市生态环境局	《中华人民共和国大气污染防治法》第99条
			9.7	单位燃用不符合质量标准的煤炭、石油焦的	市发改委、市生态环境局	《中华人民共和国大气污染防治法》第105条
			9.8	在禁燃区内新建、扩建燃用高污染燃料的设施，或者未按照规定停止燃用高污染燃料，或者在城市集中供热管网覆盖地区新建、扩建分散燃煤供热锅炉，或者未按照规定拆除已建成的不能达标排放的燃煤供热锅炉的	市生态环境局	《中华人民共和国大气污染防治法》第107条、《丽水市打赢蓝天保卫战三年行动计划》（丽政发〔2019〕3号）
			9.9	生产、进口、销售或者使用不符合规定标准或者要求的锅炉	市市场监管局、市生态环境局	《中华人民共和国大气污染防治法》第107条
			9.10	产生含挥发性有机物废气的生产和服务活动，未在密闭空间或者设备中进行，未按照规定安装、使用污染防治设施，或者未采取减少废气排放措施的；工业涂装企业未使用低挥发性有机物含量涂料或者未建立、保存台账的；石油、化工以及其他生产和使用有机溶剂的企业，未采取措施对管道、设备进行日常维护、维修，减少物料泄漏或者对泄漏的物料未及时收集处理的；储油储气库、加油加气站和油罐车、气罐车等，未按照国家有关规定安装并正常使用油气回收装置的；钢铁、建材、有色金属、石油、化工、制药、矿产开采等企业，未采取集中收集处理、密闭、围挡、遮盖、清扫、洒水等措施，控制、减少粉尘和气态污染物排放的；工业生产、垃圾填埋或者其他活动中产生的可燃性气体未回收利用，不具备回收利用条件未进行防治污染处理，或者可燃性气体回收利用装置不能正常作业，未及时修复或者更新的	市生态环境局	《中华人民共和国大气污染防治法》第108条

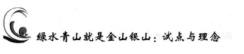

续表

一级目录	条目	二级目标	序号	内容	数源单位	依据
生态治理（8—14条）	9	大气治理	9.11	伪造机动车、非道路移动机械排放检验结果或者出具虚假排放检验报告的；以临时更换机动车污染控制装置等弄虚作假的方式通过机动车排放检验或者破坏机动车车载排放诊断系统的	市生态环境局	《中华人民共和国大气污染防治法》第112条
			9.12	使用排放不合格的非道路移动机械，或者在用重型柴油车、非道路移动机械未按照规定加装、更换污染控制装置的；在禁止使用高排放非道路移动机械的区域使用高排放非道路移动机械的	市生态环境局	《中华人民共和国大气污染防治法》第114条
			9.13	未密闭煤炭、煤矸石、煤渣、煤灰、水泥、石灰、石膏、砂土等易产生扬尘的物料的；对不能密闭的易产生扬尘的物料，未设置不低于堆放物高度的严密围挡，或者未采取有效覆盖措施防治扬尘污染的；装卸物料未采取密闭或者喷淋等方式控制扬尘排放的；存放煤炭、煤矸石、煤渣、煤灰等物料，未采取防燃措施的；码头、矿山、填埋场和消纳场未采取有效措施防治扬尘污染的	市生态环境局	《中华人民共和国大气污染防治法》第117条
			9.14	从事服装干洗和机动车维修等服务活动，未设置异味和废气处理装置等污染防治设施并保持正常使用，影响周边环境的	市生态环境局	《中华人民共和国大气污染防治法》第120条
			9.15	销售不符合质量标准的煤炭、石油焦的；生产、销售挥发性有机物含量不符合质量标准或者要求的原材料和产品的；生产、销售不符合标准的机动车船和非道路移动机械用燃料、发动机油、氮氧化物还原剂、燃料和润滑油添加剂以及其他添加剂的；在禁燃区内销售高污染燃料的	市市场监管局	《中华人民共和国大气污染防治法》第103条

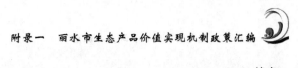

续表

一级目录	条目	二级目标	序号	内容	数源单位	依据
生态治理（8—14条）	9	大气治理	9.16	施工单位对施工工地未采取设置硬质密闭围挡，或者未采取覆盖、分段作业、择时施工等有效防尘降尘措施的；建筑土方、工程渣土、建筑垃圾未及时清运，或者未采用密闭式防尘网遮盖的；建设单位未对暂时不能开工的建设用地的裸露地面进行覆盖，或者未对超过三个月不能开工的建设用地的裸露地面进行绿化、铺装或者遮盖的	市建设局	《中华人民共和国大气污染防治法》第115条
			9.17	排放有毒有害大气污染物名录中所列有毒有害大气污染物的企业事业单位，未按照规定建设环境风险预警体系或者对排放口和周边环境进行定期监测、排查环境安全隐患并采取有效措施防范环境风险的；向大气排放持久性有机污染物的企业事业单位和其他生产经营者以及废弃物焚烧设施的运营单位，未按照国家有关规定采取有利于减少持久性有机污染物排放的技术方法和工艺，配备净化装置的；未采取措施防止排放恶臭气体的	市生态环境局	《中华人民共和国大气污染防治法》第117条
			9.18	排放油烟的餐饮服务业经营者未安装油烟净化设施、不正常使用油烟净化设施或者未采取其他油烟净化措施，超过排放标准排放油烟的；在当地人民政府禁止的时段和区域内露天烧烤食品或者为露天烧烤食品提供场地的	市综合行政执法局、市生态环境局	《中华人民共和国大气污染防治法》第118条
			9.19	在居民住宅楼、未配套设立专用烟道的商住综合楼、商住综合楼内与居住层相邻的商业楼层内新建、改建、扩建产生油烟、异味、废气的餐饮服务项目的	市综合行政执法局、市生态环境局	《中华人民共和国大气污染防治法》第118条

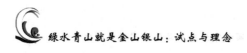

续表

一级目录	条目	二级目标	序号	内容	数源单位	依据
生态治理（8—14条）	9	大气治理	9.20	在人口集中地区对树木、花草喷洒剧毒、高毒农药，或者露天焚烧秸秆、落叶等产生烟尘污染的物质；在人口集中地区和其他依法需要特殊保护的区域内，焚烧沥青、油毡、橡胶、塑料、皮革、垃圾以及其他产生有毒有害烟尘和恶臭气体物质的	市综合行政执法局、市生态环境局	《中华人民共和国大气污染防治法》第 119 条、《浙江省大气污染防治条例》第 9 条第（九）项、《丽水市打赢蓝天保卫战三年行动计划》（丽政发〔2019〕3 号）
	10	土壤治理	10.1	向农用地排放重金属或者其他有毒有害物质含量超标的污水、污泥，以及可能造成土壤污染的清淤底泥、尾矿、矿渣等的	市生态环境局	《中华人民共和国土壤污染防治法》第 87 条
			10.2	未按照规定及时回收肥料等农业投入品的包装废弃物或者农用薄膜，或者未按照规定及时回收农药包装废弃物交由专门的机构或者组织进行无害化处理的	市农业农村局	《中华人民共和国土壤污染防治法》第 88 条
			10.3	将重金属或者其他有毒有害物质含量超标的工业固体废物、生活垃圾或者污染土壤用于土地复垦的	市生态环境局	《中华人民共和国土壤污染防治法》第 89 条
	11	水土流失治理	11.1	在崩塌、滑坡危险区或者泥石流易发区从事取土、挖砂、采石等可能造成水土流失活动的	市自然资源和规划局	《中华人民共和国水土保持法》第 48 条
			11.2	在禁止开垦坡度以上陡坡地开垦种植农作物，或者在禁止开垦、开发的植物保护带内开垦、开发的	市自然资源和规划局	《中华人民共和国水土保持法》第 49 条
			11.3	在林区采伐林木不依法采取防止水土流失措施的；在林区采伐林木不依法采取防止水土流失措施，造成水土流失的	市水利局	《中华人民共和国水土保持法》第 52 条

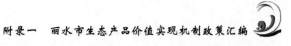

续表

一级目录	条目	二级目标	序号	内容	数源单位	依据
生态治理（8—14条）	11	水土流失治理	11.4	依法应当编制水土保持方案的生产建设项目，未编制水土保持方案或者编制的水土保持方案未经批准而开工建设的；生产建设项目的地点、规模发生重大变化，未补充、修改水土保持方案或者补充、修改的水土保持方案未经原审批机关批准的；水土保持方案实施过程中，未经原审批机关批准，对水土保持措施作出重大变更的；水土保持设施未经验收或者验收不合格将生产建设项目投产使用的	市水利局	《中华人民共和国水土保持法》第53条、第54条
			11.5	在水土保持方案确定的专门存放地以外的区域倾倒砂、石、土、尾矿、废渣等的	市水利局	《中华人民共和国水土保持法》第55条
			11.6	开办生产建设项目或者从事其他生产建设活动造成水土流失，不进行治理的	市水利局	《中华人民共和国水土保持法》第56条
			11.7	拒不缴纳水土保持补偿费的，逾期不缴纳的	市水利局	《中华人民共和国水土保持法》第57条
	12	固废治理	12.1	商品零售场所违法销售使用塑料购物袋行为的	市市场监管局	《商品零售场所塑料购物袋有偿使用管理办法》（商务部、发改委、工商总局令2008年第8号）第6条、第14条、第15条
			12.2	销售、经营使用不可降解的一次性餐具或者其他一次性塑料制品及其复合制品的	市市场监管局	《浙江省固体废物污染环境防治条例》第48条
			12.3	伪造、变造废弃电器电子产品处理资格证书的；倒卖、出租、出借或者以其他形式非法转让废弃电器电子产品处理资格证书的	市生态环境局	《废弃电器电子产品处理资格许可管理办法》第24条
			12.4	违反尾矿污染环境管理相关规定的	市生态环境局	《防治尾矿污染环境管理规定》第18条
			12.5	未按规定申领、填写联单的；未按规定运行联单的；未按规定期限向环境保护行政主管部门报送联单的；未在规定的存档期限保管联单的；拒绝接受有管辖权的环境保护行政主管部门对联单运行情况进行检查的	市生态环境局	《危险废物转移联单管理办法》第13条

续表

一级目录	条目	二级目标	序号	内容	数源单位	依据
生态治理（8—14条）	12	固废治理	12.6	买卖或者转让进口固体废物的；回收利用医疗废物的；不具备规定的条件从事利用和处置有害废物经营活动的；不具备规定的条件从事拆解、利用电子废物经营活动的	市生态环境局	《浙江省固体废物污染环境防治条例》第47条
			12.7	回收利用废塑料、废布料过程中造成环境污染的	市生态环境局	《浙江省固体废物污染环境防治条例》第48条
			12.8	危险废物产生者不处置其产生的危险废物又不承担处置费用的	市生态环境局	《中华人民共和国固体废物污染环境防治法》第76条
			12.9	随意倾倒、堆放、抛撒危险废物，非法侵占、毁损危险废物的贮存、处置场所和设施，或者填埋场运营管理单位未建立填埋的永久性档案、识别标志并报备案的	市生态环境局	《浙江省固体废物污染环境防治条例》第51条
			12.10	将秸秆、食用菌糠和菌渣、废农膜随意倾倒或者弃留的	市农业农村局、市生态环境局	《关于印发浙江省农业农村污染防治攻坚战实施方案的通知》、《浙江省农业废弃物处理与利用促进办法》第22条
			12.11	领取危险废物收集经营许可证的单位未与处置单位签订接收合同的	市生态环境局	《危险废物经营许可证管理办法》第27条
			12.12	采用国家明令淘汰的技术和工艺处理废弃电器电子产品的	市生态环境局	《废弃电器电子产品回收处理管理条例》第29条
			12.13	未采取相应防范措施，造成工业固体废物扬散、流失、渗漏或者造成其他环境污染的	市生态环境局	《中华人民共和国固体废物污染环境防治法》第68条
			12.14	未分类投放生活垃圾的，生活垃圾分类投放管理责任人未履行生活垃圾分类投放管理责任的，生活垃圾收集、运输单位对分类投放的生活垃圾混合收集、运输的，负有垃圾处置责任的单位未签订协议或者未核实最终贮存、处置、利用情况的	市建设局、市农业农村局	《浙江省城镇生活垃圾分类管理办法》第27条、第28条、第29条

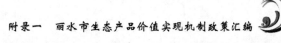

一级目录	条目	二级目标	序号	内容	数源单位	依据
生态治理（8—14条）	12	固废治理	12.15	在公共场所乱倒垃圾、污水、污油、粪便，乱扔动物尸体的；将责任区内的垃圾等废弃物清扫或者堆放至公共场所的；在露天场所和垃圾收集容器内焚烧树叶、秸秆、塑料制品、垃圾或者其他废弃物的	市综合行政执法局	《丽水市城市市容和环境卫生管理条例》第22条
	13	噪声治理	13.1	需要配套建设的环境噪声污染防治设施没有建成或者没有达到国家规定的要求擅自投入生产或者使用的	市生态环境局	《中华人民共和国环境噪声污染防治法》第48条
			13.2	在城市市区噪声敏感建筑物集中区域内，夜间进行产生环境噪声污染的建筑施工作业的；在城市市区的内河航道航行时未按照规定使用声响装置的	市综合行政执法局、市交通运输局	《中华人民共和国环境噪声污染防治法》第56条、第57条，《中华人民共和国内河海事行政处罚规定》第37条
			13.3	未经生态环境主管部门批准，擅自拆除或者闲置环境噪声污染防治设施，致使环境噪声排放超过规定标准的	市生态环境局	《中华人民共和国环境噪声污染防治法》第50条
			13.4	在城市市区噪声敏感建筑物集中区域内使用高音广播喇叭的；违反规定在城市市区街道、广场、公园等公共场所组织娱乐、集会等活动，使用音响器材，产生干扰周围生活环境的过大音量的；从家庭室内发出严重干扰周围居民生活的环境噪声的；在商业经营活动中使用高音广播喇叭或者采用其他发出高噪声的方法招揽顾客的	市公安局	《中华人民共和国环境噪声污染防治法》第58条、第60条
			13.5	经营中的文化娱乐场所，边界噪声超过国家规定的环境噪声排放标准的；在商业经营活动中使用空调器、冷却塔等产生噪声污染超过国家规定的	市生态环境局	《中华人民共和国环境噪声污染防治法》第59条
	14	畜禽养殖治理	14.1	畜禽养殖户在禁止养殖区域从事畜禽养殖活动的；未经处理直接向环境排放畜禽养殖废弃物或未采取有效措施导致废弃物渗出、泄漏的	市生态环境局	《浙江省畜禽养殖污染防治办法》第20条

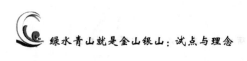
续表

一级目录	条目	二级目标	序号	内容	数源单位	依据
生态治理（8—14条）	14	畜禽养殖治理	14.2	未建立污染防治设施运行管理台账的	市生态环境局	《浙江省畜禽养殖污染防治办法》第21条
			14.3	未对染疫畜禽和病害畜禽养殖废弃物进行无害化处理的	市农业农村局	《浙江省畜禽养殖污染防治办法》第22条
生态经营（15—20条）	15	产品标准	15.1	销售的农产品含有国家禁止使用的农药、兽药、致病性寄生虫、微生物或者生物毒素等有毒有害物质和其他不符合农产品质量安全标准规定的	市农业农村局	《中华人民共和国农产品质量安全法》第50条
			15.2	生产、销售经检测不符合农产品质量安全标准的农产品的	市农业农村局	《国务院关于加强食品等产品安全监督管理的特别规定》（国务院令第503号）第3条、《中华人民共和国农产品质量安全法》第50条
			15.3	规模农产品生产者和从事农产品收购的单位、个人未按照规定对其销售的农产品进行包装或者附加标识的	市农业农村局、市市场监管局	《浙江省农产品质量安全规定》第32条
	16	品牌管理	16.1	未经授权使用品牌商标或品牌商标使用不规范；违规使用"丽水山耕"品牌商标的	市市场监管局	《中华人民共和国商标法（2019年）》第60条
			16.2	冒用农产品质量标志的	市农业农村局	《中华人民共和国农产品质量安全法》第51条
			16.3	伪造产品产地，伪造或者冒用他人厂名、厂址，伪造或者冒用认证标志等质量标志的	市市场监管局	《中华人民共和国产品质量法》第53条
	17	质量管理	17.1	无农产品生产记录或者伪造生产记录、规模农产品生产者销售未检测或者检测不合格的农产品的	市农业农村局	《中华人民共和国农产品质量安全法》第47条、《浙江省农产品质量安全规定》第33条
			17.2	销售、供应未经检验合格的种苗或者未附具标签、质量检验合格证、检疫合格证种苗的	市市场监管局	《退耕还林条例》第60条

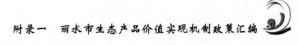

一级目录	条目	二级目标	序号	内容	数源单位	依据
生态经营（15—20条）	17	质量管理	17.3	伪造、变造、冒用、非法买卖、转让、涂改有机产品认证证书的	市市场监管局	《有机产品认证管理办法》第48条
			17.4	违规使用禁（限）用农药的	市农投公司、市农业农村局	《农药管理条例》第60条等
			17.5	农产品产品质量安全存在缺陷，且被责令召回的	市市场监管局	《中华人民共和国农产品质量安全法》第50条
			17.6	违规使用有机产品认证标志的	市市场监管局	《有机产品认证管理办法》第30条
			17.7	销售假冒伪劣产品的	市市场监管局	《中华人民共和国消费者权益保护法》第56条
	18	食品药品安全	18.1	违反食品药品法律法规，情节严重，被吊销许可证或者被撤销产品批准证明文件的	市市场监管局	《浙江省食品药品安全严重失信者名单管理办法》（浙食药监规〔2016〕21号）第6条第1款
			18.2	隐瞒有关情况、提供虚假证明或者采取其他欺骗、贿赂等不正当手段，取得相关行政许可、批准证明文件或者其他资格的	市市场监管局	《浙江省食品药品安全严重失信者名单管理办法》（浙食药监规〔2016〕21号）第6条第2款
			18.3	使用非食品原料、添加食品添加剂以外的化学物质和其他可能危害人体健康物质生产食品的，或者用回收食品作为原料生产食品的；使用禁用或未经批准的原料、辅料和其他可能危害人体健康物质违法生产药品的	市市场监管局	《浙江省食品药品安全严重失信者名单管理办法》（浙食药监规〔2016〕21号）第6条第3款
			18.4	生产经营病死、毒死或者死因不明的禽、畜、兽、水产动物肉类及其制品的；经营未按规定进行检疫或者检疫不合格的肉类，或者生产经营未经检验或者检验不合格的肉类制品的	市市场监管局	《浙江省食品药品安全严重失信者名单管理办法》（浙食药监规〔2016〕21号）第6条第4款
			18.5	逃避监督检查或者拒绝提供有关情况和资料，或者通过伪造相关资料、破坏现场等方式干扰食品药品监管执法的	市市场监管局	《浙江省食品药品安全严重失信者名单管理办法》（浙食药监规〔2016〕21号）第6条第5款

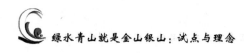
一级目录	条目	二级目标	序号	内容	数源单位	依据
生态经营（15—20条）	18	食品药品安全	18.6	违反食品药品法律法规规定，造成其他严重后果或者严重社会影响的。情形包括：发生重大食物中毒一次性发生急性中毒确诊病例100人以上并出现死亡病例，或死亡10人以上的重大食品安全事故；发生Ⅲ级、Ⅳ级药品安全事故的	市市场监管局	《浙江省食品药品安全严重失信者名单管理办法》（浙食药监规〔2016〕21号）第6条第6款
			19.1	生产经营假劣农资的	市农业农村局	《中华人民共和国种子法》第75条、《农药管理条例》第55条、第56条
			19.2	农产品生产经营者超范围、超标准使用农业投入品，将人用药、原料药或者危害人体健康的物质用于农产品生产、清洗、保鲜、包装和贮存的	市农业农村局	《浙江省农产品质量安全规定》第30条
			19.3	不执行农药采购台账、销售台账制度；在卫生用农药以外的农药经营场所内经营食品、食用农产品、饲料等；未将卫生用农药与其他商品分柜销售；不履行农药废弃物回收义务	市农业农村局	《农药管理条例》第58条
			20.1	绿色债券、绿色信贷等发生违约的	人行市中心支行、市银保监局	《中国人民银行贷款通则》第19条、《中华人民共和国证券法》第30条
环境管理（21—27条）	21	建设项目管理	21.1	未报批环评报告书、报告表，或未按规定重新报批或者报请重新审核擅自开工建设的；环评报告书、报告表未经批准或未经原审批部门重新审核同意，擅自开工建设的；未依法备案环境影响登记表的	市生态环境局	《中华人民共和国环境影响评价法》第31条
			21.2	建设项目需要配套建设的环境保护设施未建成、未经验收或者经验收不合格，主体工程正式投入生产或者使用的，或者在环境保护设施验收中弄虚作假的	市生态环境局	《建设项目环境保护管理条例》第23条

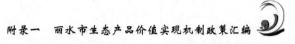

一级目录	条目	二级目标	序号	内容	数源单位	依据
环境管理（21—27条）	22	清洁生产管理	22.1	未公布能源消耗或重点污染物产生、排放情况的	市发改委、市生态环境局	《中华人民共和国清洁生产促进法》第36条
			22.2	不实施强制性清洁生产审核或者在清洁生产审核中弄虚作假的，或者实施强制性清洁生产审核的企业不报告或者不如实报告审核结果的	市发改委、市生态环境局	《中华人民共和国清洁生产促进法》第39条
	23	自然保护区管理	23.1	污染和破坏自然保护区环境的	市生态环境局	《自然保护区土地管理办法》（国家土地管理局、国家环保局〔1995〕国土〔法〕字第117号）第23条
			23.2	在自然保护区进行砍伐、放牧、狩猎、捕捞、采药、开垦、烧荒、开矿、采石、挖砂等活动的	市自然资源和规划局	《中华人民共和国自然保护区条例》第35条
	24	应急管理	24.1	未按规定开展突发环境事件风险评估工作，确定风险等级的；未按规定开展环境安全隐患排查治理工作，建立隐患排查治理档案的；未按规定将突发环境事件应急预案备案的；未按规定开展突发环境事件应急培训，如实记录培训情况的；未按规定储备必要的环境应急装备和物资；未按规定公开突发环境事件相关信息的	市生态环境局	《突发环境事件应急管理办法》第38条
	25	危化品管理	25.1	生产实施重点环境管理的危险化学品的企业或者使用实施重点环境管理的危险化学品从事生产的企业未按规定报告相关信息的	市生态环境局	《危险化学品安全管理条例》第81条
	26	排污管理	26.1	依法应当申请排污许可证但未申请，或者申请后未取得排污许可证排放污染物；排污许可证有效期限届满后未申请延续排污许可证，或者延续申请未经核发环保部门许可仍排放污染物的；被依法撤销排污许可证后仍排放污染物的；法律法规规定的其他无排污许可证排放污染物情形的	市生态环境局	《排污许可管理办法（试行）》第57条

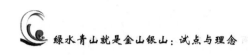
一级目录	条目	二级目标	序号	内容	数源单位	依据
环境管理（21—27条）	26	排污管理	26.2	排污单位涂改、出租、出借或者非法转让排污许可证的	市生态环境局	《浙江省排污许可证管理暂行办法》第28条
			26.3	未按照规定缴纳环境保护税的	市税务局	《中华人民共和国环境保护税法》第23条
	27	节能减排	27.1	生产、进口、销售国家明令淘汰的用能产品、设备的，使用伪造的节能产品认证标志或者冒用节能产品认证标志的	市市场监管局	《中华人民共和国节约能源法》第69条
社会监督（28—30条）	28	群众监督	28.1	确实因环境问题而被信访、投诉的	市信访局	《企业环境信用评价办法（试行)》第11条
	29	媒体监督	29.1	因生态信用失信行为遭新闻媒体曝光的	市委宣传部	《企业环境信用评价办法（试行)》附件
	30	信息公开	30.1	重点排污单位不公开或者不如实公开环境信息	市生态环境局	《中华人民共和国环境保护法》第62条

2.《丽水市绿谷分（个人信用积分）管理办法（试行)》

第一章　总则

第一条　为增强公民信用意识，建立健全守信激励机制，依据《浙江省公共信用信息管理条例》《国务院办公厅关于加强个人诚信体系建设的指导意见》（国办发〔2016〕98号）、《浙江省人民政府办公厅关于印发加强政务诚信和个人诚信体系建设实施方案的通知》（浙政办发〔2017〕75号）、《浙江省人民政府办公厅关于印发浙江（丽水）生态产品价值实现机制试点方案的通知》（浙办发〔2019〕15号）以及国家部委联合制定的有关联合奖惩合作备忘录等文件精神，结合丽水市实际，制定本办法。

第二条　本办法适用于丽水市行政区域内具有完全民事行为能力的户籍人口、常住人口。

第三条　丽水绿谷分（个人信用积分）是综合浙江省公共信用信息平台的自然人公共信用评价信息和丽水市公共信用信息平台归集的个人生态

信用信息，通过信用评价模型，计算得出的反映个人信用状况的分数。

第四条 丽水市信用丽水建设领导小组办公室（以下简称"市信用办"）牵头负责丽水市个人信用积分评估和应用体系的建设，包括个人信用积分评价规则的制定，个人信用积分的计算、发布、管理和应用推广工作。

第五条 丽水市个人信用积分的评定，遵循客观公正、标准统一、动态管理、可追溯的原则，按照规定的程序进行。

第二章 个人信用信息内容与数据归集

第六条 个人信用信息的内容包括：

（一）自然人公共信用信息：是指浙江省公共信用信息平台归集并纳入自然人公共信用评价体系的信用信息，包括身份特质、履约能力、遵纪守法、经济行为、社会公德五个方面。

（二）个人生态信用信息：

1. 生态保护信息：主要包括森林生态保护、水生态保护、农田生态保护、人居环境保护、生物多样性保护、其他资源保护等个人生态保护正负面行为信息。

2. 生态经营信息：主要包括绿色生产、生态品牌、生态科研、食品药品安全、绿色金融等个人生态经营行为信息。

3. 绿色生活信息：主要包括绿色出行、绿色消费、垃圾分类、节约能源、绿色生活荣誉等个人绿色生活行为信息。

4. 生态文化信息：主要包括生态公益、生态信用承诺与履约、文明祭祀、生态殡葬等个人生态文化正负面行为信息。

5. 社会责任信息：指生态失信监督等个人社会责任信息。

（三）法律、法规、规章规定的其他与个人信用有关的信息。

第七条 市信用办会同各信息提供单位依照本办法共同制定并适时更新丽水市个人信用信息目录，明确信息归集的具体内容和项目。丽水市个人信用信息目录的制定及发布参照国家、省级相关规定执行。

第八条 丽水市县级以上国家机关、法律法规授权的具有管理公共事

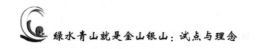

务职能的组织，应当按照丽水市个人信用信息目录，及时、准确、完整地向市公共信用信息平台报送本行业、领域相关信用信息，并对信息的真实性、完整性负责。鼓励社会公众自主提供信用信息，经核实后可以作为个人信用评价的依据。

第三章　个人信用评价

第九条　丽水市个人信用积分由浙江省自然人公共信用积分的 50% 和丽水市个人生态信用积分两者直接加总计算而成，其中，浙江省自然人公共信用评价模型总分为 1000 分。个人生态信用积分从生态环境保护、生态经营、绿色生活、生态文化、社会责任、一票否决项六个维度，按层次分析法构建评分模型，默认初始生态信用分为 500 分，根据指标细项加权平均计算而成。个人基本信息不作为评价指标。

第十条　个人信用积分从高到低设立 5 个等级，依次为：

1. AAA 级（1060 分及以上）：代表信用极佳。

2. AA 级（1000 分—1060 分，含 1000 分）：代表信用优秀。

3. A 级（850 分—1000 分，含 850 分）：代表信用良好。

4. B 级（750 分—850 分，含 750 分）：代表信用一般。

5. C 级（750 分以下）：代表信用差。

以上等级对应的分值将根据全市个人全量评分结果的分布状况进行调整，同时建立交叉比对机制，确保浙江省自然人公共信用积分评价结果不与丽水市个人信用积分评价结果出现冲突。

第十一条　个人存在法律、法规、规章和国家政策文件规定的严重失信情形的，个人信用积分评价采取一票否决制，直接判定为 C 级。

第十二条　个人信用积分和评价结果由市公共信用信息平台根据各级各部门报送归集入库的个人信用信息自动计算生成，并实时更新。

第十三条　市信用办适时对个人信用积分评价规则进行修正、补充与完善，并向社会公布。

第四章　个人信用积分查询及应用

第十四条　个人可以通过"信用丽水"网站等渠道，自愿注册后查询本人信用评价结果。

第十五条　丽水市县级以上国家机关、法律法规授权的具有管理公共事务职能的组织，根据履行其工作职能的需要，可通过市公共信用信息平台查询行政相对人的个人信用积分和信用等级。其他自然人、法人和非法人组织查询个人信用积分和信用等级的，应先获得被查询人授权同意。

第十六条　鼓励在市场交易、企业治理、行业管理、劳动用工、社会公益等活动中运用个人信用积分和信用等级，推动形成市场化激励机制。

第十七条　坚持激励导向，对守信者实行服务优惠、绿色通道、重点支持、媒体宣传等社会便利和优惠激励政策。

第十八条　对信用等级 AA 级及以上个人，采取以下激励性措施：

1. 公交乘坐对 AA 级、AAA 级个人给予不同程度优惠。（责任单位：市交通运输局、市财政局、市国资委）

2. 公共自行车租赁免押金信用租赁、免费延长使用时间。（责任单位：市交通运输局、市财政局、市国资委）

3. 新能源汽车租赁出行对 AA 级、AAA 级个人给予不同程度优惠。（责任单位：浙江丽水驿动新能源汽车运营服务有限公司等）

4. 对 AA 级、AAA 级个人，根据《丽水市区行政事业单位、国有企业停车泊位向社会错时开放实施方案（试行）》，在同等条件下，申请共享免费停车位给予优先考虑。（责任单位：市治堵办、市机关事务局、市公安局、市综合行政执法局）

5. 车辆年检享受绿色通道，政府运营的公共停车场、停车位停车对 AA 级、AAA 级个人给予不同程度优惠。（责任单位：市公安局、市财政局、市国资委）

6. 经认可同意的影院对 AA 级、AAA 级个人给予不同程度优惠。（责任单位：市区范围内相关影视文化公司）

7. 在创业服务过程中，优先推荐入驻市级以上创业孵化基地。（责任单位：市人力社保局）

8. 享受电力积分兑换等增值服务。（责任单位：市电业局）

9. 对 AA 级、AAA 级个人，按不同运营商的手机话费信用额度政策，

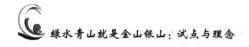

采取不同程度的信用优惠。（责任单位：市移动公司、市联通公司）

10. AA 级、AAA 级个人手机用户，在营业窗口享受绿色通道便捷服务。（责任单位：市电信公司等通信运营商）

11. 公共图书馆图书借阅，实行免押金信用借阅，对 AA 级个人借阅数增加 3 本，借期延长一个月；对 AAA 级个人借阅数增加 5 本，借期延长两个月。（责任单位：市文广旅体局）

12. 政府运营公共场馆参观门票收费对 AA 级个人给予 8.5 折优惠；对 AAA 级个人给予 7.5 折优惠。（责任单位：市文广旅体局）

13. 购买"丽水山耕"农产品、品享"丽水山居"、畅游景区、入住四星级及以上宾馆等按优惠目录内予以优惠。（责任单位：市农投公司、市农业农村局、市文广旅体局、市全域旅游发展中心、市市场监管局）

14. 在办理医保服务事项时，可以申请容缺预受理；在医院就诊期间，免收轮椅使用押金，并按照《丽水市"医后付"实施方案》给予相应先就诊后付费待遇。（责任单位：市医保局、市卫健委）

15. 本人或父母入住公办养老机构或享受政府主办居家养老服务优先安排。（责任单位：市民政局）

16. 行政审批办理享受绿色通道及快捷服务、优先受理及容缺办理服务、告知承诺制服务。（责任单位：市行政服务中心、各有关单位）

17. 保障性住房对 AA 级以上个人实施"押金减免"。（责任单位：市建设局）

18. 对个人信用积分等级 AA 级以上金融贷款客户，开通绿色通道，优先、快速进行业务受理、审批，优先给予免担保贷款；适当提高贷款额度，延长授信年限；在正常利率的基础上，给予一定比例利率优惠；提供定制化金融创新产品，提供多样化的免费金融增值服务。（责任单位：人行市中心支行、市银保监局、各商业银行）

19. 在科技指导、创新就业等方面，同等条件下优先享受相应政策。（责任单位：市科技局、市人力社保局、市农业农村局等）

20. 在发展党员、评优评先、职称评聘等事项中，同等条件下给予优先推荐。（责任单位：市委组织部、市人力社保局）

21. 优先考虑授予相关表彰或荣誉、媒体宣传或推介先进典型。(责任单位：市委宣传部)

22. 法律、法规、规章和国家政策文件规定的可以实施的其他激励措施。

第五章　个人信用信息动态管理

第十九条　个人的不良信息保存期限为五年，自不良行为或者事件认定之日起计算，但依法判处剥夺人身自由的刑罚的，自该刑罚执行完毕之日起计算。信息主体依照国家、省级相关规定被列入严重失信名单，其不良信息保存期限延至被移出严重失信名单之日。正面信息自认定之日起超过 10 年的，不再作为信用评价依据。法律、法规和国家有关规定对保存期限另有规定的，从其规定。

本办法所称的不良信息，是指对信息主体生态信用状况构成负面影响的信用信息。

第二十条　个人认为本人信用信息或信用积分有错误的，可以向市信用办、信息提供单位提出异议申请，并提供相关证据。信息提供单位应及时核查处理，并在 15 个工作日内将处理结果告知申请人。

第二十一条　个人按照规定程序和条件开展信用修复，应当向做出信用不良信息认定的具体单位提出信用修复申请，信用不良信息提供单位应当在 15 个工作日内，核对个人提交修复材料。对于不符合信用修复条件的，不予信用修复，并书面告知理由。对于符合信用修复条件的，确认信用修复，并在部门网站进行为期 5 个工作日的公示。公示无异议后，由信用不良信息提供单位提交信用修复确认通知书至市信用办，市信用办应在 15 个工作日内完成信用不良信息修复确认标注，并及时对个人信用积分和信用等级进行调整。

第二十二条　个人在使用生态信用评价结果过程中，如发生信用违约等失信行为的，将被列入生态信用评价内容。

第二十三条　丽水市县级以上国家机关、法律法规授权的具有管理公共事务职能的组织，与市信用办联合调整个人信用积分指标体系，不断完

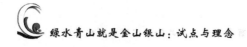

善个人信用积分评价管理机制。

第六章 附则

第二十四条 市信用办建立健全信用信息安全管理制度，采取必要的技术措施，确保个人信用信息安全。

第二十五条 本办法自 2020 年 4 月 15 日起施行。

3.《关于推进生态产品价值实现机制示范区建设的决定》

中国共产党丽水市第四届委员会第十次全体会议，为深入贯彻习近平生态文明思想，创新实践"绿水青山就是金山银山"理念，全面落实《中共中央办公厅、国务院办公厅关于建立健全生态产品价值实现机制的意见》（中办发〔2021〕24 号），就率先推动生态产品价值实现机制改革从先行试点迈向先验示范，加快创建全国生态产品价值实现机制示范区，做出如下决定。

一 总体要求

1. 重要意义。建立健全生态产品价值实现机制，是贯彻落实习近平生态文明思想的重要举措，是践行"绿水青山就是金山银山"理念的关键路径，是从源头上推动生态环境领域国家治理体系和治理能力现代化的必然要求，对推动经济社会发展全面绿色转型具有重要意义。丽水是"绿水青山就是金山银山"理念的重要萌发地和先行实践地、"丽水之赞"光荣赋予地，也是全国首个生态产品价值实现机制试点市，通过三年来锐意改革实践、大胆探索创新，圆满完成了国家改革试点任务。站在迈向高水平全面建设社会主义现代化国家新征程的重要历史关口，接续推进生态产品价值实现机制示范区建设，是丽水贯彻落实党中央最新部署的使命担当，是全面推进高水平生态文明建设、高质量绿色发展的重要载体和关键抓手，必将有力地促进丽水进一步扩大生态比较优势、全面拓宽"绿水青山就是金山银山"转化通道，率先走出加快跨越式高质量发展扎实推动共同富裕的新路子。

2. 指导思想。以习近平新时代中国特色社会主义思想为指导，全面贯彻党的十九大和十九届二中、三中、四中、五中全会精神，深入贯彻习近平生态文明思想，坚定不移走创新实践"绿水青山就是金山银山"理念的发展道路，以浙西南革命精神注魂赋能立根，以厉行"丽水之干"系统推进体制机制改革创新，加快构建推动 GDP 和 GEP "两个较快增长"的制度体系，着力建设以"生态经济化、经济生态化"为显著特征的现代化生态经济体系，不断拓宽政府主导、企业和社会各界参与、市场化运作、可持续的生态产品价值实现路径，为全面开辟高质量绿色发展新路、加快跨越式高质量发展建设共同富裕美好社会提供有力支撑，为推动形成具有中国特色的生态文明建设新模式提供丽水示范。

3. 工作原则

——保护优先、合理利用。坚持尊重自然、顺应自然、保护自然，坚决守住自然生态安全边界，彻底摒弃以牺牲生态环境换取经济增长的做法，高标准推进自然生态系统原真性完整性系统性保护，增值自然资本，厚植生态产品价值。

——政府主导、市场运作。坚持有为政府和有效市场相结合，充分考虑不同生态产品价值实现路径，进一步强化政府主导作用，更加充分发挥市场在资源配置中的决定性作用，积极培育有竞争力市场经营主体，促进生态产品价值持续增长和高效转化。

——整体推进、特色示范。坚持系统观念，加强统筹协调，因地制宜、分类施策推进全域示范创建和改革全面深化，加强改革成果系统集成和特色提升，形成具有鲜明丽水特色的创新性、引领性、示范性的生态产品价值实现机制重大改革成果。

——支持创新、鼓励探索。聚焦生态产品价值实现重点领域、关键环节及现行制度框架体系下深层次"瓶颈"制约，开展政策制度创新试验和深化改革攻坚，允许试错、宽容失败，以点带面推动改革实现纵深突破、全面深化、集成提升。

4. 主要目标。到 2025 年，形成系统有效的生态产品价值实现制度体

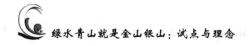

系，建成全国生态产品价值实现机制示范区。生态产品价值核算评估体系、自然资源资产产权制度等基础性制度全面建立，生态产品开发经营、市场交易等主体性制度创新完善，绿色金融、生态信用、考核评价等保障性制度总体成形，生态系统生产总值（GEP）达到5000亿元，生态产品"难度量、难抵押、难交易、难变现"等问题得到实质性解决，生态产品价值实现路径全面拓宽，生态优势转化为经济优势的能力显著增强，形成一批具有示范引领作用的标志性改革成果。到2035年，生态产品价值实现机制全面创新提升、更加完备高效，高质量绿色发展取得更大成就，成为具有中国特色的生态文明建设新模式的典范样板。

二 建设全国领先的生态产品调查监测体系

5. 推进自然资源确权登记。总结推广"河权到户"、集体林地地役权改革等产权制度改革成果和经验，进一步健全自然资源确权登记制度规范，全面有序推进统一确权登记，清晰界定自然资源资产产权主体，划清所有权和使用权边界。丰富自然资源资产使用权类型，合理界定出让、转让、出租、抵押、入股等权责归属，依托自然资源统一确权登记明确生态产品权责归属。将自然资源确权登记信息纳入不动产登记信息管理基础平台，实现与不动产登记、国土调查、专项调查等信息统一管理、实时互联。

6. 加强生态产品信息调查。基于现有自然资源和生态环境监测体系，丰富网格化监测手段，全域推进生态产品基础信息调查，摸清各类生态产品数量、质量等底数，建立生态产品目录清单。加快建设"天眼守望"卫星遥感、"花园云"数字化生态环境监测应用体系，健全生态产品动态监测制度，及时跟踪掌握生态产品数量分布、质量等级、功能特点、权益归属、保护和开发利用情况等信息，建立开放共享的生态产品信息云平台。科学辨识生态产品空间分布特征，编制功能分区规划方案，明确不同分区差异化开发保护策略，研究制定产业准入正负面清单。

三 建立标准引领的生态产品价值核算规范

7. 健全生态产品价值评价体系。完善行政区域单元生态产品总值和特定地域单元生态产品价值评价体系，全面开展市、县、乡三级行政区域单元生态产品总值核算评价，以及百山祖国家公园等特定地域单元生态产品价值评价工作。总结提升"生态地"、民宿"生态价"等模式，建立反映生态产品保护和开发成本的价值核算方法，探索体现市场供需关系的生态产品价格形成机制。

8. 推进生态产品价值核算标准化。修正完善以生态产品实物量为重点的生态产品价值核算办法，优化升级市域生态产品总值核算地方标准，建立核算标准实施监督反馈机制和效果监测体系，着力打造可复制可推广的核算规范。建立生态产品总值核算统计报表制度，将生态产品总值核算基础数据纳入国民经济核算体系，构建市、县、乡三级行政区域单元生态产品总值核算数据标准化收集体系。探索开展项目层级生态产品价值核算工作。

9. 推动生态产品价值核算结果应用。加强生态产品价值核算结果在政府决策和绩效考核评价中的充分应用，全面推动生态产品总值进规划、进决策、进项目、进交易、进监测、进考核。推动生态产品价值核算成果在国土空间管控、重大生态保护修复、生态环境损害赔偿、开发经营融资、生态资源权益交易等领域广泛应用。探索工程项目建设区域的生态产品价值影响评价，结合生态产品实物量和价值核算结果采取必要的补偿措施，确保生态产品保值增值。探索基于生态产品总值核算的生态产品政府采购机制，扩大公共生态产品政府供给。建立生态产品总值核算结果发布制度，适时评估各地生态保护成效和生态产品价值。

四 开拓多元高效的生态产品价值实现路径

10. 深入推进生态产品供需精准对接。依托华东林业产权交易所，争创国家级生态产品交易中心。定期举办生态产品推介博览会，扩大"山耕精品发布会""山耕集市""山耕家宴"等推介活动矩阵，形成常态化推介模式。通过新闻媒体和互联网等渠道，加大生态产品宣传推介力度。建设中国（丽水）跨境电商综合试验区，提升农村电商服务，优化"两山邮政"服务网络，推广生态产品线上云交易、云招商，构建形成服务线上线

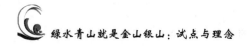
下两个方面、国内国际两大市场的生态产品供需对接体系。

11. 全面拓展生态产品价值实现模式。在严格保护生态环境前提下，创新多样化模式和路径，科学合理推动生态产品价值实现。依托不同自然禀赋，积极推广人放天养、自繁自养等原生态种养模式，因地制宜发展茶叶、食用菌、高山蔬菜、中药材等特色生态精品农业。大力推进林业振兴，促进竹木制品、森林食品等产业精深发展、迭代升级，培育发展森林旅游、森林康养、气候养生等新兴经济，持续提升森林经济价值和释放增收能力。全面激活水经济，深化优质水、精品水研究，制定"高端水"标准，建设华东优质水经济产业园，开发高附加值特色涉水产品。发展壮大生态产品精深加工业，推进生态产品多元化开发、多层次利用、多环节增值；积极培育和引进数字经济、健康医药等生态利用型、生态赋能型、生态影响型产业。以瓯江山水诗路为纽带，依托优美自然风光、历史文化遗存，场景化打造"瓯江行旅图""处州风华录""江南秘境乡""印象山哈"等经典文旅产品，发展康养度假、艺术文创、乡愁体验、户外运动等特色文化和旅游产业，创新文化、旅游与康养休闲融合发展的生态旅游开发模式。推广"拯救老屋"模式，实施"古村复兴""畲寨复兴"计划，盘活传统村落资源，激活乡村旅游开发价值。

12. 促进生态产品价值持续增值。体系化推进"丽水山耕""丽水山居""丽水山景""丽水山泉""丽水山路"等"山"字系列品牌建设，以品牌赋能促进生态产品增值溢价。推进浙江省绿色发展标准化重大战略试点，筹建生态产品价值实现标准化技术委员会，构建涵盖生态环境资源、生态产业发展、生态产品价值实现等领域的高质量绿色发展标准体系，以标准化建设提升生态产品价值。建立"丽水生态产品"认证标准评价体系，建设生态产品质量追溯平台，运用数字化手段构建生产、加工、仓储、运输、销售全过程监督体系，推动生态产品认证市际、省际、国际互认。探索以特定区域自然资源、历史文化资源等为基础，建立生态产品价值实现项目策划、潜在价值评估、开发经营权交易机制，推动资源变资产、资产变资本。实施农民持股计划，探索农村集体资产股权流转、抵押等实现形式，引导农民自愿以土地经营权、林权等入股企业，保障参与生态产品开发经营的村民利益。

13. 培育壮大生态产品价值实现市场主体。巩固和强化"生态强村公司"作为生态产品供给主体、交易主体的功能定位，完善公司经营制度、收益分配机制，打造生态资源资产化、资产资本化实施主体。深化"两山银行"运营机制，强化对分散、零碎的生态资源资产进行集中收储、管理，健全价值评估和交易机制，打造全国领先的生态资源资产开发经营服务平台和交易平台。大力培育生态产品市场开发经营主体，开展生态保护修复的产权激励机制试点，对开展生态环境综合整治的社会主体，在保障生态效益和依法依规前提下，允许利用一定比例的土地发展生态农业、生态旅游获取收益。

14. 积极推动生态资源权益交易。通过政府管控或设定限额，积极推进生态产品价值责任指标交易，探索开展绿化增量责任指标、清水增量责任指标等交易。制定实施碳达峰碳中和总体方案，开展碳达峰碳中和路径研究，创建中国碳中和先行区。积极融入全国碳排放权交易市场，争取建设服务全省的区域性碳排放权交易市场。深化森林经营碳汇项目方法学研究，开展碳汇潜力调查，制定出台林业碳汇开发及交易管理办法。健全排污权有偿使用制度、用能权交易机制，探索建立生态产品与用水权、用能权、排污权、碳排放权等环境权益的兑换机制。

15. 大力推进绿色金融创新。创建全国普惠金融服务乡村振兴改革试验区，积极探索金融服务生态产品价值实现的有效模式。深化以生态资产产权、收益权和碳汇权益等为抵押物的"生态贷"模式，探索"生态资产权益抵押＋项目贷"模式，支持生态环境提升及绿色产业发展。健全"生态信用"评价管理制度，推广"两山信用贷"模式。开展碳排放权质押、碳汇质押、碳账户、碳期货、碳期权等碳金融创新，争创气候投融资试点。实施数字普惠金融创新工程，运用大数据、区块链等技术，创新交易结算数据、存货、仓单和订单融资等绿色信贷产品。推动保险、投资理财等现代金融服务向农村下沉，实现普惠型乡村金融服务站行政村全覆盖。完善农村保险服务体系，扩大政策性农业保险覆盖面。

五 健全科学务实的生态产品保护补偿制度

16. 创新生态产品保护补偿方式。完善纵向、横向生态保护补偿制度，落实生态环境损害赔偿制度。探索创新百山祖国家公园各类保护主体的生态补偿方式，通过增设生态管护员、巡护员等生态公益岗位，提高各类保护主体生态补偿效益。探索"亩均＋"的生态公益林补偿机制，促进生态补偿与生态产品贡献度相适应。构建瓯江流域横向生态补偿机制，探索资金补偿、产业扶持、技术援助、人才支持等多元化市场化补偿方式。开展水资源费收费标准提升和分成比例改革，探索按取水口以上流域面积、水质、水量等要素确定水资源费分成比例的模式。探索建立基于生态产品价值核算的生态占补平衡机制，将开发建设活动的生态负外部性纳入开发经营成本，明确损害赔偿范围、责任主体、解决途径，推进生态环境损害成本内部化。

六 完善协同有力的生态产品价值实现推进机制

17. 强化组织领导。市委、市政府成立生态产品价值实现机制示范区建设工作领导小组，及时研究落实示范区建设重大事项、协调解决各类难题。市发改委要牵头负责，会同有关部门研究制定示范区建设实施方案，细化工作目标、任务和分工。各地各有关部门要把建立健全生态产品价值实现机制作为推进新时代生态文明建设的重要任务，采取有力措施，推动各项工作落实落细。

18. 强化考核督促。建立健全监督考核机制，制定出台专项考评办法，考评结果作为党政领导班子和领导干部综合评价、干部奖惩任免的重要参考。建立健全督查督办机制，市发改委要会同有关部门定期对示范区建设各项任务落实情况进行监督检查和跟踪推进，及时推广成功经验、解决存在的问题。

19. 强化智力支撑。依托高等学校和科研机构，强化基础理论研究、路径创新和人才培养。支持两山学院加快发展，建设生态产品价值实现领域对外交流合作平台和跨领域跨学科的高端智库。深化与长三角、长江经济带等地区交流合作，开展经常性研讨交流，共同推进生态产品价值实现机制改革实现新突破。

20. 强化舆论引导。加大生态产品价值实现机制宣传力度，及时宣传示范区建设的重大进展、工作成效和成功经验，定期推出生态产品价值实现最佳实践案例。发挥主流媒体宣传主阵地作用，建设公众参与平台，畅通社会力量参与渠道，让广大群众成为生态产品价值实现的参与者和受益者。

4.《丽水市（森林）生态产品政府采购和市场交易管理办法（试行）》

生态系统生产总值（GEP）中的调节服务类生态产品是指生态系统的水源涵养、土壤保持、气候调节、洪水调蓄、水环境净化、空气净化、固碳等功能产生的价值。不同于物质产品和文化服务可以依托相应载体转化为经济价值，调节服务是典型的公共物品，具有很强的外部性、非排他性，供给主体不明、需求缺位，难以自发形成交易市场。

2019年1月12日，国家长江办正式发文支持丽水市成为全国首个生态产品价值实现机制试点市。2019年3月15日，浙江省政府办公厅正式印发《浙江（丽水）生态产品价值实现机制试点方案》，明确要求"率先探索政府采购生态产品试点""健全生态产品市场交易体系"。为创新实践"绿水青山就是金山银山"理念，探索构建反映市场供求、体现自然生态价值的市场交易体系，根据"公共生态产品政府供给""保护者获益、使用者付费"的原则，研究制定了《丽水市（森林）生态产品政府采购和市场交易管理办法（试行)》（以下简称《管理办法》）。《管理办法》共分为丽水市（森林）生态产品政府采购、（森林）生态产品一级交易市场、（森林）生态产品二级交易市场三部分。其中一级交易市场，即政府间交易市场，旨在明确政府供给生态产品的责任，提升不同地方政府供给生态产品的灵活性和效率；二级交易市场，即各类主体间的交易市场，旨在激励市场主体主动参与优质生态产品供给，并按照"保护者获益、使用者付费"的原则获得收益。一级市场和二级市场相互补充、联动实施，构成了

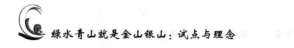

调节服务类生态产品的市场交易制度体系。

一　丽水市（森林）生态产品政府采购管理

（一）为深入践行"绿水青山就是金山银山"理念，深化推进丽水市生态产品价值实现机制试点，加强生态产品政府采购工作，根据《中华人民共和国政府采购法》、《中华人民共和国合同法》、《中共中央　国务院关于建立健全城乡融合发展体制机制和政策体系的意见》（国务院公报2019第14号）、《浙江省财政厅关于进一步规范政府购买服务采购管理的通知》、《浙江省政府采购合同暂行办法》有关规定，结合《浙江（丽水）生态产品价值实现机制试点方案》和其他相关法律、法规规定，结合丽水市实际，制定本办法。

（二）凡在丽水市域内开展（森林）生态产品政府采购活动的，适用本办法。法律、法规、规章和政策另有规定的，从其规定。

（三）结合丽水市实际，本办法所称森林生态产品是指森林生态系统为人类提供的调节服务类生态产品（以下简称为生态产品）。森林生态产品的评估价值由生态系统生产总值（GEP）的核算获得，采购预算由政府根据评估价值、市场实际供需等条件综合确定。

（四）生态产品政府采购，是指本行政辖区内各级人民政府及其组成部门使用各类财政性资金，向各类法人、农村集体经济组织等其他组织或自然人采购生态产品的行为。丽水市（森林）生态产品范围见本办法第12条。

（五）政府应通过各级生态产品交易平台采购生态产品。丽水市级交易平台设置在丽水市农村产权交易中心，县（市、区）级交易平台设置在各县（市、区）两山银行或类似平台，为生态产品交易提供场所设施、政策咨询、信息发布、交易组织、交易鉴证、交易登记等服务。

（六）生态产品政府采购应当符合有关法律、法规、规章和政策规定，以推进生态文明建设为目标，并遵循下列原则：

1. 坚持依法、诚信和公开、公平、公正的原则；

2. 坚持生态优先的原则，保证生态产品功能量不下降；

3. 严格按照批准的预算原则。

（七）丽水市生态产品政府采购和市场交易工作领导小组办公室和市有关行政主管部门对生态产品政府采购实施监督。

（八）成立丽水市生态产品政府采购和市场交易工作领导小组，成员由市发展和改革委员会、市财政局、市自然资源和规划局（林业局）、市金融办、市农业农村局、市生态环境局、市文化和广电旅游体育局、市生态林业发展中心、市农村产权交易中心等部门组成，负责全市生态产品政府采购和市场交易重大事项的决策、协调。领导小组下设办公室，办公室设在市发展和改革委员会，承担市生态产品政府采购和市场交易工作领导小组的日常工作，制定有关规则和管理办法。行政主管部门负责交易项目的核准与采购工作协调、指导和监督管理。各县（市、区）也要相应建立生态产品政府采购和市场交易工作领导小组和工作机构，负责辖区内生态产品政府采购的指导和监管。

（九）建立采购资金保障机制。健全市级生态产品价值实现奖补机制，市财政根据各县（市、区）GEP 提升目标完成情况，对各县（市、区）（森林）生态产品政府采购给予奖补，激励各县（市、区）生态产品价值保护、修复和提升（奖补意见另行制定）。各县（市、区）依据锚定的（森林）生态产品价值（GEP）提升任务，合理编制（森林）生态产品采购预算，通过专项安排、资金整合、上级补助等方式，筹措安排采购资金，确保（森林）生态产品采购资金需求。探索研究多元化平台和渠道，导入社会公益资金参与（森林）生态产品采购。

（十）建立丽水市国有经营性建设用地出让面积与（森林）生态产品价值提升的锚定制度，结合土地使用性质与生态产品价值（GEP），出让经营性建设用地收入优先安排用于生态保护修复，进一步增强生态产品供给能力，提升生态产品价值。允许各级政府在丽水市域内跨行政辖区交易锚定指标，即通过向其他辖区购买锚定指标来满足本辖区出让国有经营性建设用地的前置条件。

（十一）丽水市（森林）生态产品采购按政府采购程序实施，经专家论证后符合单一来源使用情形的，可采用单一来源方式采购，每年采购

一次。

（十二）下列生态产品权益经不动产登记，可依法列入政府采购清单：

1. 农村集体所有林地上的生态产品权益；

2. 农民以户承包的林地上的生态产品权益；

3. 各类法人、社会组织投资林地上的生态产品权益；

4. 其他自然人投资林地上的生态产品权益。

（十三）各县（市、区）政府根据年度 GEP 提升量的相应经济成本或者按照森林生态产品价值提升亩均成本进行生态产品采购，将全部（或部分）经济成本支付给相应生态产品权益的所有者。相应 GEP 的提升成本可以由政府组织评估机构或专家评估确定，也可以参考生态产品二级市场类似的交易价格确定。

（十四）根据年度变更核算结果，若该年度相应林地上的 GEP 未提升，则该林地上的生态产品不应进入采购范围。

（十五）严格按照采购合同开展（森林）生态产品政府采购履约验收。采购人应当成立验收小组，按照采购合同约定的森林生态产品价值提升任务指标，对生态产品提供者履约情况进行验收。验收结果应当与采购合同约定的资金支付条件挂钩。履约验收的各项资料应当存档备查。

（十六）积极引导国有银行和各类金融机构，加大丽水市生态产品政府采购的支持力度，支持政府采购的（森林）生态产品提供者融资需求。积极争取将更多的生态产品纳入全国金融系统认可的抵押标的物范围。

（十七）推动多层次各级资本与丽水市合作设立生态产品价值实现相关基金。争取各金融机构为丽水市生态产品提供融资、担保、保险、优惠利率等方面的支持。

（十八）建立市级生态产品项目收储平台，与市级生态产品一级市场交易平台合署。解决金融风险补偿和处理难题，为金融资本和社会资本进入生态产品投资领域探索路径。

（十九）建立统筹协调监督机制。各县（市、区）、各部门要高度重视，加强组织领导，切实做好生态产品政府采购工作落实。有关部门要发挥带头作用，积极作为、主动配合。发改、财政等部门要密切关注相关工作进展情况，加强督促指导。各县（市、区）、各部门要建立（森林）生态产品政府采购信息定期统计制度，并及时报送市生态产品政府采购和市场交易工作领导小组办公室。审计部门要加强审计监督，切实推进各项措施落实到位。采购人和提供者应当自觉接受财政监督、审计监督、社会监督以及服务对象的监督。

（二十）各县（市、区）可根据当地实际情况，制定实施细则，报市生态产品政府采购和市场交易工作领导小组备案。

二　丽水市（森林）生态产品一级交易市场

（一）为深入践行"绿水青山就是金山银山"理念，进一步完善丽水市生态产品价值实现机制及治理体系，加快建立生态产品交易的市场机制，根据《浙江（丽水）生态产品价值实现机制试点方案》和其他相关法律、法规规定，结合丽水市实际，制定本办法。

（二）凡在丽水市域内开展生态产品一级市场交易活动的，适用本办法。法律、法规、规章和政策另有规定的，从其规定。

（三）结合丽水市实际，本办法所称森林生态产品是指森林生态系统为人类提供的调节服务类生态产品（以下简称为生态产品）。森林生态产品的评估价值可以由生态系统生产总值（GEP）的核算获得，实际交易价格由一级市场实际交易确定。

（四）本办法所称生态产品一级市场交易，是指各县（市、区）人民政府在完成本辖区生态产品总量规划年度基本任务的前提下，可以通过市级生态产品交易平台向其他县（市、区）人民政府购买生态产品，代为完成本辖区年度目标任务未完成的部分。关于年度基本任务和年度目标任务的概念，见本管理办法的第13条规定。交易方式包括双方自行协商或在交易平台进行招标、拍卖或挂牌。

（五）生态产品一级市场交易应进入市级交易平台公开交易。市级交易平台设置在丽水市农村产权交易中心，为生态产品交易提供场所设施、政策咨询、信息发布、交易组织、交易鉴证、交易登记等服务。

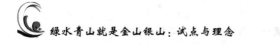

（六）生态产品交易应当符合有关法律、法规、规章和政策规定，以推进生态文明建设，并遵循下列原则：

1. 坚持依法、诚信和公开、公平、公正的原则；

2. 坚持生态优先的原则，保证生态产品功能量不下降；

3. 探索政府主导、企业和社会各界参与、市场化运作、可持续的生态产品价值实现路径；

4. 坚持生态保护红线、永久基本农田、城镇开发边界三条控制线不突破，坚持国土空间用途管制原则。

（七）丽水市生态产品政府采购和市场交易工作领导小组办公室和有关行政主管部门对生态产品一级市场交易实施监督。

（八）成立丽水市生态产品政府采购和市场交易工作领导小组，成员由市发展和改革委员会、市自然资源和规划局（林业局）、市财政局、市金融办、市农业农村局、市生态环境局、市文化和广电旅游体育局、市生态林业发展中心、市农村产权交易中心等部门组成，负责全市生态产品交易重大事项的决策、协调。领导小组下设办公室，办公室设在市发展和改革委员会，承担市生态产品政府采购和市场交易工作领导小组的日常工作，制定有关规则和管理办法。行政主管部门负责交易项目的核准与交易工作协调、指导和监督管理。各县（市、区）也要相应建立生态产品政府采购和市场交易工作领导小组和工作机构，负责辖区内生态产品交易的指导和监管。

（九）市发展和改革委员会、市自然资源和规划局（林业局）、市生态林业发展中心、市农村产权交易中心等相关部门按照各自职责，根据需要补充制定相应生态产品一级市场交易流程细则，报市生态产品政府采购和市场交易工作领导小组审核同意后实施。

（十）科学编制生态产品总量规划和年度计划。以稳定森林面积，提升森林质量，增强森林生态功能为主要目标，以完成年度计划指标为主要任务，结合相关政策规定和技术标准规范，在广泛征求各地和各方面专家意见的基础上形成一个具有战略性、针对性、可操作性的生态产品供给规划。

（十一）科学分配各县（市、区）的生态产品总量规划任务和年度计划任务。根据各县（市、区）水源涵养和土壤保持的 GEP 现值和 2020—2025 年总体增长 2% 的目标，将全市总量规划任务科学分配至各县（市、区），并进一步分解年度计划任务。

（十二）生态产品一级市场交易主体是各县（市、区）人民政府。交易客体是生态产品价值的年度目标任务与年度完成任务之间的差额。生态产品总量规划任务由新增森林面积和提升存量森林质量两类方式所提升的生态产品价值来衡量。

（十三）各县（市、区）生态产品年度计划任务可分为两个部分，包括年度目标任务和年度基本任务。年度基本任务是指各县（市、区）每年必须自行完成的任务，一般以年度目标任务的 60% 比例计算。具体比例可由市生态产品交易工作领导小组根据实际情况进行调整。

（十四）实行年度清算制度和信息公开制度。由市生态产品政府采购和市场交易工作领导小组办公室负责开展对各县（市、区）年度计划任务清算工作。根据年度目标任务和年度基本任务完成情况，确定各县（市、区）在一级市场中可交易的生态产品价值。市级交易平台应定期发布各县（市、区）年度任务完成情况，实时公开市场交易价格。

（十五）建立 GEP 年度核算制度。各县（市、区）每年年末可申请进行 GEP 年度核算，并按照 GEP 年度目标任务和年度基本任务完成情况开展地区间交易。

（十六）申请交易。由购买方和出售方向市生态产品交易平台申请产权交易，同时提交下列材料：

1. 生态产品交易申请表；

2. 交易双方协商后的交易声明和保证；

3. 市交易平台出具的针对交易双方的年度任务清算信息；

4. 按照法律、法规、政策规定需要提交的其他材料。

（十七）交易受理。市生态产品交易平台应当对交易双方提交的申请交易资料进行完整性和合规性的形式审查，并自收到全部材料之日起 5 个工作日内做出是否受理交易的决定。交易双方申请材料齐全、符合规定形

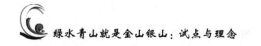

式，或按要求提交全部补正申请材料的，交易机构应当予以接收登记。申请材料不齐全或不符合规定形式的，交易机构应当将审核意见或需补正内容及时告知交易双方。

（十八）组织交易。出售方应提供具体交易的生态产品的空间位置。交易机构根据工作职责实施现场确认。交易双方在现场签订《成交确认书》，交易结果在统一信息平台公示，公示时间不少于 5 个工作日。

（十九）交易确认。公示结果无异议的，交易双方应当在 5 个工作日内签订交易合同。生态产品交易合同应当符合法律法规的相关规定。

（二十）资金结算。交易资金包括交易保证金和交易价款，以人民币结算。交易资金由交易双方按合同约定结算。《成交确认书》发出后，出售方拒签合同的，向购买方退还双倍的交易保证金。《成交确认书》发出后，购买方拒签合同的，其交易保证金不予退还；给出售方造成经济损失的，由购买方负责赔偿。

（二十一）变更结算。市级交易平台做好资料整理归档和数据库更新工作。交易完成后，由市级交易平台变更结算交易双方年度目标任务及其完成情况。

（二十二）在全市实行森林资源动态监测。市级交易平台要以森林资源二类调查数据为基础，充分应用遥感、地理信息系统、大数据和人工智能等现代高新技术，通过系统集成、数据融合与建模等方法，建立森林资源动态监测体系。

（二十三）应定期调整生态产品交易汇率。市生态产品政府采购和市场交易工作领导小组办公室应建立森林生态产品价值定期评估制度，根据生态产品价值现状，及时调整地区间交易汇率，保障等功能量交易原则的实现。目前评估周期为一年。

（二十四）打造高效规范的市级生态产品交易平台。依托市农村产权交易中心设立生态产品交易平台，制定并不断完善生态产品政府间交易规则与操作流程。明确工作职责，不断完善服务功能，形成规范有序、信息共享的交易服务体系。市级交易平台作为交易组织者需要在整个过程中需要起到清算、执行、结算、服务、监督的作用，保证一级市场的有效运作。

（二十五）建立交易调节金制度。交易平台可根据实际交易情况按照成交价格的一定比例收取调节金，用于调节各县（市、区）因辖区生态产品价值提升潜力差异而造成的收益分配差距问题。具体调节金办法另行规定。

（二十六）加强组织领导。各相关职能部门，各县（市、区）政府要树立保护生态环境的强烈意识，切实担负起主体责任，坚持目标导向、结果导向，实施过程监管，确保丽水市域内生态产品价值提升责任目标全面落实。

（二十七）强化监督检查。利用卫星遥感等现代科技手段结合日常管理工作，全天候、全覆盖监管，对森林资源实行动态监测管理。加强森林资源保护信息化建设，建立信息共享机制。完善森林资源监测体系和质量监测网络，开展森林面积、质量年度监测成果更新。

（二十八）严格落实生态产品价值提升责任目标考核。制定各级政府和相关职能部门生态产品价值提升责任目标考核办法，健全考核制度，完善奖惩机制，严肃考核纪律。各级政府生态产品保护责任目标考核结果作为领导干部综合考核评价、生态文明建设目标评价考核、领导干部问责和领导干部自然资源资产离任审计的重要依据。

（二十九）交易过程中发生争议的，由当事人协商解决，协商不成的，可以书面向市生态产品交易平台申请调解，也可以按照约定向仲裁机构申请仲裁或者向人民法院提起诉讼。

三　丽水市（森林）生态产品二级交易市场

（一）为深入践行"绿水青山就是金山银山"理念，进一步完善丽水市生态产品价值实现机制及治理体系，加快建立生态产品交易的市场机制，根据《浙江（丽水）生态产品价值实现机制试点方案》和其他相关法律、法规规定，结合丽水市实际，制定本办法。

（二）凡在丽水市域内开展生态产品二级市场交易活动的，适用本办法。法律、法规、规章和政策另有规定的，从其规定。

（三）结合丽水市实际，本办法所称森林生态产品是指森林生态系统为人类提供的调节服务类生态产品（以下简称为生态产品）。森林生态产品的评估价值可以由生态系统生产总值（GEP）的核算获得，实际交易价格由二级市场实际交易确定。

（四）本办法所称生态产品二级市场交易，是指各类法人、社会组织、农村集体经济组织或自然人可以向其他各类主体出售经登记的生态产品权益的行为。各类主体在其拥有使用权的地块上采取相应措施提升生态产品价值，具体包括新增森林面积或提升存量森林质量，在措施实施前到丽水各县（市、区）级生态产品交易平台进行备案、初始核算，待实施后进行核验和登记，在不动产权证上备注变更登记认定清单的相应序号、相应生态产品权益（以 GEP 核算的变化值为依据）。

（五）丽水市高度重视生态系统保护。按照生态优先、总量平衡的原则，建立健全"生态占补平衡"机制，推动建设项目与环评、能评等同步开展 GEP 影响评估与恢复方案设计。恢复方案应优先采取就地恢复的方式。无法就地恢复的部分，可以采取异地恢复的方式。异地恢复可采取在交易平台上购买相等价值的生态产品来履行相应义务。

（六）生态产品二级市场交易活动应通过各县（市、区）交易平台公开进行。交易平台设置在各县（市、区）农村产权交易中心或类似机构，为生态产品交易提供场所设施、政策咨询、信息发布、交易组织、交易鉴证、交易登记等服务。

（七）生态产品交易应当符合有关法律、法规、规章和政策规定，以推进生态文明建设，并遵循下列原则：

1. 坚持依法、诚信和公开、公平、公正的原则；

2. 坚持生态优先的原则，保证生态产品功能量不下降；

3. 探索政府主导、企业和社会各界参与、市场化运作、可持续的生态产品价值实现路径；

4. 坚持生态保护红线、永久基本农田、城镇开发边界三条控制线不突破，坚持国土空间用途管制原则。

（八）丽水市生态产品政府采购和市场交易工作领导小组办公室和有

关行政主管部门对生态产品二级市场交易实施监督。

（九）成立丽水市生态产品政府采购和市场交易工作领导小组，成员由市发展和改革委员会、市自然资源和规划局（林业局）、市财政局、市金融办、市农业农村局、市生态环境局、市文化和广电旅游体育局、市生态林业发展中心、市农村产权交易中心等部门组成，负责全市生态产品交易重大事项的决策、协调。领导小组下设办公室，办公室设在市发展和改革委员会，承担市生态产品政府采购和市场交易工作领导小组的日常工作，制定有关规则和管理办法。行政主管部门负责交易项目的核准与交易工作协调、指导和监督管理。各县（市、区）也要相应建立生态产品政府采购和市场交易工作领导小组和工作机构，负责辖区内生态产品交易的指导和监管。

（十）市发展和改革委员会、市自然资源和规划局（林业局）、市生态林业发展中心、市农村产权交易中心等相关部门按照各自职责，根据需要补充制定相应生态产品二级市场交易流程细则，报市生态产品政府采购和市场交易工作领导小组审核同意后实施。

（十一）生态产品交易主体是指各类法人、社会组织、农村集体经济组织或自然人。交易客体是指生态产品权益，具体是指新增森林面积与存量森林质量提升带来的权益。权益大小可以通过生态产品价值（GEP）核算来衡量。

（十二）各县（市、区）生态产品交易平台的主要职责是向社会购买生态产品并形成产品库；组织、整合产品库中的不同产品向社会出售。平台按照当前市场挂牌价格购买各类法人、社会组织、农村集体经济组织或自然人的生态产品权益。平台将分散的生态产品权益入库后，根据市场实际需求，设计生态产品权益整合方案形成产品包，并通过公开招标、拍卖、挂牌等方式完成产品包中的相关权益的集中交易。

（十三）依托森林资源管理数据库，在各县（市、区）交易平台的基础上建立县（市、区）级层面的森林资源现状、潜力提升分布空间数据库和生态产品动态变更空间数据库。摸清森林生态产品底数和空间分布，为生态产品权益交易提供空间数据支撑。

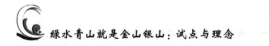

（十四）各类法人、社会组织、农村集体经济组织或自然人采取新增森林面积或存量森林质量提升措施，符合变更登记认定清单内容要求的，可到不动产登记机构在各级交易平台设立的登记窗口申请变更登记。平台组织专业机构实地评估核实。核实通过后在申请人不动产权证书上进行变更登记，登记内容为变更登记认定清单的相应序号、相应地块的生态产品权益（GEP 值）。

（十五）变更登记。各类法人、社会组织、农村集体经济组织或自然人采取符合变更登记认定清单要求的措施后可以到交易平台的登记窗口进行变更登记。申请变更登记应当提供以下材料：

1. 生态产品登记交易申请表；

2. 申请登记方的声明和保证；

3. 申请登记地块的不动产权证书；

4. 按照法律、法规、政策规定需要提交的其他材料。

（十六）申请交易。各类法人、社会组织、农村集体经济组织或自然人在进行变更登记时可以选择将生态产品权益直接出售给交易平台或自行与购买人协商后在平台交易。申请交易后应进行变更登记。

（十七）收购入库。在材料审核、现场核实、GEP 核算后，交易平台按照收购时点的市场均价支付价款，并及时更新生态产品库。

（十八）发布信息。县（市、区）交易平台根据市场供需信息对在平台登记的生态产品权益进行整合打包，统一、实时发布可进行交易的生态产品信息。

（十九）受理报名。由意向购买人向所在的县（市、区）交易平台提出申请，同时提交下列材料：

1. 生态产品交易申请表，内容需包括：开发项目基本信息、申请购买生态产品数量、《土地开发项目生态影响评估报告》、《土地开发项目生态修复方案》等；

2. 意向购买人的声明与保证；

3. 意向购买人主体资格证明材料；

4. 竞买保证金支付凭证；

5. 按照法律、法规、政策规定需要提交的其他材料。

（二十）竞买报价。受理交易的县（市、区）交易平台在指定交易场所以协议、招标、拍卖、挂牌等方式组织开展生态产品权益交易。市场成交价不应低于政府最低采购价格。

（二十一）成交确认。确定购买人后，购买人与交易平台当场签订成交确认书。成交确认书对购买人、交易平台具有法律效力。购买人拒签成交确认书或签订成交确认书后购买人不按照要求履约的，视为放弃竞得标的物，竞买保证金不予退还。如交易平台不按照要求履约的，交易平台应向购买人双倍退还竞买保证金。

（二十二）结果公示。交易结果统一在交易平台进行公示，公示时间不少于5个工作日。

（二十三）签订合同。公示结果无异议的，购买人与交易平台应在5个工作日内签订交易合同。生态产品交易合同应当符合法律法规的相关规定。

（二十四）资金结算。交易资金包括交易服务费和交易价款，以人民币结算。交易资金按照合同约定结算。

（二十五）有下列情形之一的，应中止生态产品权益交易活动：

1. 负责生态产品权益交易的行政主管部门提出中止的；

2. 所涉及的出售方提出正当理由，交易平台认为必须中止交易的；

3. 生态产品权属存在争议的；

4. 其他情况应当中止交易的。

（二十六）在生态产品权益交易过程中，出现下列情形之一的，应当终止交易：

1. 所涉及的交易双方中的一方提出终止交易申请，且符合生态产品交易平台管理规则中关于终止交易情形的；

2. 人民法院发出依法终止交易书面通知的；

3. 其他依法应当终止交易的情形。

（二十七）交易出现中止、终止情形的，应当在交易平台发布公告。

（二十八）实施森林资源动态监测、生态产品价值定期评估，以森林

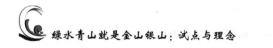

资源二类调查数据为基础，充分考虑应用遥感、地理信息系统、大数据和人工智能等现代高新技术，通过系统集成、数据融合与建模等方法，探索建立森林资源动态监测新体系。建立健全科学合理的生态产品价值核算评估体系，并开展定期评估，为生态产品价值实现的制度机制提供科学依据。

（二十九）加强交易平台体系建设。加快交易服务信息中心的硬件软件设施建设，建立交易网站和数据库系统，公开发布、及时更新市场供需信息；各级登记机构和交易平台应建立信息共享机制，实现不动产登记信息管理基础平台与生态产品交易平台无缝对接，通过下设登记窗口、数据交换接口、数据抄送等方式，实现生态产品权益审核、交易和登记信息实时互通共享。推动建立信息公开查询系统，方便社会依法查询；加快制定生态产品交易细则，规范交易行为；推行窗口式办公，为申请审核、交易结算、纠纷调解提供配套服务。

（三十）进行生态产品权益交易的，交易平台可按照其公示的收费缴纳标准按照成交总金额的一定比例收取交易服务费。交易服务费用于支持平台日常管理、运营等。

（三十一）加强组织领导。县（市、区）生态产品政府采购和市场交易工作领导小组负责县（市、区）域内的综合协调工作；财政部门负责为交易平台的运营管理提供经费保障。

（三十二）严格审核变更登记。采取系统监测、实地勘察的方式严格审核变更登记申请。以变更登记认定清单为依据，结合森林资源动态监测系统对变更登记申请进行审核。加强专业技术人员培训，对于申请变更登记的地块必须由专业技术人员进行实地确认核实。变更登记后，继续采取系统监测和技术人员随机抽查的方式，保障交易后森林生态产品功能量不降低。对交易后出售方对相应森林生态产品维护不力造成功能量降低的，由各县（市、区）级生态产品交易平台提出整改。对拒不执行维护保护义务的，由林业执法部门根据法律法规进行处罚。

（三十三）严格监管企业建设开发活动。督促和指导因开发活动造成生态负面影响的各类法人、社会组织、农村集体经济组织和自然人等承担生态补偿的责任和义务，加大市场违规行为的查处力度。根据生态优先、先补后买、总量平衡的原则，建立生态恢复、生态产品购买责任主体信用评价机制。

（三十四）强化市场监管，维护市场秩序。强化生态产品交易价格监管，加大对严重失信主体的惩戒力度，推动营造健康、有序、公平竞争的市场秩序。

（三十五）交易过程中发生争议的，由当事人协商解决，协商不成的，可以书面向县（市、区）生态产品交易平台申请调解，也可以按照约定向仲裁机构申请仲裁或者向人民法院提起诉讼。

本办法自 2021 年 6 月 1 日起施行。

附件 1　　　　　　　　**丽水市生态产品政府采购流程**

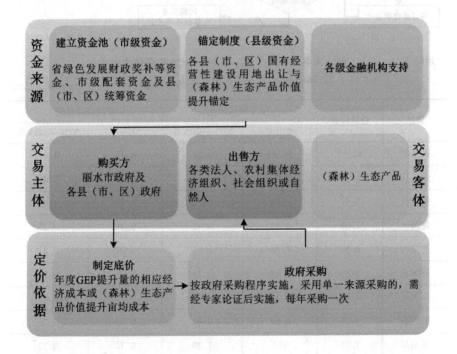

附件2　　　　　**丽水市生态产品一级市场交易流程**

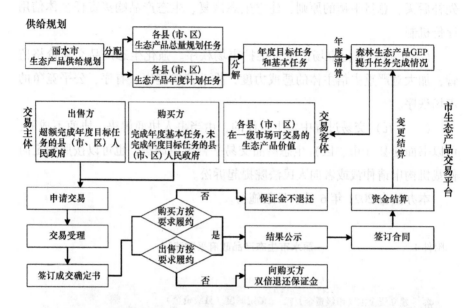

附件3　　　　**丽水市各县（市、区）2020—2025年森林生态**

产品价值（GEP）提升任务分解表　　　　　　　（单位：亿元）

地区	总量任务	年度目标任务		年度基本任务	
		2020 年	2021—2025 年	2020 年	2021—2025 年
丽水市	42.53	10.63	6.38	6.37	3.81
缙云县	2.77	0.57	0.44	0.34	0.26
景宁县	5.57	1.99	0.72	1.19	0.43
莲都区	2.64	0.52	0.42	0.31	0.25
龙泉市	8.53	1.78	1.35	1.07	0.81
青田县	5.35	1.68	0.73	1.01	0.44
庆元县	4.92	1.32	0.72	0.79	0.43
松阳县	3.08	0.89	0.44	0.53	0.26
遂昌县	7.21	1.2	1.20	0.72	0.72
云和县	2.46	0.68	0.36	0.41	0.21

附件4　　　　　　　　　丽水市生态产品二级市场交易流程

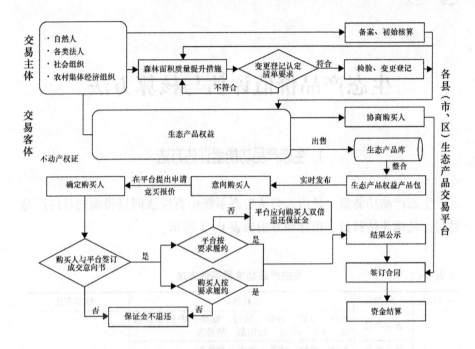

附件5　　　　　　　　　　　　变更登记认定清单

类别	序号	内容
新增森林面积	1	草地变更为乔木林地、竹林地
	2	内陆滩涂变更为乔木林地、竹林地
	3	空闲地变更为乔木林地、竹林地
	4	裸土地变更为乔木林地、竹林地
	5	灌木地变更为乔木林地、竹林地
	6	城市绿地达到森林评价条件，变更为乔木林地、竹林地
森林质量提升	7	以单位面积蓄积量增加为衡量指标

生态产品价值评估与核算方法

1. 生态产品功能量评估方法

生态产品功能量，是指人类从生态系统中直接或间接得到的最终产品数量。具体评估科目、指标和方法如表 1 – 1 所示。

表 1 – 1　　　　　　　　　生态产品功能量评估方法

一级指标	二级指标	核算科目	核算方法
物质产品	农业产品	谷物、豆类、薯类、油料、糖类、中药材、蔬菜、水果、茶叶、食用菌、坚果等	统计、调查
	林业产品	木材、毛竹、油茶、笋干、薪柴等	
	畜牧业产品	各类家养畜禽、禽蛋、奶类、蜂产品等	
	渔业产品	海水产品、淡水产品等	
	生态能源	水电发电量	
	其他产品	花卉、苗木、盆栽等	
调节服务	水源涵养	水源涵养量	水量平衡法
	土壤保持	土壤保持量	修正通用水土流失方程
	洪水调蓄	森林、灌丛、草地、湖泊的洪水调蓄量	水量平衡法
		沼泽的洪水滞水量	洪水调蓄模型
	空气净化	净化二氧化硫、氮氧化物、工业粉尘等污染物量	空气污染物净化模型
	水质净化	净化 COD、总磷、氨氮等污染物量	水环境净化模型
	固碳释氧[①]	二氧化碳固定量和氧气产生量	固碳、释氧机制模型
	气候调节[②]	植被蒸腾、水面蒸发消耗的能量	蒸散模型
	病虫害控制	控制病虫害发生面积量	病虫害控制模型
文化服务	旅游休憩	旅游收入及游客总人数	统计、调查

注：①氧气生产仅计算海拔 2500 米以上区域；②气候调节中，日均温大于 25℃的区域计算降温，湿度小于 40% 的区域计算增湿。

1.1 物质产品

1.1.1 农业产品

统计从生态系统中获取的各类农业产品的产量，然后按类型进行加总。

按式（1）计算：

$$Y_a = \sum_{i=1}^{n} Y_{ai} \tag{1}$$

式中：

Y_a农业产品总产量（吨）；

Y_{ai} i 类农业产品的产量（吨）。

1.1.2 林业产品

统计从生态系统中获取各类林业产品的产量，然后按类型进行加总。

按式（2）计算：

$$Y_{fo} = \sum_{i=1}^{n} Y_{foi} \tag{2}$$

式中：

Y_{fo}林业总产量（吨）；

Y_{foi} i 类林业产品的产量（吨）。

1.1.3 畜牧业产品

统计各类畜牧产品的产量，然后按类型进行加总。

按式（3）计算：

$$Y_{ah} = \sum_{i=1}^{n} Y_{ahi} \tag{3}$$

式中：

Y_{ah}畜牧产品总产量（吨）；

Y_{ahi} i 类畜牧产品的产量（吨）。

1.1.4 渔业产品

统计各类渔业产品的产量，然后按类型进行加总。

按式（4）计算：

$$Y_{fi} = \sum_{i=1}^{n} Y_{fii} \tag{4}$$

式中：

Y_{fi}渔业产品总产量（吨）；

Y_{fii} i类渔业产品的产量（吨）。

1.1.5 生态能源

分别统计各类能源产量，然后统一量纲进行加总。

按式（5）计算：

$$Y_{ee} = \sum_{i=1}^{n} Y_{eei} \tag{5}$$

式中：

Y_{ee}生态能源总产量；

Y_{eei} i类生态能源的产量。

1.2 调节服务

1.2.1 水源涵养

用水源涵养量作为评估指标通过水量平衡方程计算，即水源涵养量是降水输入与地表径流和生态系统自身水分消耗量的差值。

按式（6）计算：

$$Q_{wr} = \sum_{i=1}^{n} A_i \times (P_i - R_i - ET_i) \times 10^{-3} \tag{6}$$

式中：

Q_{wr}水源涵养总量（立方米/年）；

A_i i类生态系统的面积（平方米），$i = 1, 2, \cdots, n$；

P_i产流降雨量（毫米/年）；

R_i地表径流量（毫米/年）；

ET_i蒸发量（毫米/年）。

1.2.2 土壤保持

用土壤保持量，即没有地表植被覆盖情形下可能发生的土壤侵蚀量与当前地表植被覆盖情形下的土壤侵蚀量的差值，作为评估指标。

按式（7）计算：

$$Q_{sr} = R \times K \times L \times S \times (1 - C) \tag{7}$$

式中：

Q_{sr}水土保持总量［吨/（公顷·年）］；

R 降雨侵蚀力因子 [兆焦耳·毫米/（公顷·小时·年）]；

K 土壤可蚀性因子 [吨·公顷·小时/（公顷·兆焦耳·毫米）]；

L 坡长因子；

S 坡度因子；

C 植被覆盖因子。

其中，降雨侵蚀力因子是指降雨引发土壤侵蚀的潜在能力。

按式（8）和（9）计算：

$$R = \sum_{i=1}^{24} \bar{R}_k \qquad (8)$$

$$\bar{R}_k = \frac{1}{n} \sum_{i=1}^{n} \sum_{j=0}^{m} (\alpha \times P_{i,j,k}^{1.7265}) \qquad (9)$$

式中：

$\bar{R}_k$ 第 k 个半月的降雨侵蚀力 [兆焦耳·毫米/（公顷·小时·年）]；

K 年中 24 个半月；i 为所用降雨资料的年份，$i = 1, 2, \cdots, n$；

J 第 i 年第 k 个半月侵蚀性降雨日的天数，$j = 0, 1, \cdots, m$；

$P_{i,j,k}$ 第 i 年第 k 个半月第 j 个侵蚀性日降雨量（毫米）；

α 反映冷暖季雨型特征的模型参数，暖季为 0.3937，冷季为 0.3101。

土壤可蚀性因子是指土壤颗粒被水力分离和搬运的难易程度。

按式（10）和（11）计算：

$$K = 0.1317 \times (-0.01383 + 0.51575 K_{EPIC}) \qquad (10)$$

$$K_{EPIC} = \{0.2 + 0.3 exp[-0.0256 m_s (1 - m_{silt}/100)]\} \times [\tfrac{m_{silt}}{(m_c + m_{silt})}]$$
$$0.3 \times \{1 - 0.25 C_{org}/[C_{org} + exp(3.72 - 2.95 C_{org})]\} \times \{1 - 0.7(1 - m_s/100)/\{(1 - m_s/100) + exp[-5.51 + 22.9(1 - m_s/100)]\}\} \qquad (11)$$

式中：

m_c 粘粒（<0.002 毫米）的含量（%）；

m_{silt} 粉粒（0.002—0.05 毫米）的含量（%）；

m_s 砂粒（0.05—2 毫米）的含量（%）；

C_{org} 有机碳的含量（%）。

地形因子反映了坡长因子、坡度因子等对土壤侵蚀的影响。

按式（12）、（13）、（14）和（15）计算：

$$L = \left(\frac{\lambda}{22.13}\right)^m \tag{12}$$

$$m = \beta/1 + \beta \tag{13}$$

$$\beta = (\sin\theta/0.089)/[3.0 \times (\sin\theta)]^{0.8} + 0.56 \tag{14}$$

$$S \begin{cases} 10.8 \times \sin\theta + 0.03 & \theta < 5.14 \\ 16.8 \times \sin\theta - 0.5 & 5.14 \leqslant \theta < 10.20 \\ 21.91 \times \sin\theta - 0.96 & 10.20 \leqslant \theta < 28.81 \\ 9.5988 & \theta > 28.81 \end{cases} \tag{15}$$

式中：

M 坡长指数；

θ 坡度（度）；

λ 坡长（米）。

植被覆盖因子反映了生态系统对土壤侵蚀的影响，通常以特定植被覆盖状态的土壤侵蚀量与无植被覆盖状态土壤侵蚀量的比值表示（见表1-2）。

表1-2　　　　　　　　不同生态系统类型的植被覆盖因子赋值

生态系统类型	植被覆盖度（%）					
	<10	[10, 30)	[30, 50)	[50, 70)	[70, 90)	≥90
森林	0.10	0.08	0.06	0.02	0.004	0.001
灌丛	0.40	0.22	0.14	0.085	0.040	0.011
草地	0.45	0.24	0.15	0.09	0.043	0.011

1.2.3 洪水调蓄

用洪水调蓄量（森林、灌丛、草地和湖泊）和洪水滞水量（沼泽）表征生态系统的洪水调蓄功能量。

按式（16）计算：

$$C_{fm} = C_{fc} + C_{lc} + C_{mc} \tag{16}$$

式中：

C_{fm} 洪水调蓄总量（立方米/年）；

C_{fc}森林、灌丛、草地洪水调蓄量（立方米/年）；

C_{lc}为湖泊洪水调蓄量（立方米/年）；

C_{mc}沼泽洪水滞水量（立方米/年）。

其中，森林、灌丛、草地的洪水调蓄量按式（17）计算：

$$C_{fc} = \sum_{i=1}^{n} (P_i - R_{fi}) \times A_i \times 1000 \tag{17}$$

式中：

P_i暴雨降雨量（毫米/年）；

R_{fi}暴雨径流量（毫米/年）；

A_i第i类生态系统的面积（平方千米），$i = 1, 2, \cdots, n$。

湖泊洪水调蓄量计算方法如下。

方法一：适用于具体一个湖泊洪水调蓄量的评估。根据湖泊水文学过程，通过湖泊入湖、出湖流量随时间的变化计算湖泊在某一段时间内洪水调蓄量。

按式（18）计算：

$$C_{lc} = \int_{t1}^{t2} (Q_I - Q_O) \, dt \quad (Q_I > Q_O) \tag{18}$$

式中：

C_{lc}湖泊$t_1 - t_2$时间段内洪水调蓄量（立方米）；

Q_I入湖流量（立方米/秒）；

Q_O出湖流量（立方米/秒）。

方法二：适用于无监测数据情况下多个湖泊洪水调蓄量的评估。

按式（19）计算：

$$C_{lc} = e^{4.924} \times A^{1.128} \times 3.19 \tag{19}$$

式中：

C_{lc}湖泊洪水调蓄量（万立方米/年）；

A湖泊面积（平方千米）。

沼泽的洪水滞水量按式（20）计算：

$$C_{mc} = C_{sws} + C_{sr} \tag{20}$$

式中：

C_{sws} 沼泽土壤蓄水量（立方米/年）；

C_{sr} 沼泽地表滞水量（立方米/年）。

其中，沼泽土壤蓄水量按式（21）计算：

$$C_{sws} = S \times h \times p \times (F - E) \times 10^{-2} / \rho_w \qquad (21)$$

式中：

S 沼泽面积（平方千米）；

h 沼泽土壤蓄水深度（米/年）；

ρ 沼泽土壤容重（克/立方米）；

F 沼泽土壤饱和含水率（%）；

E 沼泽洪水淹没前的自然含水率（%）；

ρ_w 水的密度（克/立方米）。

沼泽地表滞水量按式（22）计算：

$$C_{sr} = S \times H \times 10^{-2} \qquad (22)$$

式中：

S 沼泽面积（平方千米）；

H 沼泽地表滞水高度（米/年）。

1.2.4 空气净化

用大气污染物净化量作为评估指标，评估方法有两种。

方法一：如果污染物排放量超过环境容量，则采用生态系统自净能力进行评估。

按式（23）计算：

$$Q_{ap} = \sum_{i=1}^{n} \sum_{i=1}^{m} Q_{ij} \times A_i \qquad (23)$$

式中：

Q_{ap} 大气污染物净化总量（千克/年）；

Q_{ij} 第 i 类生态系统第 j 种大气污染物的单位面积净化量 [千克/（平方千米·年）]；$i = 1, 2, \cdots, n$；$j = 1, 2, \cdots, m$；

A_i 第 i 类生态系统面积（平方千米）。

方法二：如果污染物排放量不超过环境容量，则采用污染物排放量进行评估。

按式（24）计算：

$$Q_{ap} = \sum_{i=1}^{n} Q_i \tag{24}$$

式中：

Q_{ap}大气污染物净化总量（千克/年）；

Q_i第i类大气污染物排放量（千克/年）；$i=1，2，\cdots，n$。

1.2.5 水质净化

用水体污染物净化量作为评估指标，根据中国《地表水环境质量标准》（GB3838—2002）中对水环境质量应控制项目的规定，选取的污染物指标包括氨氮、总氮、总磷，以及部分重金属等，评估方法有两种。

方法一：如果污染物排放量超过环境容量，则采用生态系统自净能力进行评估。

按式（25）计算：

$$Q_{wp} = \sum_{i=1}^{n} Q_i \times A \tag{25}$$

式中：

Q_{wp}水体污染物净化总量（千克/年）；

Q_i第i类水体污染物的单位面积净化量［千克/（平方千米·年）］，$i=1，2，\cdots，n$；

A水域湿地面积（平方千米）。

方法二：如果污染物排放量不超过环境容量，净化量为排放量与随水输送出境的污染物量之差。

按式（26）计算：

$$Q_{wp} = \sum_{i=1}^{n} (Q_{ei} + Q_{ai}) - (Q_{di} + Q_{zi}) \tag{26}$$

式中：

Q_{wp}水体污染物净化总量（千克/年）；

$Q_{ei}$$i$种（类）污染物入境量（千克/年）；

$Q_{ai}$$i$种（类）污染物排放总量（千克/年）；

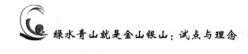

Q_{di} i 种（类）污染物出境量（千克/年）；

Q_{si} 污水处理厂处理 i 种（类）污染物的量（千克/年），$i=1,2,\cdots,n$。

Q_{ai} 农村生活污染、城市生活污染、农业面源污染、养殖污染，以及工业生产污染。

1.2.6 固碳释氧

1.2.6.1 固碳

用二氧化碳固定量作为评估指标，评估方法采用固碳速率法。

按式（27）计算：

$$FCS = FCSR \times S + FCSR \times S \times \beta \tag{27}$$

式中：

$FCSR$ 森林及灌丛的固碳速率 [吨/（公顷·年）]；

S 森林及灌丛面积（公顷）；

B 森林及灌丛土壤固碳系数。

草地固碳量采用固碳速率法，只考虑草地的土壤固碳量。

按式（28）计算：

$$GSC = GSR \times SG \tag{28}$$

式中：

GSR 草地土壤的固碳速率 [吨/（公顷·年）]；

SG 草地面积（公顷）。

水域湿地固碳量也采用固碳速率法。

按式（29）计算：

$$WCS = \sum_{i=1}^{n} SCSR_i \times WA_i \times 10^{-2} \tag{29}$$

式中：

$SCSR_i$ 第 i 类水域湿地的固碳速率 [克/（平方米·年）]（见表5-3）；

WA_i 第 i 类水域湿地的面积（公顷），$i=1,2,\cdots,n$。

各类水域湿地固碳速率如表1-3所示：

表1-3 各类水域湿地固碳速率

湿地类型		固碳速率［克/（平方米·年）］
湖泊	东部平原区湖泊湿地	56.67
	蒙新高原地区湖泊湿地	30.26
	云贵高原地区湖泊湿地	20.08
	青藏高原地区湖泊湿地	12.57
	东北平原与山区地区湖泊湿地	4.49
沼泽	泥炭和苔藓泥炭沼泽	24.80
	腐泥沼泽	32.48
	内陆盐沼	67.11

1.2.6.2 释氧

用氧气生产量作为评估指标，评估方法采用固碳速率估算。

按式（30）计算：

$$Q_{op} = 2.67 \times (FCS + GSC + WCS) \tag{30}$$

式中：

Q_{op} 氧气生产总量（吨/年）；

FCS 森林及灌丛固碳量（吨/年）；

GSC 草地固碳量（吨/年）；

WCS 水域湿地固碳量（吨/年）。

森林及灌丛、草地、水域湿地固碳量的评估方法见"固碳"部分。

1.2.7 气候调节

用生态系统蒸腾蒸发消耗的能量作为评估指标。

按式（31）、（32）和（33）计算：

$$E_{tt} = E_{pt} + E_{we} \tag{31}$$

$$E_{pt} = \sum_{i=1}^{n} EPP_i \times S_i \times D \times 10^6 / (3600y) \tag{32}$$

$$E_{we} = E_w \times q \times 10^3 / 3600 + E_w \times y \tag{33}$$

式中：

E_{tt} 生态系统蒸腾蒸发消耗的总能量（千瓦时/年）；

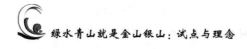

E_{pt} 植被蒸腾消耗的能量（千瓦时/年）；

E_{we} 水面蒸发消耗的能量（千瓦时/年）。

EPP_i i 类生态系统单位面积蒸腾消耗热量［千焦/（平方米·天)］；

S_i i 类生态系统面积（平方千米），$i=1，2，\cdots，n$；

r 空调能效比，取值 3.0；

D 为空调开放天数（天）；

E_w 水面蒸发量（立方米/年）；

q 挥发潜热，即蒸发 1 克水所需要的热量（焦耳/克）；

y 加湿器将 1 立方米水转化为蒸汽的耗电量（千瓦时）。

1.2.8 病虫害控制

将生态系统减少病虫害发生作为评估指标。

按式（34）计算：

$$S_{pc} = S_{fpc} + S_{gpc} \tag{34}$$

式中：

S_{pc} 生态系统病虫害控制量（km^2）。

S_{fpc} 因天然林减少的病虫害控制量（km^2）。

S_{gpc} 因草地生态系统减少的病虫害控制量（km^2）。

1.3 文化服务

1.3.1 旅游休憩

将游客人数作为评估指标。待开发或开发程度低的生态旅游地域游客人数可以参照相对成熟的同类旅游区确定。

按式（35）计算：

$$N_t = \sum_{i=1}^{n} N_{ti} \tag{35}$$

式中：

N_t 游客总人数

N_{ti} 第 i 个旅游区的人数，$i=1，2，\cdots，n$；

n 旅游区个数。

2 生态产品价值量核算方法

在生态产品功能量评估的基础上，确定各类生态产品的参考价格，核算生态产品价值量。核算科目、核算指标和核算方法如表2-1所示。

表2-1 生态产品价值量核算方法

一级指标	二级指标	核算科目	核算方法
物质产品	农业产品	谷物、油料、蔬菜、水果等农业产品产值	直接市场法
	林业产品	木材、毛竹、油茶、笋干等林业产品产值	
	畜牧业产品	各类畜牧产品产值	
	渔业产品	水产品产值	
	生态能源	水电发电产值	
调节服务	水源涵养	水源涵养价值	替代市场法
	土壤保持	土壤保持价值	替代市场法
	洪水调蓄	洪水调蓄价值	影子工程法
	空气净化	净化空气中二氧化硫、氮氧化物、工业粉尘等的治理价值	替代市场法
	水质净化	净化江河水中氨氮等污染物价值	替代市场法
	固碳释氧	固定二氧化碳价值和氧气生产价值	替代市场法或市场价值法
	气候调节	植被蒸腾和水面蒸发消耗能量的价值	替代市场法
	病虫害控制	控制病虫害发生的治理价值	替代市场法
文化服务	旅游休憩	生态旅游价值	旅行费用法

2.1 物质产品

生态系统提供的物质产品能够在市场上进行交易，存在相应的市场价格，对交易行为所产生的价值进行估算，从而得到该种产品的价值。运用市场价值法对生态系统的物质产品进行价值评估。

按式（36）计算：

$$V_m = \sum_{i=1}^{n} Y_i \times P_i \tag{36}$$

式中：

V_m 生态系统产品提供价值（元）；

Y_i 第 i 类生态系统产品产量（根据产品的计量单位确定，如千克，或千瓦时等）；

P_i 第 i 类生态系统产品的价格（根据产品的计量单位确定，如元/千克，或元/千瓦时等）。

2.2 调节服务

2.2.1 水源涵养

运用影子价格法，选择市场上附加值较高的用水方式核算水源涵养的价值。考虑到水资源新用途发现、新产品开发、新业态发展等将赋予水更高的价值，需要在基于影子价格法形成价格的基础上，根据产品特点确定溢价系数。

按式（37）计算：

$$V_{wr} = Q_{wr} \times C \times \delta \tag{37}$$

式中：

V_{wr} 水源涵养总价值（元/年）；

Q_{wr} 水源涵养总量（立方米/年）；

C 市场水价（元/立方米）；

δ 溢价系数。

2.2.2 土壤保持

生态系统通过保持土壤，减少水库、河流、湖泊的泥沙淤积，有利于降低干旱、洪涝灾害发生的风险。根据水土保持量和淤积量，运用替代成本法（即水库清淤工程的费用）核算减少泥沙淤积价值。

按式（38）计算：

$$V_{sr} = \lambda \times (Q_{sr}/\rho) \times C \tag{38}$$

式中：

V_{sr} 土壤保持总价值（元/年）；

Q_{sr} 土壤保持总量（吨/年）；

C 单位水库清淤工程费用（元/立方米）；

ρ 土壤容重（吨/立方米）；

λ 泥沙淤积系数。

2.2.3 洪水调蓄

主要核算减轻洪水威胁的经济价值，运用影子工程法（即水库的建设和运营成本）核算生态系统的洪水调蓄价值。

按式（39）计算：

$$V_{fm} = C_{fm} \times (C_{we} + C_{wo}) \qquad (39)$$

式中：

V_{fm} 洪水调蓄总价值（元/年）；

C_{fm} 洪水调蓄总量（立方米/年）；

C_{we} 水库单位库容的工程造价 [元/（立方米·年）]；

C_{wo} 水库单位库容的年运营成本 [元/（立方米·年）]。

2.2.4 空气净化

采用替代成本法（工业治理大气污染物成本或者是因使用生态系统提供的清新空气而降低的空气环境处理成本），来核算生态系统空气净化价值。

按式（40）计算：

$$V_{ap} = \sum_{i=1}^{n} \sum_{j=1}^{m} Q_{ij} \times C_{j} \qquad (40)$$

式中：

V_{ap} 空气净化总价值（元/年）；

Q_{ij} 第 i 类生态系统第 j 种大气污染物的净化量（吨/年），$i = 1, 2, \cdots, n$；

C_{j} 第 j 类大气污染物的治理成本（元/吨），$j = 1, 2, \cdots, m$。

2.2.5 水质净化

运用替代成本法（水体污染物治理成本或者因使用生态系统提供的清洁水而降低的水质处理成本）核算生态系统水质净化功能的价值。

按式（41）计算：

$$V_{wp} = \sum_{i=1}^{n} Q_{wpi} \times C_i \tag{41}$$

式中：

V_{wp} 水质净化总价值（元/年）；

Q_{wpi} 第 i 类水体污染物的净化量（吨/年）；

C_i 第 i 类水体污染物恢复成一类水体的单位治理成本（元/吨），$i = 1$，2，$\cdots$，n。

2.2.6 固碳释氧

2.2.6.1 固碳

生态系统固碳价值可以采用替代成本法（森林恢复成本法）或市场价值法（碳交易价格）核算生态系统固碳的经济价值。

按式（42）计算：

$$V_{cf} = Q_{CO_2} \times C_C \tag{42}$$

式中：

V_{cf} 固碳总价值（元/年）；

Q_{CO_2} 生态系统二氧化碳固定总量（吨/年）；

C_C 森林恢复固碳成本或碳交易价格（元/吨）。

2.2.6.2 释氧

采用替代成本法（森林恢复成本法）或市场价值法（工业制氧价格）核算生态系统提供氧气的经济价值，仅核算海拔 2500 米以上生态系统的氧气生产价值。

按式（43）计算：

$$V_{op} = Q_{op} \times C_o \tag{43}$$

式中：

V_{op} 氧气生产总价值（元/年）；

Q_{op} 氧气生产总量（吨/年）；

C_o 森林恢复生产氧气的成本或工业制氧价格（元/吨）。

2.2.7 气候调节

运用替代成本法（人工降温增湿所需要的耗电量）来核算森林、草地蒸腾降温增湿和水面蒸发降温增湿的经济价值。

按式（44）计算：

$$V_{tt} = E_{tt} \times P_e \tag{44}$$

式中：

V_{tt}气候调节总价值（元/年）；

E_{tt}生态系统蒸腾蒸发消耗的总能量（千瓦时/年）；

P_e电价（元/千瓦时）。

2.2.8 病虫害控制

运用替代成本法（防止病虫害发生的治理成本）来核算森林、草地减少病虫害发生的经济价值。

按式（45）计算：

$$V_{pc} = S_{fpc} \times FP + S_{gpc} \times GP \tag{45}$$

式中：

V_{pc}生态系统病虫害控制价值（元/年）；

S_{fpc}因天然林减少的病虫害发生面积（平方千米）；

S_{gpc}因草地生态系统减少的病虫害发生面积（平方千米）；

FP 单位面积森林病虫害防治费用（元/平方千米·年）；

GP 单位面积草地病虫害防治费用（元/平方千米·年）。

2.3 文化服务

2.3.1 旅游休憩

运用旅行费用法核算休闲旅游的经济价值。待开发或开发程度低的生态旅游地域休闲旅游价值可以参照相对成熟的同类旅游区核算。

按式（46）、（47）、（48）和（49）计算：

$$V_r = \sum_{j-1}^{m} N_j \times TC_j \tag{46}$$

$$TC_j = T_j \times W_j + C_j \tag{47}$$

$$C_j = \left(\sum_{i=1}^{n} C_{tcj} + C_{ifj} + C_{efj} \right) / n_j \tag{48}$$

$$N_j = (n_j / n_q) \times N_t \tag{49}$$

式中：

V_r休闲旅游总价值（万元/年）；

TC_j来自 j 地区的每人次游客的平均旅行成本，$j = 1, 2, \cdots, n$；

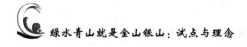

T_j 来自 j 地区的每名游客的旅游时间（包括路上和核算地域范围内停留的时间）；

W_j 来自 j 地区游客的平均工资；

C_j 来自 j 地区平均每人次游客花费的直接旅行费用，其中包括 i 游客从 j 地到核算地域范围的交通费用 C_{itcj}，食宿花费 C_{ilfj} 和门票费用 C_{iefj}，$i = 1$，2，$\cdots$，n；

n_j 从 j 地区到核算地域的受调查游客人数；

N_j 从 j 地区到核算地域旅游的总人次；

n_q 核算地域游客受调查总人数；

N_t 核算地域调查年份的游客总人次。

参考文献

《习近平谈治国理政》第三卷，外文出版社 2020 年版。

李文华、欧阳志云、赵景柱：《生态系统服务功能研究》，气象出版社 2002
　　年版。

蔡文博等：《生态文明高质量发展标准体系问题及实施路径》，《中国工程
　　科学》2021 年第 3 期。

陈辞：《生态产品的供给机制与制度创新研究》，《生态经济》2014 年第
　　8 期。

高晓龙等：《生态产品价值实现研究进展》，《生态学报》2020 年第 1 期。

何金祥、徐桂芬：《对不同类型生态产品价值实现方式的思考》，《国土资源
　　情报》2019 年第 6 期。

黄克谦、蒋树瑛、陶莉等：《创新生态产品价值实现机制研究》，《开发性
　　金融研究》2019 年第 4 期。

黄如良：《生态产品价值评估问题探讨》，《中国人口·资源与环境》2015
　　年第 3 期。

黄祖辉等：《以"绿水青山就是金山银山"重要思想引领丘陵山区减贫与
　　发展》，《农业经济问题》2017 年第 8 期。

季凯文等：《生态产品价值实现的浙江"丽水经验"》，《中国国情国力》
　　2019 年第 2 期。

金铂皓等：《生态产品价值实现：内涵、路径和现实困境》，《中国国土资
　　源经济》2021 年第 3 期。

靳乐山、朱凯宁：《从生态环境损害赔偿到生态补偿再到生态产品价值实

现》，《环境保护》2020 年第 17 期。
黎祖交：《关于探索生态产品价值实现路径的几点建议》，《绿色中国》2021 年第 1 期。
李胗、姚震、陈安国：《自然资源生态产品价值实现机制》，《中国金融》2021 年第 1 期。
李忠等：《长江经济带生态产品价值实现路径研究》，《宏观经济研究》2020 年第 1 期。
刘伯恩：《生态产品价值实现机制的内涵、分类与制度框架》，《环境保护》2020 年第 13 期。
刘培林等：《共同富裕的内涵、实现路径与测度方法》，《新华文摘》2021 年第 23 期。
马涛：《依靠市场机制推动生态产品生产》，《中国证券报》2012 年 11 月 28 日第 4 版。
欧阳志云等：《生态系统生产总值（GEP）核算研究——以浙江省丽水市为例》，《环境与可持续发展》2020 年第 6 期。
欧阳志云等：《中国陆地生态系统服务功能及其生态经济价值的初步研究》，《生态学报》1999 年第 5 期。
欧阳志云、王如松：《生态系统服务功能、生态价值与可持续发展》，《可持续发展与生态学研究新进展》2000 年第 5 期。
丘水林等：《自然资源生态产品价值实现机制：一个机制复合体的分析框架》，《中国土地科学》2021 年第 1 期。
沈满洪：《“绿水青山就是金山银山”理念的科学内涵及重大意义》，《智慧中国》2020 年第 8 期。
沈茂英、许金华：《生态产品概念、内涵与生态扶贫理论探究》，《四川林勘设计》2017 年第 1 期。
石敏俊：《生态产品价值的实现路径与机制设计》，《环境经济研究》2021 年第 2 期。
苏艳丽、陈笑蝶、刘思余等：《2001—2100 年黄土高原植被变化的土壤保持功能时空演变》，《水土保持学报》2022 年第 6 期。

孙博文等：《生态产品价值实现模式、关键问题及制度保障体系》，《生态经济》2021年第6期。

孙崇洋等：《"绿水青山就是金山银山"实践成效评价指标体系构建与测算》，《环境科学研究》2020年第9期。

孙庆刚、郭菊娥、安尼瓦东·阿木提：《生态产品供求机理一般性分析——兼论生态涵养区"富绿"同步的路径》，《中国人口·资源与环境》2015年第3期。

王勇：《生态产品价值实现的规律路径与发生条件》，《环境与可持续发展》2020年第6期。

王云飞、叶爱中、乔飞等：《水源涵养内涵及估算方法综述》，《南水北调与水利科技》（中英文）2021年第6期。

席晶等：《基于市场机制深化生态保护补偿制度的改革思路》，《科技导报》2021年第14期。

谢高地、肖玉、鲁春霞：《生态系统服务研究：进展、局限和基本范式》，《植物生态学报》2006年第2期。

徐篙龄：《生态资源破坏经济损失计量中概念和方法的规范化》，《自然资源学报》1997年第2期。

徐卫华等：《区域生态承载力预警评估方法及案例研究》，《地理科学进展》2017年第3期。

易小燕、黄显雷、尹昌斌等：《福建省农业资源价值测算及生态价值实现路径分析》，《中国工程科学》2019年第5期。

殷斯霞等：《金融服务生态产品价值实现的实践与思考》，《浙江金融》2021年第4期。

虞慧怡等：《生态产品价值实现的国内外实践经验与启示》，《环境科学研究》2020年第3期。

曾贤刚、虞慧怡、谢芳：《生态产品的概念、分类及其市场化供给机制》，《中国人口·资源与环境》2014年第7期。

张进财：《新时代背景下推进国家生态环境治理体系现代化建设的思考》，《新华文摘》2022年第1期。

张林波等：《国内外生态产品价值实现的实践模式与路径》，《环境科学研究》2021 年第 6 期。

赵景柱、肖寒、吴刚：《生态系统服务的物质量与价值量评价方法的比较分析》，《应用生态学报》2000 年第 2 期，。

赵政等：《美国生态产品价值实现机制相关经验及借鉴》，《国土资源情报》2019 年第 9 期。

朱久兴：《关于生态产品有关问题的几点思考》，《浙江经济》2008 年第 14 期。

Bai Y. , Ochuodho T. O. , Yang J. , "Impact of Land Use and Climate Change on Water-related Ecosystem Services in Kentucky, USA", *Ecological Indicators*, Vol. 102, 2019.

Bateman, I. J. , Harwood, A. R. , Mace, G. M. , Watson, R. T. , Abson, D. J. , Andrews, B. , & Turner, R. K. , "Bringing Ecosystem Services into Economic Decision-making: Land Use in the United Kingdom", *Science*, Vol. 341, No. 6141, 2013.

Cairns J. J. , "Protecting the Delivery of Ecosystem Services", *Ecosystem Health*, Vol. 3, No. 3, 1997.

Chris Ansell, Alison Gash, "Collaborative Governance in Theory and Practice", *Journal of Public Administration Research and Theory*, Vol. 18, No. 4, 2008.

Chris Ansell, Alison Gash, "Collaborative Governance in Theory and Practice", *Journal of Public Administration Research and Theory*, Vol. 18, No. 4, 2008.

Constanza R. , Follcec, "Valuing ecosystem services with efficiency, fairness and sustainability as goal", *Dailygc, Nature's Services: Societal Dependence on Natural Ecosystem*, Washington, D. C. : Island Press, 1997.

Costanza, R. , d'Arge, R. , de Groot, R. , Farber, S. , Grasso, M. , Hannon, B. , & van den Belt, M. , "The Value of the World's Ecosystem Services and Natural Capital", *Nature*, Vol. 387, No. 15, 1997.

Daily, G. C. , Alexander, S. , Ehrlich, P. R. , Goulder, L. , Lubchenco, J. , Matson, P. A. , & Wood, S. A. , "The Science of Sustaining Ecosystem

Services", *Issues in Ecology*, No. 18,2017.

Daily G. C. , Matson P. A. , "Ecosystem Services: From Theory to Implementation", *Proceedings of the National Academy of Sciences*, Vol. 105, No. 28, 2008.

de Lange et al. , "Incorporating Ecosystem Services into Environmental Impact Assessment: South African Perspectives", *Environmental Impact Assessment Review*, Vol. 38, 2013.

"Ecosystem Services in Decision Making: Time to Deliver", *Frontiers in Ecology & the Environment*, Vol. 7, No. 1,2009, DOI:10. 1890/080025.

Engel, S. , "The Concept of Payments for Environmental Services", *Ecological Economics*, Vol. 32, No. 2,2000.

Enríquez-de-Salamanca, lvaro, "Valuation of Ecosystem Services: A Source of Financing Mediterranean Loss-Making Forests", *Small-scale Forestry*, 2022.

Gren, I. -M. Pricing Nature, "Cost-Benefit Analysis and Environmental Policy", *European Review of Agricultural Economics*, Vol. 37. No. 4, 2010.

Gretchen Cara Daily, *Nature's Services: Societal Dependence On Natural Ecosystems*, Island Press, 1997.

Jack, B. K. , Kousky, C. , Sims, K. R. E. , & Carbone, J. C. , "Designing Payments for Ecosystem Services: Lessons from Previous Experience with Incentive-based Mechanisms", *Proceedings of the National Academy of Sciences*, Vol. 105, No. 28,2008.

Kaiser W. , "Market Structures for U. S. Water Quality Trading", *Review of Agricultural Economics*, Vol. 24, No. 2,2002.

Kirk Emerson, Tina Nabatchi, Stephen Balogh, "An Integrative Framework for Collaborative Governance", *Journal of Public Administration Research and Theory*, Vol. 22, No. 1, 2011.

Kremen C. , Iles A. , Bacon C. , "Diversified Farming Systems: An Agroecological, Systems-based Alternative to Modern Industrial Agriculture", *Ecology and Society*, Vol. 17, No. 4, 2012.

McCauley, D. J. , Pinsky, M. L. , Palumbi, S. R. , Estes, J. A. , Joyce, F. H. , & Warner, R. R. , "Marine Defaunation: Animal loss in the Global Ocean", *Science*, 2015, Vol. 347, No. 6219.

Millennium Ecosystem Assessment, Ecosystems and Human Well-being: Synthesis, Island Press Washington DC. © 2005 World Resources Institute.

M. Potschin-Young, R. Haines-Young, C. Görg, U. Heink, K. Jax, C. Schleyer, "Understanding the Role of Conceptual Frameworks: Reading the Ecosystem Service Cascade", *Ecosystem Services*, *Ecosystem Services*, Vol. 29, 2018.

Muradian, R. , Corbera, E. , Pascual, U. , Kosoy, N. , & May, P. H. , "Reconciling Theory and Practice: An Alternative Conceptual Framework for Understanding Payments for Environmental Services", *Ecological Economics*, Vol. 69, No. 6, 2010.

Nie Y. , Forestry S. O. , University N. F. , et al. , "A Study of the Water Conservation of Qilian Mountains Based on Surface Energy Balance and SCS Model", *Earthence Frontiers*, Vol. 17, No. 3, 2010.

Pagiola, S. , Arcenas, A. , & Platais, G. , "Can Payments for Environmental Services Help Reduce Poverty? An Exploration of the Issues and the Evidence to Date from Latin America", *World Development*, Vol. 33, No. 2, 2005.

Parry I. W. H. , Black S. , Zhunussova K. , "Carbon Taxes or Emissions Trading Systems?: Instrument Choice and Design", *Staff Climate Notes*, 2022(006).

Pattanayak S. K. , Wunder S. , Ferraro P. J. , "Show Me the Money: Do Payments Supply Environmental Services in Developing Countries?", *Review of Environmental Economics & Policy*, Vol. 4, No. 2, 2010.

Reed, M. S. , Evely, A. C. , Cundill, G. , Fazey, I. , Glass, J. , Laing, A. , & Stringer, L. C. , "What is social learning?", *Ecology and Society*, Vol. 15, No. 4, 2010.

Rouse, D. C. , Bunce, R. G. H. , & James, P. , "The Role of Green Infrastructure in Mitigating the Impacts of Land Use Change in Urban

Environments", *Report to the Welsh Government*, 2011.

Smithers R. J. , Blicharska M. , "Global Modeling of Nature's Contributions to People", *Science*, Vol. 366, No. 6462, 2019.

Tengberg, A. , Fredholm, S. , & Moberg, F. , "Green Structure Planning in Urban Sweden", *Urban Forestry & Urban Greening*, Vol. 11, No. 3, 2012.

Wunder S. , "Payments for Environmental Services: Some Nuts and Bolts CIFOR Occasional Paper", 2005(42).

Wunder, S. , "Revisiting the Concept of Payments for Environmental Services", *Ecological Economics*, Vol. 117, 2015.

Wunder, S. , S. Engel and S. Pagiola, "Taking Stock: A Comparative Analysis of Payments for Environmental Services Programs in Developed and Developing Countries", *Ecological Economics*, No. 65, 2008.

后　记

党的十八大以来，在习近平生态文明思想的指导下，全国各地深入践行"绿水青山就是金山银山"发展理念，围绕建立健全生态产品价值实现机制，开展了一系列丰富的理论和实践探索，初步形成了一批可复制、可推广的经验做法，并取得了丰硕的阶段性重要成果。浙江丽水市的先行探索和先试实践充分地印证了良好的生态环境蕴含着生态产品价值，通过不断创新和完善绿色发展体制机制，绿水青山可以转化为实实在在的金山银山，建立健全生态产品价值实现机制，是践行"绿水青山就是金山银山"理念的关键路径，是践行落实生态环境保护和经济发展相互促进、相得益彰的中国式现代化举措之一。

本书是丽水市委宣传部、市社科联委托中国（丽水）两山研究院完成的项目，基于丽水绿水青山就是金山银山转化的先行试点与理论理念探究进行了认真的梳理与编写。其中，中国（丽水）两山学院执行院长刘克勤研究员负责牵头编写，完成项目框架设计和后记的写作，同时通读全文。代琳副研究员负责本书总体统筹及第一章、第三章、第五章、第七章及"丽水市生态产品价值实现机制政策汇编"内容的编写；叶小青副教授负责第二章的编写；兰菊萍博士负责第六章、第八章的编写；张四海博士负责第四章的编写；蓝雪华副研究员负责序言的编写。同时，熊燕副研究员、陈一艳、李莉、麻汉林副研究员、高树昱等为此书均倾注了很大的心力和宝贵意见及建议，刘奕羿硕士做了第一读者。但囿于时间偏短和作者水平有限，在许多方面还需要进行深一步的研究和实践，错误难免，请大家批评指正。

　　本书的成型得益于众多前辈和同行学者的研究成果，得益于同行专家们的建议和业内的例证，得益于丽水市委、市政府领导的高度重视和大力支持，更得益于市直相关部门单位及全体编写组成员的密切通力配合。在讨论写作框架及编写的过程中，中共丽水市委党史研究室（丽水市地方志研究室）主任余群勇，丽水市委宣传部部务会议成员、市社科联专职副主席周平，丽水市发展和改革委员会党组副书记、市大花园建设发展中心主任张春根，丽水市发展和改革委员会生态经济处蔡秦处长，赖方军副处长等给予大力支持和协助指导。在出版过程中，中国社会科学出版社赵剑英社长，喻苗老师给予具体帮助。在第七章"生态产品价值实现：丽水典型案例"中，经典案例编写基础框架及内容方面，基于《生态产品价值实现机制丽水实践典型案例集》编写组成员的先期成果引用。本书的顺利出版凝聚了太多人的智慧和汗水，在此，谨向参与本书案例调研、编写、修改和点评工作的人员及所有给予本书帮助的单位和同志一并致谢！

2024 年 3 月